国家公益性行业（气象）专项（GYHY200906022）
"十二五"国家科技支撑计划项目（2011BAD32B02） 资助

农作物生长动态监测与定量评价

陈怀亮　唐世浩　俄有浩
邹春辉　延　昊　景元书　　等　著

气象出版社
China Meteorological Press

内容简介

本书是国家公益性行业(气象)专项"主要农作物生长动态监测与定量评价技术研究"(GYHY200906022)和"十二五"国家科技支撑计划项目"重大农业气象灾害预测预警关键技术研究"(2011BAD32B02)的研究成果。主要针对我国小麦、水稻和玉米等主要农作物生长动态监测与定量评价等研究领域,重点阐述了农作物生长基础参数与环境参数遥感定量优化反演、作物生长精细化遥感动态监测评估、遥感与作物生长模型结合的作物生长动态区域化模拟、作物生长状况综合定量评价与优化集成技术与业务流程,经凝练、整理和编辑,充分反映了农作物生长动态监测与定量评价领域最新进展和系统性研究成果,旨在为各级政府部门和生产单位实时了解和掌握作物生长动态信息、及时采取有效措施提供科学依据,为我国现代农业发展、现代农业气象业务服务发展提供技术支撑。

本书内容丰富,通俗易懂,可供农业、气象、遥感、生态以及作物生长模型等相关领域的广大科技人员、管理人员和业务人员阅读和参考,也可作为高等院校、培训机构相关专业的教学参考书。

图书在版编目(CIP)数据

农作物生长动态监测与定量评价 / 陈怀亮等著. —

北京 : 气象出版社,2016.5

ISBN 978-7-5029-6213-5

Ⅰ. ①农… Ⅱ. ①陈… Ⅲ. ①禾谷类作物-生长势-监测-研究②禾谷类作物-生长势-定量-评价-研究

Ⅳ. ①S510.5

中国版本图书馆 CIP 数据核字(2016)第 048951 号

Nongzuowu Shengzhang Dongtai Jiance yu Dingliang Pingjia

农作物生长动态监测与定量评价

陈怀亮 唐世浩 俄有浩 邹春辉 延 昊 景元书 等 著

出版发行:气象出版社

地 址:北京市海淀区中关村南大街 46 号   **邮政编码**:100081

电 话:010-68407112(总编室)   010-68409198(发行部)

网 址:http://www.qxcbs.com   **E-mail**: qxcbs@cma.gov.cn

责任编辑:吴庭芳 隋珂珂   **终 审**:黄润恒

责任校对:王丽梅   **责任技编**:赵相宁

封面设计:博雅思企划

印 刷:北京中新伟业印刷有限公司

开 本:787 mm×1092 mm 1/16   **印 张**:18

字 数:460 千字   **彩 插**:6

版 次:2016 年 6 月第 1 版   **印 次**:2016 年 6 月第 1 次印刷

定 价:68.00 元

《农作物生长动态监测与定量评价》
编写组名单

主　编： 陈怀亮

副主编： 唐世浩　　俄有浩　　邹春辉　　延　昊　　景元书

撰稿人： 马玉平　　董立新　　吴门新　　冯利平　　孙　睿

黄淑娥　　刘忠阳　　郭建茂　　马晓群　　李春强

杨沈斌　　李军玲　　余卫东　　李树岩　　李　颖

张佳华　　钱永兰　　谢东辉　　郭　鹏　　朱　琳

张红卫　　张里阳　　王　靖　　薛昌颖　　代立芹

苟尚培　　张　祎　　孙琳丽　　姚凤梅　　黄文霖

张　弘　　李彤霄　　周正明　　孙琳丽　　李　根

序

农业是受天气气候影响最为敏感的行业之一,长期以来一直是气象服务的重点领域。随着现代气象观测技术的发展以及信息技术的广泛应用,地基观测和卫星遥感等多元资料越来越多地应用于农业气象服务中,推动了农业气象服务由传统的经验和定性技术为主向着客观和定量化方向发展。现代农业要求粮食生产更加注重优质高效,必将进一步推动农业气象服务向更加精准化的方向发展。

农作物长势与产量形成密切相关,根据气象和农情变化及时实施田间管理对保障粮食产量、提高粮食品质十分重要,也是气象为农服务的重要内容之一。长期以来,对农作物长势监测主要采用基于农田抽样统计调查的定性或半定性的评价方法,客观性、定量化水平很低,可用性差。卫星遥感技术的应用,使农作物长势的监测进入一个新的发展阶段,将遥感监测技术与作物生长模型技术相结合,发展建立对大范围农作物长势的动态监测和定量评估技术,是农业气象服务定量化发展的技术方向。

河南省气象科学研究所联合中国气象科学研究院、国家卫星气象中心、国家气象中心、南京信息工程大学等国内多所知名高校及部分省级气象科研机构,依托国家公益性行业(气象)专项支持,围绕卫星遥感定量反演、遥感与作物生长模型融合等技术难点,通过开展田间试验、对比观测、野外调查和数据分析,开展了一系列研究工作,针对我国三大主要农作物,发展建立了作物生长动态监测与定量评价技术,并在国家气象中心以及河南、河北、江西、安徽等省农业气象业务服务中进行了初步应用,均取得了较好的应用效果。该科研项目紧密围绕农业气象服务需求,着眼卫星遥感和作物模型等新技术的应用,形成了有实用价值的成果,推动了农业气象服务技术的定量化、客观化发展,成绩可嘉。

项目组的同志们总结凝练研究成果出版本书,有助于广大农业气象科技工作者和基层气象服务专家了解该技术成果,带动和促进各级气象部门发展和应用定量化的作物长势监测和评估技术方法,提高农业气象服务的水平。衷心希望项目组的同志能继续关注本领域科学研究的新进展,持续深化项目研究,推动科研成果转化,不断形成气象服务应用的新效益,为支撑精细化农业气象服务发展多做贡献。

谨对该书的出版表示祝贺!

中国气象局副局长 矫梅燕

2015 年 12 月 18 日

前　言

　　小麦、水稻和玉米是我国主要粮食作物,其高产、稳产事关国家粮食安全。及时了解作物长势变化信息并采取有针对性的科学管理措施,对保障粮食丰收具有重要意义。获取作物长势的传统方法是地面观测,而卫星遥感具有客观、宏观、快速等特点,对于监测大范围作物长势及动态变化情况具有更加突出的优势,从20世纪70年代以来在国内外得到迅速发展。目前对农作物生长动态监测多以1 km分辨率的极轨气象卫星资料为主,精细化程度不高,特别是对下垫面状况复杂区的水稻、玉米遥感监测尚不能业务实用,而资源卫星资料价格昂贵、时效性差,难以大范围业务化应用;产量预测大多以简单的统计方法为主,机理性不强,作物生长模拟模型多以单点应用为主,区域化应用局限性较多;气象条件评价的定量程度和动态跟踪能力不够,多以定性评述为主,为粮食"高产、优质、高效、安全、生态"提供气象保障的能力远不能满足需要。从2009年10月起,河南省气象科学研究所联合中国气象科学研究院、国家卫星气象中心、国家气象中心、南京信息工程大学、中国农业大学、北京师范大学,以及江西、河北、安徽省气象科学研究所等10个科研业务机构和大学,联合成功申报了国家公益性行业(气象)专项"主要农作物生长动态监测与定量评价技术研究"(项目编号:GYHY200906022)。经过三年多的研究和应用,以FY-3A、MODIS等极轨卫星250 m分辨率遥感资料为基础,将作物生长模拟和遥感、GIS等技术相结合,辅以地面农业气象观测与调查,研究了小麦、水稻和玉米等主要农作物生长基础参数遥感定量反演优化、作物生长精细化遥感动态监测评估、遥感与作物模型结合的作物生长动态区域化模拟、作物生长综合定量评价等技术,并在国家气象中心、河南、河北、江西、安徽等省的农业气象业务中进行了应用,提高了区域农作物生长发育动态监测精细化程度和实时性,增强了作物生长定量评价的客观性和准确性,促进了主要农作物田间科学化管理,对确保主要农作物增产丰收起到了重要作用。

　　本书的主要内容来源于"主要农作物生长动态监测与定量评价技术研究"项目的研究成果,同时也是研究团队相关技术人员近年来在作物长势、种植面积遥感监测、作物生长模型应用以及作物生长气象评价等领域研究成果的阶段性总结。全书由陈怀亮、刘忠阳等统稿,其中第1章农作物长势遥感监测评价概述,执笔人主要有陈怀亮、李颖、张红卫、刘忠阳等;第2章农作物生长参数与环境参数遥感定量反演优化技术,执笔人主要有唐世浩、董立新、张佳华、朱琳、张里阳、姚凤梅、周正明等;第3章农作物生长遥感动态监测与评价技术,执笔人主要有邹春辉、延昊、刘忠阳、郭鹏、李军玲、张弘、李彤霄、薛昌颖等;第4章农作物种植区遥感识别和面积估算方法,执笔人主要有孙睿、杨沈斌、延昊、吴门新、景元书、谢东辉、李根等;第5章农作物生长动态区域模拟,执笔人主要有马玉平、冯利平、郭建茂、俄有浩、薛昌颖、张祎、孙琳丽、王靖等;第6章农作物生长定量评价技术,执笔人主要有邹春辉、马玉平、冯利平、黄淑娥、李春强、马晓群、景元书、余卫东、李树岩、钱永兰、代立芹、葡尚培、黄文霖等;第7章农作物长势综合监测业务服务流程,执笔人主要有邹春辉、刘忠阳、李颖、张弘、李彤霄、薛昌颖等。同时还有许多参与了本项目研究和技术工作总结的科技人员未出现在上述名单中,在此对他们的辛勤工作也表示深深的谢意。

　　由于项目研究周期不长,对相关的科学技术问题研究和认识还不够深入,尚有许多不足之处,敬请广大读者多提宝贵意见。

　　本书出版得到国家公益性行业(气象)专项"主要农作物生长动态监测与定量评价技术研究"(GYHY200906022)和"十二五"国家科技支撑计划项目"重大农业气象灾害预测预警关键技术研究"(2011BAD32B02)资助,在此表示感谢!

作　者
2015 年 4 月 20 日

目　　录

第1章　农作物长势遥感监测评价概述

1.1　农作物长势遥感监测评价基本原理

农作物长势是指农作物的生长状况与生长趋势。作物长势可以用个体和群体特征来描述,获取作物长势的传统方法是地面调查,现代农业生产中则主要利用遥感技术监测作物生长状况与趋势(杨邦杰等,2005)。作物长势参数是表征作物生长状态的重要指标,准确、快速获取作物长势信息对指导农业生产、预测粮食产量和制定粮食安全策略具有重要的实际意义(付元元,2015)。作物长势的遥感监测充分体现了遥感技术宏观、客观、及时、经济的特点,可为田间管理提供及时的决策支持信息,并为早期估测产量提供依据。随着遥感技术的日益成熟,特别是随着"3S"集成应用技术、高分辨率卫星资料和大数据计算技术等的快速发展,该技术已经成为进行作物长势参数反演和监测、研究作物长势空间变异和进行相关决策支持的有效手段。

小麦、水稻和玉米等农作物是我国主要粮食作物,其高产稳产是保障国家粮食安全的关键。随着我国粮食消费需求刚性增长,耕地减少、水资源短缺、气候变化等对粮食生产的约束日益突显,我国粮食安全面临着严峻挑战。及时、准确、宏观、动态的农作物生长监测和长势定量评价技术可以为各级政府部门和广大农民提供重要的科学决策依据,促进农业生产科学管理,确保农作物增产丰收。国内外针对农作物长势的监测主要有地面观测、遥感监测和模型模拟等方法。地面人工或仪器观测是最直接和最基本的方法,经过近几十年的发展,尤其经过近二十多年来田间精密观测、试验和分析测量仪器的研发和应用,农作物生长发育地面观测取得了长足发展。但是,农作物生长发育的地面观测不但需要投入大量人力物力,而且只能获取单点或局地的结果,难以实现区域或大范围监测。

卫星遥感具有实时、宏观、动态等优点,是大范围作物长势监测和产量预测的有效手段。作物长势监测是农业遥感的重要研究领域,通常意义上的作物长势遥感监测是指对作物生长状况及其变化的宏观监测,可用于作物产量信息的预测预报。农作物和自然界中的其他物体一样,不断发射各种波长的电磁波,并对外界照射来的自然和人工电磁辐射发生一定的吸收和反射,具有其独特的反射光谱特征(张宏名,1994)。可见光波段的蓝光、红光反射率与作物长势呈负相关关系,即当作物生长状况愈好,蓝光、红光反射率愈低,而近红外波段反射率愈高。在中红外波段的水分吸收带内,反射率与植株含水率呈负相关趋势。在农作物冠层的红外发射光谱方面,在一定天气条件下,冠层温度指数变化与农田水分供应状况有关。农作物的这些光谱特征,使通过遥感技术对农作物长势进行快速、准确、大面积的动态监测成为可能。

植被指数是公认的能够准确反映作物生长状况的遥感监测指标。由于农作物的叶片对近红外波段有强烈的反射作用,通过该光谱波段的信息可以获取植被密度和叶面积指数信息,同时,作物的叶绿素在红光波段有很强的吸收作用,通过该波段减弱的信息可以了解叶绿素的浓度信息,通过这两个波段测值的不同组合可得到不同的植被指数(Vegetation Index, VI)。植被指数是主要反映植被在可见光、近红外波段反射率与土壤背景之间差异的指标,各种植被指数在一定条件下能用来定量反映植被的生长状况和作物产量,这是利用植被指数进行作物长势监测的物理基础。

作物生长模型遵循农业生态系统物质平衡、能量守恒及物质能量转换原理,是一种面向过程,机理性和动态性具强的模型。利用作物生长模型模拟作物长势的基本原理是以光、温、水、土壤等条件为环境驱动变量,运用数学物理方法和计算机技术,对作物生育期内光合、呼吸、蒸腾等重要生理生态过程及其与气象、土壤等环境条件的关系进行逐日动态数值模拟,再现农作物生长发育及产量形成过程。目前,作物模型正在从理论研究及单点试验向区域应用发展。作物生长模型的机理性和动态性均较强,当基于单点的作物生长模型应用到区域研究时,就会遇到宏观资料难以获取的困难,而模型参数本身也存在区域升尺度的问题。可将适用于大范围作物生长监测的遥感信息引入作物生长模型,优势互补,实现作物生长的区域动态监测和评价。

1.2 农作物长势遥感监测评价数据源

遥感数据源是指卫星遥感数据、航空遥感数据、地面遥感数据等,也可统称一切获取遥感数据的传感器采集到的数据为遥感数据源。遥感反演就是根据图像上的色彩和亮度来识别地物的,这是因为遥感图像上亮度和色彩都是目标物在相应波段内电磁辐射能力的反映;色彩取决于其记录的波段,灰亮度取决于记录的辐射强度,这样就可以为下垫面的反演提供不同的光谱数据信息。多光谱(Multi-Spectral)是指包含于可见光、近红外、中红外、远红外和超远红外内的多波段数据,多光谱图像是指由电磁波谱中所包含的所有波段电磁波所形成的图像。多光谱遥感影像虽然光谱分辨率较低,但时效性较好,因而在大面积作物长势监测中使用较多,其中以 NOAA/AVHRR、SPOT/VEGETATION、EOS/MODIS、FY 卫星数据应用最为广泛。如史定珊等(1992)利用 NOAA/AVHRR 通道 1 和通道 2 合成绿度比值模式和归一化模式监测小麦苗情;陈怀亮(1994)、张雪芬(1995)等利用 NOAA/AVHRR 比值植被指数(RVI)与归一化植被指数(NDVI)开展了河南省间作套种和丘陵岗区的小麦遥感苗情分析及相关服务系统开发;黄青等(2010,2012)利用 MODIS NDVI 数据对多种作物进行长势监测;钱永兰等(2012)利用 SPOT/VEGETATION NDVI 和增强型植被指数(EVI)数据对美国玉米和印度水稻的长势状况进行监测。中高空间分辨率遥感影像亦被用于区域范围的作物长势监测,且可与低空间分辨率影像融合以提高长势监测的精度,此类数据主要包括 Landsat 卫星 MSS/TM/ETM/OLI 数据、HJ 卫星 CCD 数据、IRS 数据等,以及更高空间分辨率的 SPOT 影像、Quickbird 影像等。例如,丁美花等(2007)使用 MODIS 分辨率为 500 m 的红外和近红外光谱数据监测甘蔗长势,同时利用 ETM 资料的高空间分辨率优势提取地表特征,为甘蔗估产奠定了基础；宋晓宇等(2009)利用 Quickbird 分辨率为 2.4 m 多光谱数据和 0.6 m 全色波段数据经过融合后合成多种植被指数对变量施肥条件下冬小麦长势及品质变异进行监测,发现光谱参数能够反映冬小麦不同施肥处理下的长势及品质变异；李花等(2006)利用分辨率为 30 m 的 HJ-1A/B 卫星 CCD 数据计算植被指数,能够进行水稻长势分级监测和制作能够直观反映水稻长势等级的遥感专题图；冯海宽(2010)利用 HJ 卫星 CCD 数据和热红外 IRS 数据计算垂直干旱植被指数(PDI)和温度植被干旱指数(TVDI)对冬小麦干旱进行监测,发现反演的 TVDI 和 PDI 空间分布与实际情况基本吻合,适用于作物长势和干旱的监测；谭昌伟等(2011)利用 LandsatTM 数据合成多种植被指数对冬小麦开花期主要长势参数进行监测,实现了主要长势参数空间分布量化表达。2008 年以后,我国 FY3-A/B/C 卫星的连续发射为此类研究提供了新的可选数据,在长势监测、估产、面积估算等方面的具体应用日益增多。高光谱分辨率在 $10^{-2}\lambda$ 数量级,这样的传感器在可见光和近红外区域有几十到数百个波段,光谱分辨率可达 nm 级。高光谱成像相对多光谱成像来说具有更丰富的图像和光谱信息。申广荣等(2001)研究表明高光谱反射率或植被指数与作物的多种生化、物理参数具有显著的相关关系,通过高光谱遥感技术反演作物长势农学参量可准确监测作物长势。受数据获取条件和获取成本的制约,高光谱遥感数据应用于大面积作物长势监测存在困难,但利用高光谱遥感数据反演作物生化组分含量、监测作物生长状况的研究仍受到持续关注。例如,王延颐等(1996)利用光谱分辨率为 4.5 nm 的地物光谱仪获取的高光谱数据研究不同波段反射率与水稻长势的相关性,发现不同发育阶段与 RVI、PVI 的相关度较高；王秀珍等(2003,2004)利用光谱分辨率为 3 nm 的 ASD 野外光谱仪获取的高光谱数据,建立了水稻地上鲜生物量和叶面积指数(LAI)的高光谱遥感估算模型,研究发现植被指数与地上鲜生物量和 LAI 之间相关性高；唐延林等(2004)利用 ASD 光谱仪获取的高光谱数据研究水稻不同发育时期色素含量的变化,结果表明不同供氮水平下水稻冠层光谱和叶片光谱差异明显；黄敬峰等(2010)对水稻的高光谱遥感实验研究表明,可以利用高光谱技术提取水稻生化参量；宋晓宇等(2004,2009)利用 PHI 航空成像光谱仪数据(光谱分辨率<5 nm,光谱范围 411.9~832.8 nm,共 112 个波段)提取了反映冬小麦长势的高光谱特征参量；郑有飞等(2007)研究基于高光谱数据的小麦 LAI 监测结果发现 NDVI、RVI 是监测农作物长势的最佳植被指数；棉花 LAI 与生物量监测(金秀良等,2011)和叶绿素与含氮量监测(吴琼,2012)表明,高光谱参量与作物生物量及 LAI 之间存在较好的函数关系。微波遥感是传感器的工作波长在微波波谱区的遥感技术,利用传感器接受地物发射或者反射的微波信号,借以识别、分析地物,提取所需的地物信息。常用的微波波长范围为 0.8~30.0 cm,甚至更长。其中又细分为 K(1.11~1.67 cm)、Ku(1.67~2.50 cm)、X(2.50~3.75 cm)等波段。微波遥感的工作方式分主动式(有源)微波遥感和被动式(无源)微波遥感。微波遥感的突出优点是具全天候工作能力,不受云、雨、雾的影响,可在夜间工作,并能透过植被、冰雪和干沙土,以获得近地表以下的信息。利用航空、航天微波影像反演农作物的 LAI、生物量、含水量等农学指标,进行长势监测和产量预报的研究多有报道。例如,戈建军等(2002)研究了冬小麦的不同散射机理,得出冠层直接散射和地表散射在总散射中的贡献最大,为微波在冬小麦生长监测中的应用提供了理论支撑；LauraDente 等(2004)将微波数据与作物生长模型同化,将同化模型输出结果应用于作物长势监测,有效地拓展了作物长势监测的时空范围；

Chen C.等(2006)使用 RadarSat 数据监测菲律宾水稻长势并进行产量预报;谭正等(2011)利用作物生长模型同化 SAR 数据模拟作物生物量时域变化特征,成功应用于作物生长状况评估;化国强(2011)利用全极化 SAR 数据反演玉米 LAI,进行大面积的玉米长势监测;贾明权(2013)对水稻微波散射特性进行研究,实现水稻参数反演和长势监测。微波遥感数据的业务化应用,有效弥补了多光谱和高光谱数据在时效性和全天候等方面的不足。

1.3 农作物长势监测评价发展历程

20 世纪 80 年代,美国农业部(USDA)、国家航空航天局(NASA)、国家海洋和大气管理局(NOAA)在 70 年代"大面积农作物估产试验(LACIE)"的基础上开展了"农业和资源的空间遥感调查计划(AGRISTTARS)",建立了全球尺度的农情监测运行系统,以两周合成的 NO-AA/AVHRR NDVI 数据为主要数据源实现对美国和全球粮食主产国主要农作物的长势监测和产量预报,分级表达长势状况。进入 21 世纪以后,美国实施了一项新的农业遥感应用项目 Ag20/20,以对农业生产及其环境条件进行有效监测。欧盟农业局自 1988 年开始实施"遥感农业监测计划(MARS)",开发了作物长势遥感监测系统 CGMS。该系统使用 NOAA/AVHRR 和 SPOT/VEGETATION 数据,将遥感数据与作物生长模型相结合进行作物长势监测,并通过农作物长势动态曲线描述农作物的长势过程。20 世纪 70 年代,联合国粮食和农业组织(FAO)建了"全球粮食和农业信息及预警系统(GIEWS)",使用 SPOT/VEGETA-TION 归一化植被指数(NDVI)数据进行全球农作物长势遥感监测,每旬开展一次监测,将该旬数据与历史该旬数据比较,分级反映长势变化。加拿大 20 世纪 90 年代启动了作物长势评估计划(CCAP),以 NOAA/AVHRR NDVI 为主要数据源进行作物长势监测,同时还开展了以 RADARSAT 雷达数据为主的农作物长势监测,利用不同极化组合的后向反射系数分级反映农作物的长势信息(杨邦杰等,2005)。俄罗斯农业部于 2003 年建了全国农业监测系统,以 MODIS 为主要数据源,结合气象数据开展作物单产预测(吴炳方等,2010)。

作为农业大国,农情遥感监测是我国自"七五"(1985—1990 年)以来就持续关注的重点研究方向,"十二五"(2011—2015 年)期间将"全球大宗作物遥感定量监测关键技术"和"旱区多遥感平台农田信息精确获取技术集成与应用"列入重点研究项目。在国家的大力支持下,国内作物长势遥感监测研究呈现出技术不断深入完善、业务化应用不断拓展的趋势。小麦、水稻和玉米是我国的大宗粮食作物,对我国的粮食安全起到至关重要的作用。同时,由于耕地少、人口多、资源相对匮乏、气象灾害多等原因,我国粮食安全面临着严峻挑战。为此,我国农业、气象、统计、粮食等部门科研业务人员,通过借鉴国外先进技术方法和自主研发,在利用卫星遥感技术对农作物生长状况进行监测评估研究与应用方面取得了长足进展,为保障粮食安全做出了重要贡献。如,自 20 世纪 80 年代中期开始,中国气象局使用 NOAA/AVHRR 和 FY 卫星的 NDVI 数据,通过 NDVI 等级判识、NDVI 距平、前后两年 NDVI 数据比较等方法,分级评价农作物长势(李郁竹,1993;魏文寿,2013);"八五"期间,中国科学院主持完成了国家重点科技攻关项目"重点产粮区主要农作物遥感估产"研究,随后建立了中国农情遥感速报系统,利用 NOAA/AVHRR NDVI 数据,通过前后两年数据的比较,分级反映农作物长势状况,并利用

SPOT/VEGETATION NDVI 时序数据,生成区域作物生长过程曲线,监测作物持续生长过程与上一年及其他年份间的差异(孙九林等,1996;吴炳方等,2004);2007 年,国家统计局委托北京师范大学建立国家粮食主产区粮食作物种植面积遥感测量与估产业务系统,2010 年通过验收;从 1998 年开始,农业部发展计划司实施了"全国农作物业务遥感估产"项目,陆续开展对全国冬小麦、水稻、玉米、棉花等作物的遥感监测工作(周清波,2004);农业部规划设计研究院建立了国家级的作物长势遥感监测系统,使用 EOS/MODIS 卫星、FY 卫星、SPOT/VEGE-TATION 等资料,通过前后两年 NDVI 值的比较,分级监测农作物长势状况,实现了较为稳定的业务运行(裴志远等,2009)。

目前业务中普遍使用的作物遥感监测方法是基于现有实验数据,研究作物长势的遥感和农学指标,建立基于农学指标的遥感指标,利用单因子或多因子遥感指标进行长势监测。随着作物模型技术的发展,逐步出现了以遥感反演因子(如叶面积指数、干物质重等)为纽带的数据融合技术,即利用遥感获取的作物生长数据进入作物模型系统,作为初始场量进行模拟运算,进而开展长势监测与评价。在确定某个遥感监测指标或综合指标之后,判断作物长势的方法主要有统计监测类、年际比较类和过程监测类三类。基于遥感指标的统计监测类方法主要是在遥感指标取值和作物长势因子(农学指标)取值之间建立相关关系,进行长势监测或长势诊断。目前较为常见的遥感指标有归一化植被指数(NDVI)、改进型归一化植被指数(GRND-VI)、植被状态指数(VCI)、垂直植被指数(PVI)等。例如,刘可群等(1997)利用 NOAA/AVHRR 合成的垂直植被指数(PVI)和有效积温估算大面积水稻长势监测;朱洪芬(2008)在作物生长监测与诊断中,利用 NDVI、RVI、EVI、VCI 等多种遥感指数对农学参数进行提取;利用 NOAA/AVHRR 数据对冬小麦的水分诊断和长势监测;李卫国等(2010)利用 Landsat/TM合成 NDVI 反演 LAI 的冬小麦长势分级监测。基于遥感指标的影像监督/非监督分类方法也可归入此类方法范畴,如李剑萍(2002)曾利用比值植被指数 RVI 采用监督分类的方法判断作物苗情长势。基于遥感指标的年际比较类方法主要是在年际间遥感指标差值或比值计算的基础上判断当年作物长势状况。较为常用的方法有距平植被指数、旬差值植被指数、基于发育期识别的长势监测等。逐年比较或距平比较方法是国内外业务化作物长势监测系统使用最多的方法,相关应用研究诸多。如武建军等(2002)对相邻年份旬 AVHRR NDVI 值进行比值计算,根据比值大小将当年农作物长势划分为与前一年相比好、稍好、相当、稍差、差等 5 个等级;齐述华等(2004)选取长时间序列 AVHRR NDVI 数据,对植被状态偏离历年平均植被状态的程度进行归一化,作为植被生长状况评价指标取得了较满意的效果;冯美臣等(2009)对相邻年份冬小麦关键生育期 MODIS NDVI 值进行比值计算,根据比值的大小将冬小麦长势分为 5 个等级;孔令寅等(2012)用相邻年抽穗期 MODIS EVI 值比较方法对冬小麦长势进行遥感监测,这些都客观有效地提高了冬小麦长势监测精度,生物学与物理学意义也比较明确。基于遥感指标的过程监测类方法主要利用遥感指标构建作物生长曲线,对曲线特征进行年际对比分析,评价长势状况,常用的遥感指标包括 NDVI、EVI 等。如王延颐和 Malingreau(1990)对AVHRR NDVI 随时间变化的曲线特征进行分析,对选定时间内 NDVI 的积分值进行计算,应用于作物生育期、长势状况和产量的宏观监测;吉书琴等(1997)分析了 AVHRR NDVI 变化曲线的特征,对大范围水稻生长状况进行动态监测;江东等(2002)分析了 AVHRR NDVI 时间曲线的波动与作物生长发育阶段和长势的响应规律,探讨了 NDVI 在冬小麦各生育期内的积分值与单产的相关关系,结合作物物候历实现作物长势和产量遥感监测,可实现作物长势遥感监测和产量遥感估算;张明伟等(2007)研究了 MODIS EVI 曲线与冬小麦长势的互动关系,根据 EVI 曲线的变化特征推测作物的生长发育情况,EVI 曲线的积分值能综合反映作物整个生长发育过程;顾晓鹤等(2008)重构 SPOT/VEGETATION NDVI 时间序列,构建基于变化向量分析的长势监测模型,综合了 NDVI 时间序列曲线的大多数特征参数,对作物年际与年内长势变化进行时间和空间上的定量分析,实现以单一指标综合了 NDVI 时间序列的大多数变化特征,为农作物长势遥感提供了一种新的方法。

近年来,以作物生长模型与遥感结合进行作物长势监测、估产的研究以其机理性较强、动态性较好得到迅速发展,正在从理论研究及单点试验向区域实际应用发展。国际上已经发展了包括水稻、小麦、玉米在内的许多作物生长模型,如荷兰的 BACROS、SUCROS、MACROS 和 WOFOST 等系列作物生长模拟模型,美国的 CERES 系列作物生长模型。我国在学习、引进国外模型的基础上,依据自己的实验研究成果,消化并改进建立了小麦、水稻、玉米、棉花等作物生长模型,如 CCSODS 系列模型、WHEATSM、RICEMOD、ORYZA-0 等,部分模型已在区域作物长势监测与生长评价上得到初步应用。遥感数据与作物生长模型的结合可解决作物生长模型区域应用时输入参数和初始条件值获取困难的问题,提高作物生长模型的区域应用能力,面向长势监测和估产应用提高模型输出结果的精度。遥感数据与作物生长模型的结合策略主要有两种,一种是"驱动"策略,一种是"融合"策略。驱动策略是指直接利用遥感反演参数值作为作物生长模型初始参数值,或利用遥感反演参数值更新作物模型的输出参数值,作为下一阶段模拟的输入值。应用此类策略,Maas(1988)将遥感反演得到的 LAI 和水分胁迫系数值作为作物生长模型的输入值,有效地改善了作物生长模型对玉米地上生物量的模拟结果;沈掌泉等(1997)将利用 TM RVI 估测的 LAI 作为作物气候模型 YLDMOD 计算过程的校正值,对水稻的整个生长发育过程进行模拟,为准确、方便、有效、快速地遥感估产提供了一种新的方法;王东伟等(2010)利用作物生长模型同化 MODIS 反射率方法,将作物生长过程中 LAI 地面先验信息作为约束信息,成功地提取最优目标参数 LAI。融合策略是指通过调整作物生长模型初始值,使模型模拟值与相应遥感观测值或反演值的差异达到最小。近年来,融合策略的研究热度超过驱动策略。应用融合策略,Maas(1991)利用 Landsat/MSS 数据反演 LAI 值,调整作物生长模型 GRAMI 的输入参数,减小模型模拟 LAI 值与遥感反演 LAI 值的差异,提高作物生长模型的模拟精度;Clevers 和 van Leeuwen(1996)利用可见光和微波遥感反演甜菜的 LAI 值,通过减小模型模拟 LAI 值与遥感反演 LAI 值的差异,调整作物生长模型 SUCROS 的初始参数值,达到了提高模型输出结果的精度;Guerif 和 Duke(1998)将作物生长模型 SUCROS 与冠层辐射传输模型 SAIL 相结合,调整作物生长模型的初始参数值以最小化作物冠层模拟反射率和实际观测反射率,提高甜菜产量的预测精度;Weiss 等(2001)通过 LAI、叶绿素含量、干物重和相对水分含量等多参量将冠层辐射传输模型 SAIL 与作物生长模式相耦合,取得准确的作物生长模拟结果;马玉平等(2005)将作物生长模型 WOFOST 与冠层辐射传输模型(Sail-Prospect)嵌套,通过重新初始化作物生长模型,使嵌套模型模拟得到的冠层土壤调整植被指数和 MODIS 遥感数据合成值的差异最小化,提高模型模拟冬小麦生长过程的准确性；赵艳霞（2005）利用 Powell、SCE、SA、DE 等多种优化算法将 CERES_Wheat 模型、COSIM 棉花模型分别与 MODIS 反演的 LAI 值融合，调整作物生长模型初始参数值，对模型模拟结果的改善情况进行了讨论；闫岩等（2006）以 LAI 作为结合点，利用复合型混合演化算法将 CERES_Wheat 模型与遥感数据融合，利用融合后作物生长模型输出结果实现冬小麦长势监测；刘峰等（2011）基于极快速模拟退火算法的遥感数据与 CERES_Wheat 作物生长模型的同化原型系统，利用同化得到的最优参数组合运行作物模型，成功模拟整个生育期内冬小麦生长状况，所开发的同化系统为遥感技术与作物模型的基础研究和应用提供了一个平台。

1.4　农作物长势监测评价技术发展趋势

目前，大面积作物长势遥感监测多使用 NOAA/AVHRR、SPOT/VEGETATION、EOS/MODIS 等低空间分辨率多光谱时序数据，高分辨率数据的大范围应用水平相对较低，主要表现在：在监测时间上，作物生长期间难以形成有效的时间序列监测数据影响了对作物长势的连续性监测；在空间分辨率上，高空间分辨率光学遥感数据难以满足作物生长遥感监测的实效性；在光谱分辨率上，高光谱数据由于获取成本和数据条件限制，难以大面积应用；微波遥感由于其分辨率低而利用率较低。

其次，利用单遥感指标监测作物长势的研究较多，而利用综合遥感指标协同监测作物长势的研究相对较少，利用多遥感反演参数驱动作物生长模型的定点应用研究比较多，区域化应用研究比较少。

第三，在作物长势监测业务应用系统方面，由于不同行业着眼点不同，系统间差异较大，同时或多或少都存在对地面资料依赖较多、系统运行较复杂等问题，距离真正的业务化、自动化运行还有许多工作值得完善，特别是全球尺度作物长势监测业务运行系统的研发对保障粮食安全十分重要。

第四，目前一些农学参数的遥感反演精度还不高，这既有反演算法本身的问题，还有地面真实性检验不到位的原因。

针对该领域亟待解决的关键技术问题，未来应重点加强的研究任务包括：

（1）高时空分辨率和高光谱分辨率遥感数据的业务化技术：针对高时空分辨率遥感数据的特点，发展几何校正、大气校正、云监测、影像快速拼接等数据预处理技术；针对高光谱遥感数据的特点，研发去冗余、去相关的特征提取和特征选择算法，分析提取与作物长势因子相关性强的高光谱特征变量；建立高性能计算支持下基于高时空分辨率、高光谱分辨率遥感数据的业务化运行系统，实现多种数据的优势互补，确保作物长势监测的连续性。

（2）多遥感反演参数协同监测作物长势技术研发：分析建立基于多源遥感数据的作物生长参数数据集，分析建立基于多源遥感数据的农田环境参数数据集，针对不同气候条件、不同作物品种、不同生育期，发展综合利用作物生长参数数据集和农田环境参数数据集协同监测大范围作物长势的模型和方法。

（3）基于遥感信息与作物过程模型的集合预报技术研究：针对作物生长模型特点，获取区域作物生长特性、土壤特性、田间管理和气象数据等参数，发展作物生长模型的本地化改进技术;分析遥感数据与作物生长模型单变量、多变量融合策略,确定变量组合方案;研发遥感数据与作物生长模型同化优化算法,分析模型模拟结果的改善情况;建立遥感数据与作物生长模型同化原型系统。同时,针对卫星遥感数据时空分辨率特点,研究地基多尺度自动观测组网技术;建立基于星地多源观测数据融合的长势监测指标;研究地基观测的农田信息与遥感模型中关键参数的结合方法,开发星地协同反演农田参数的优化反演模型和优化反演技术。

(4)全球尺度作物长势监测业务运行系统研发:分析全球粮食主产国的种植结构,设计全球尺度作物长势监测方案;发展多源遥感数据、星地多源数据的融合观测技术;研究适合大尺度业务化运行的遥感监测指标和监测方法,减少对地面观测资料的过度依赖;建立高性能计算支持下基于大数据的全球尺度作物长势监测业务运行系统等。

第2章 农作物生长参数与环境参数遥感定量反演优化技术

2.1 作物生长参数遥感定量反演优化技术与真实性检验

2.1.1 植被指数(VI)反演与检验

植物叶片在可见光红光波段有很强的吸收特性,在近红外波段有很强的反射特性,这是植被遥感监测的物理基础,通过这两个波段测值的不同组合可得到不同的植被指数。植被指数主要反映植被在可见光、近红外波段反射与土壤背景之间差异的指标,各个植被指数在一定条件下能用来定量说明植被的生长状况。

目前,在已有的多种植被指数中,归一化差分植被指数(Normalized Difference Vegetation Index,NDVI)应用最为广泛。NDVI 将比值限定在[−1,1]范围内,由于利用了植被冠层对电磁波谱中红色和近红外两个波段反射能量的光谱对比特性,NDVI 对植被特征比较敏感。NDVI 可以消除大部分与太阳高度角、地形、云/阴影和大气条件有关的辐照度条件变化的影响,增强了对植被的响应能力。利用风云三号(FY-3)卫星搭载的可见光红外扫描辐射计(Visible and InfraRed Radiometer,VIRR)、中分辨率光谱成像仪(MEdium Resolution Spectral Imager,MERSI)计算归一化差分植被指数,计算公式如下:

$$NDVI = (NIR - RED)/(NIR + RED) \tag{2.1}$$

式中,RED 和 NIR 分别为经过大气校正的红光和近红外通道的光谱反射率值。

卫星传感器进行观测时太阳光照角度和观测视角及云的条件的变化都很大,要构造植被指数(Vegetation Index,VI)随季节变化的时间曲线,需要把给定时间段内的几张植被指数图像合成为一张晴空的植被指数图像,并且要使大气效应和角度效应的影响最小。目前普遍采用的 NDVI 合成产品处理方法是最大值合成方法(Maximum Value Composite,MVC),该方法通过云检测、质量检查等步骤后,逐像元比较几张 NDVI 图像并选取最大的 NDVI 值为合成后的 NDVI 值。一般认为 MVC 倾向于选择最"晴空"的(最小光学路径)、最接近于星下点和太阳天顶角最小的像元。在 FY3 MERSI 植被指数合成算法中我们采用了一种优化的最大值合成方法。

将植被指数基本合成周期定为 10 d,这样与以前的 NOAA/AVHRR NDVI 和 FY-1D NDVI 的合成周期具有较好的一致性,便于与历史数据相比较。FY3 MERSI 植被指数的合成是在像元基准上进行的。根据输入数据的质量,按照优先次序采用以下 4 种合成方法中的一种：

一是 BRDF 合成：在合成时段内有 5 d 以上资料是晴天，对各通道的双向反射率应用 BRDF 模式，将反射率值订正到星下点视角，然后计算太阳天顶角和植被指数。5 d 是保证 BRDF 模式逆变换稳定性的最低要求。当 BRDF 模式订正后的反射率为负值，或者植被指数高于或远小于 MVC 方法得到的 NDVI，则该点被舍去。上述阈值是为了保证 BRDF 模式订正不受残存云的影响。当合成时段内观测点的视角分布不均匀或受不理想的大气条件（烟、云）影响时，订正后的反射率值可能为负值。气溶胶光学厚度等大气参数不精确时，也可能导致负值。基于 Walthall 模式的 BRDF 模式订正公式如下：

$$\rho_\lambda(\theta_v, \varphi_s, \varphi_v) = a_\lambda \theta_v^2 + b_\lambda \theta_v \cos(\varphi_v - \varphi_s) + c_\lambda \tag{2.2}$$

式中，ρ_λ 为大气订正的反射率，θ_v 为卫星天顶角，φ_s 为太阳天顶角，φ_v 为卫星方位角，参数 a_λ 和 b_λ 用最小二乘法拟合得到，c_λ 就是所需要的星下点反射率；

二是约束视角最大值合成（CV-MVC）：如果合成时段内无云像元数小于 5 d 且大于 1 d，选择其中视角最小的 2 d 资料，计算植被指数，取二者中最大值；

三是直接计算植被指数：如果只有 1 d 无云，则直接使用该天数据计算植被指数；

四是最大值合成（MVC）：若合成时段内的资料都有云，则逐日计算植被指数，用植被指数合成 MVC 方法选择最佳像元。

图 2.1　FY-3A/MERSI 植被指数旬合成产品

2.1.2　叶面积指数（LAI）反演与检验

叶面积指数（Leaf Area Index，LAI）定义为单位地表面积上总的绿色叶片面积（包括叶片的所有面）的一半（Chen J. M. 等，1992）。叶面积指数描述了植被的结构和功能，影响了地表和大气之间的能量、水分及 CO_2 的交换过程（Bonan，1995；Coops 等，2001），是气象学、农学和生态学共同关心的研究领域。中分辨率光学传感器（具有 250 m 到 5 km 的空间分辨率），能够实现区域及全球尺度的地表季节和年际变化监测,为全球 LAI 产品研发提供了有利数据基础。目前国际上已经公开发布有多套全球叶面积指数遥感反演产品,以 TERRA-AQUA/MODIS 为基础的 1 km 分辨率 8 d 合成全球叶面积指数产品(Myneni 等,1997)和利用法国 SPOT/VEGETATION 卫星数据为基础生成 GLOBCARBON 数据集(Chen 等,2002;Deng 等,2006)为代表。相对而言,利用中国卫星数据进行全球叶面积指数算法和产品的研究还处于起步阶段。随着我国新一代极轨气象卫星风云三号(FY-3A,B)双星的成功发射,首次实现了我国极轨气象卫星上、下午星组网观测,将全球观测时间分辨率从 12 小时提高到 6 小时,进一步增强了我国防灾减灾和应对气候变化能力,为全球植被监测提供了新的遥感数据源。FY-3 卫星上搭载的中分辨率光谱成像仪(MERSI)具有 5 个 250 m 分辨率的通道和 15 个 1 km 分辨率的通道,具有与美国地球观测系统 EOS/TERRA、AQUA 星载的 MODIS 传感器相近的波段设置。进一步研究基于 FY-3/MERSI 数据的全球叶面积指数算法,对提升我国卫星遥感自主应用能力、在业务系统中减少对国外遥感数据的依赖、确保叶面积指数监测的及时性和准确性都具有十分重要的意义。

2.1.2.1　叶面积指数(LAI)遥感反演算法介绍

以 GLOBCARBON LAI 算法(Chen 等,2002;Deng 等,2006)为基础,发展一套适用于 FY-3A/MERSI 数据的全球叶面积指数遥感反演方法(Zhu 等,2014),结合 MODIS LAI 产品和实地 LAI 测量数据,对 FY-3A/MERSI 反演结果进行初步评价和验证。以下内容重点介绍 GLOBCARBON 算法(Chen 等,2002;Deng 等,2006)和 FY-3A/MERSI 数据为基础的全球叶面积指数遥感反演产品的基本算法原理。光学传感器通过测量冠层的透射率来推算冠层的孔隙度(Gap Fraction)。利用冠层孔隙度,可以计算叶片在空间上是随机分布的假设条件下的叶面积指数(由于实际的叶片空间分布常常不是随机分布的,在这个条件下,计算出来的叶面积指数称为有效叶面积指数)。真实叶面积指数需要在有效叶面积指数的基础上,考虑叶片空间分布模式做进一步修正,如下式所示:

$$L = L_e/\Omega \tag{2.3}$$

式中,L 代表真实叶面积指数,L_e 代表有效叶面积指数,Ω 代表植被的集聚指数(Clumping index)。因此,有效叶面积指数是光学传感器进行 LAI 测量的起点(Chen 等,2002)。

由于叶片在红光和短波红外波段吸收较强,而在近红外波段反射较强,将两个或多个光谱观测通道组合得到的植被指数,与植被的演化信息密切相关。大量模型模拟和实地验证表明,植被指数与 LAI 存在密切的关系,这是 GLOBCARBON 算法进行 LAI 遥感反演的基础。GLOBCARBON LAI 算法以四尺度几何光学模型(Chen 和 Leblanc,2001)的正向模拟为基础,建立了基于 TM/ETM 卫星数据反演的植被指数和 LAI 关系。该算法充分考虑了太阳和卫星角度、植被覆盖类型、土壤背景和大气效应等多种因素对 LAI 反演算法的影响,同时通过 Chebyshev 多项式逼近方法快速的求得表达有效叶面积指数和简单植被指数(Simple Ratio,SR)相关关系的数理形式,使得 GLOBCARBON LAI 算法能够快速、有效地应用于全球叶面积指数的计算。

GLOBCARBON LAI 算法中,采用了遥感光学信号计算的 SR、简化简单比值植被指数(RSR,Reduced SR)建立与叶面积指数之间的关系。简单植被指数 SR 的表达式如下:

$$SR = \rho_{NIR}/\rho_{RED} \tag{2.4}$$

式中，ρ_{NIR} 和 ρ_{RED} 分别代表近红外波段和红光波段的地表反射率。

简化简单比值植被指数 RSR 的表达式如下（Brown 等，2000）：

$$RSR = \frac{\rho_{NIR}}{\rho_{RED}}\left(1 - \frac{\rho_{SWIR} - \rho_{SWIRmin}}{\rho_{SWIRmax} - \rho_{SWIRmin}}\right) \tag{2.5}$$

式中，ρ_{RED}、ρ_{NIR} 和 ρ_{SWIR} 分别代表红光波段、近红外波段和短波红外波段的地表反射率。$\rho_{SWIRmin}$ 和 $\rho_{SWIRmax}$ 代表图像中短波红外波段地表反射率的最小值和最大值，一般在计算中，将其定义为图像直方图的最小端和最大端 1% 处对应的值。

与 SR 相比较，RSR 具有如下优点：

（1）RSR 能够大大降低土地利用覆盖类型不同导致的混合像元区 LAI 反演精度的下降；

（2）由于短波红外波段对含有液态水的植被最为敏感，RSR 能有效地抑制背景（如林下灌木、苔藓层、杂草及土壤背景等）对 LAI 反演的影响。

GLOBCARBON LAI 算法通过公式（2.6）、（2.7）建立 SR 或 RSR 和 LAI 之间的联系：

$$L = f_{L\_SR}\left[SR \cdot f_{BRDF}(\theta_v,\theta_s,\varphi)\right] \tag{2.6}$$

$$L = f_{L\_RSR}\left\{SR \cdot f_{BRDF}(\theta_v,\theta_s,\varphi) \cdot \left[1 - \frac{\rho_{SWIR} \cdot f_{SWIR\_BRDF}(\theta_v,\theta_s,\varphi) - \rho_{SWIRmin}}{\rho_{SWIRmax} - \rho_{SWIRmin}}\right]\right\} \tag{2.7}$$

公式（2.6）、（2.7）中，L 代表计算出的有效叶面积指数，SR 代表简单植被指数，θ_s 代表太阳天顶角（SZA），θ_v 代表观测天顶角（VZA），φ 为相对方位角，f_{L_SR} 和 f_{L_RSR} 分别描述了与地表覆盖类型相关的 SR、RSR 和 LAI 之间的关系。这种关系是通过物理模型——四尺度几何光学模型模拟，然后用 Chebyshev 多项式逼近方法得到的。四尺度几何光学模型模拟了不同卫星角度和太阳角度、植被覆盖类型、叶面积指数、土壤背景、空间分辨率、光谱响应函数等诸多因素下入射的太阳辐射和植被冠层之间的相互作用机理，从而通过 Chebyshev 多项式逼近的方式求解出 GLOBCARBON 算法中所需要的参数。Chebyshev 多项式的系数以查找表的方式存储在 GLOBCARBON 算法的计算程序中。

$f_{BRDF}(\theta_v,\theta_s,\varphi)$ 描述了不同太阳和卫星角度条件下卫星特定波段反射率之间的关系，通过 $f_{BRDF}(\theta_v,\theta_s,\varphi)$ 可以将输入的角度条件下的反射率转化为特定角度条件下的反射率信息。GLOBCARBON 算法利用四尺度几何光学模型模拟几种主要植被类型条件下 BRDF 的形状及 BRDF 和 LAI 之间的关系，并用改进的 Roujean 核驱动模型（Roujean 等，1992）来模拟上述关系。改进的 Roujean 核驱动模型如下式表示（Chen 等，1997）：

$$\rho(\theta_v,\theta_s,\varphi) = \rho_0(0,0,\varphi)\left[1 + a_1 f_1(\theta_v,\theta_s,\varphi) + a_2 f_2(\theta_v,\theta_s,\varphi)\right] \cdot \left\{1 + c_1 \exp\left[-\left(\frac{\xi}{\pi}\right)c_2\right]\right\} \tag{2.8}$$

公式（2.8）中最后一项是 Chen 和 Cihlar（1997）在考虑热点效应的基础上对 Roujean 核驱动模型的修正，其中 c_1 和 c_2 是相应的修正系。$\rho_0(0,0,\varphi)$ 表示在太阳天顶角和卫星天顶角都是 0 的条件下的背景的反射率；a_1 和 a_2 是 Roujean 核驱动模型中的两个参数；ξ 代表视线和射线的夹角；$f_1(\theta_v,\theta_s,\varphi)$ 和 $f_2(\theta_v,\theta_s,\varphi)$ 是对应的两个函数，可以用公式（2.9）～（2.10）表达：

$$f_1(\theta_v,\theta_s,\varphi) = \frac{1}{2\pi}\big[(\pi-\varphi)\cos\varphi+\sin\varphi\big]\tan\theta_s\tan\theta_v-$$

$$\frac{1}{\pi}\cdot(\tan\theta_s+\tan\theta_v+\sqrt{\tan^2\theta_s+\tan^2\theta_v-2\tan\theta_s\tan\theta_v\cos\varphi}) \qquad (2.9)$$

$$f_2(\theta_v,\theta_s,\varphi) = \frac{4}{3\pi}\frac{1}{\cos\theta_s+\cos\theta_v}\cdot\Big[\Big(\frac{\pi}{2}-\xi\Big)\cos\xi+\sin\xi\Big]-\frac{1}{3} \qquad (2.10)$$

理论上,有效叶面积指数可以通过公式(2.4)～(2.10)直接计算出来。然而,在实际的计算中的难点在于改进的 Roujean 核驱动模型中的参数 a_1 和 a_2 的确定同时也依赖于相应的叶面积指数,即公式(2.6)可以进一步写成:

$$L = f_{L\_SR}(SR\cdot f_{BRDF}(\theta_v,\theta_s,\varphi,a_1(L),a_2(L))) \qquad (2.11)$$

尽管对公式(2.11)可以求解其数值解,但计算量大,难以应用于大区域 LAI 计算。GLOBCARBON LAI 算法采用了一个简单的迭代方式解决了这一问题。在最初的 GLOB-CARBON LAI 算法中,所有 Chebyshev 多项式的系数都是四尺度几何光学模型在 TM/ETM 对应波段的光谱响应函数的基础上拟合的,将其应用到 FY-3/MERSI 卫星数据上,应充分考虑两种传感器在光谱响应函数之间的差别和传感器的衰减、大气校正环节的误差等带来的不确定性,对 MERSI 和 TM 相关波段进行交叉订正,从而实现 MERSI 在 GLOBCARBON LAI 算法中的应用。相应的交叉订正系数以基础参数的形式预先设定。

2.1.2.2　ETM 和 MERSI 光谱响应函数交叉定标

GLOBCARBON LAI 利用四尺度几何光学模型及多次散射方案模拟 LAI 和 ETM$^+$ 红光、近红外和短波红外反射率之间的关系,并据此建立基于卫星数据的 LAI 反演模型。将上述叶面积指数反演模型移植到 FY-3/MERSI 数据上来,应充分考虑不同卫星数据在轨道特征、扫描方式、分辨率和通道光谱响应函数之间的关系。对于 ETM$^+$ 和 MERSI 两种传感器来说,光谱响应特征和地面分辨率的差异是反映在影像数据上的对应波段辐射亮度和反射率差异的重要原因。结合辐射传输模型的模拟和实测的背景及叶片的光谱分析,发展了一套 ETM$^+$ 和 MERSI 两种传感器对应光谱波段的交叉定标方法:

(1)对于红光和近红外波段,利用多项式回归方法建立 ETM$^+$ 和 MERSI 对应波段反射率的关系,以避免土地利用类型、季节变化、光合生物量等对交叉定标产生的影响:

$$y_{red} = 0.022182356+0.950173706\,x_{red}+0.001741533\,x_{nir}-$$

$$0.060090188\,x_{NDVI}+0.03924286\,x_{NDVI^2} \qquad (2.12)$$

$$y_{nir} = -0.02199+0.111894\,x_{red}+1.002059\,x_{nir}+0.028802\,x_{NDVI}-0.00598\,x_{NDVI^2}$$

$$(2.13)$$

(2)对于短波红外波段,由于土地利用类型、光合生物量在该波段影响较小,仅用简单的线性回归方程描述 ETM$^+$ 和 MERSI 对应波段反射率的关系:

$$y_{swir} = 1.007x+0.001 \qquad (2.14)$$

2.1.2.3　结果与验证

利用 MERSI LAI 算法反演 2010 年不同时间段的中国区域 LAI 分布情况,并与其他 LAI 产品进行比较(图 2.2)。MERSI LAI 算法经过了时间序列的校正(Chen 等,2006),订正了季节曲线上残留的云或气溶胶的影响导致的 LAI 异常低值。图 2.2 中第一列为对应的时间段；第二列为 MERSILAI 在 3 月、5 月、7 月和 10 月的空间分布；第三列为利用 MODISLSR 产品和 GLOBCARBON LAI 算法反演的同时期 LAI；第四列为 NASA 的 MODIS LAI 产品（MOD15A2）反演的同时期 LAI。从图中可以看出，总体上 MERSI LAI 能够较好地反映实际 LAI 的空间分布情况。在植被的生长峰值阶段，如 7 月份，MERSI LAI 在部分区域较其他两种产品偏高，出现这种情况与 MERSI 和 MODIS 两种传感器数据因大气校正方式不同产生的偏差有很大关系。总体上，MERSI LAI 的空间分布和其他 LAI 产品是一致的，特别是在植被的生长开始和结束阶段。

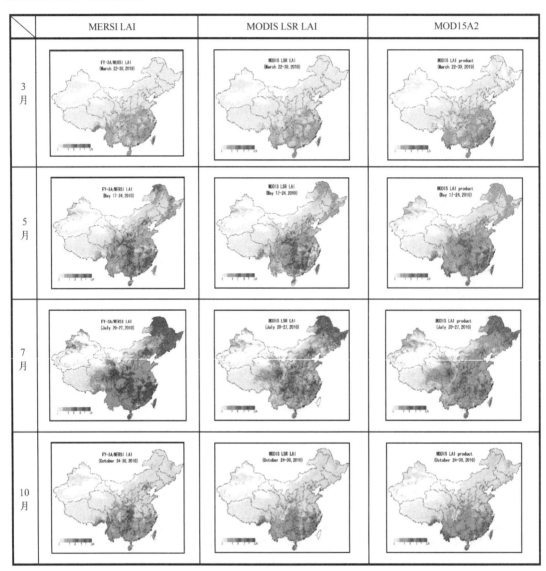

图 2.2　FY-3A/MERSI LAI 和 EOS/MODIS LAI 产品空间分布的比较

　　以我国华北地区主要农作物冬小麦、夏玉米等为研究对象，选取了作物生长阶段华北和黄淮等地主要农田地区，结合实地测量的叶面积指数，对基于 FY-3A/MERSI 数据的 LAI 算法和实验产品进行了验证(图 2.3)。由于 1 km 分辨率的 FY-3A/MERSI LAI 反演结果存在混合像元效应,导致遥感反演的 LAI 与实测值相比普遍偏低,图 2.3(a)中采样点的农田覆盖度较小,混合像元的影响更为明显。总体上,FY-3A/MERSI LAI 和实地测量的 LAI 数据存在较好的相关性,相关系数达到 0.86 以上。遥感反演的 LAI 在输入到模式中时,要特别注意模式设定的参数的空间尺度,并通过一定的方法使遥感反演的 LAI 和模式中应用的 LAI 的空间分辨率达到统一。

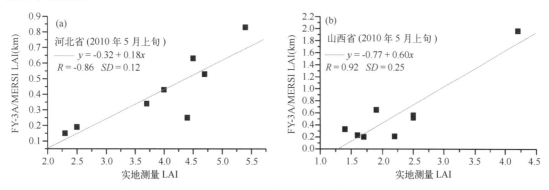

图 2.3　FY-3A/MERSI LAI 在华北和黄淮典型农田样区的验证

2.1.3　作物净初级生产力(NPP)估算与检验

净初级生产力(Net Primary Productivity,NPP)是指植物在单位时间、单位面积上由光合作用产生的有机物质总量中扣除自养呼吸后的剩余部分,它是陆地生态系统碳循环中的一个主要组成部分。由于 NPP 作为地表碳循环的重要组成部分,不仅直接反映了植被群落在自然环境条件下的生产能力,表征陆地生态系统的质量状况,而且是判定生态系统碳源/汇和调节生态过程的主要因子,在全球变化及碳平衡中扮演着重要的作用。

截止到目前,NPP 评估计算模型有 20 多种,但是不同方法计算出来的 NPP 差别较大,目前尚未将 NPP 列入生态指标体系,主要原因在于:(1)测量手段多样化且没有相应的验证手段,致使结果数据无法验证;(2)数据及处理没有标准化、规范化。同时对已有方法进行分析,估算 NPP 的模型可分为统计模型、参数模型和过程模型 3 种。在这 3 种模型中,过程模型有着完整的理论框架,结构严谨,可从机理上对植物的生物物理过程及影响因子进行分析和模拟。特别是 Monteith(1972)提出的 CASA 模型(Carnegie Ames Stanford Approach)已经在大范围估算 NPP 的应用中发挥了重要的作用。同时,CASA 模型中的相关生物物理学参数可以利用气象观测技术、遥感技术进行获取,使得适时、准确、大范围和多尺度监测 NPP 的空间分布状况成为可能。

2.1.3.1　CASA 模型构建

CASA 模型是建立在 NPP 和植被吸收的光合有效辐射(APAR)关系基础上的。该方法根据光能利用率模型的建模思路,通过引入地表覆盖分类,使之符合中国实际情况。这样,数据获取比较容易,仅利用地面气象数据和遥感数据就可以对陆地植被 NPP 进行估算,不再需要收集土壤物理参数,实际的可操作性强。植被 NPP 可以由植物吸收的光合有效辐射

（APAR）和实际光利用率（ε）两个因子来表示，计算公式如下：

$$NPP(x,t) = APAR(x,t) \times \varepsilon(x,t) \tag{2.15}$$

式中，$APAR(x,t)$ 表示像元 x 在 t 月份吸收的光合有效辐射（单位：$MJ \cdot m^{-2} \cdot month^{-1}$）；$\varepsilon(x,t)$ 表示像元 x 在 t 月份的实际光能利用率（单位：$g \cdot MJ^{-1}$）。NPP 的具体测量包括如下主要步骤：

（1）APAR 的估算

植物吸收的光合有效辐射（APAR），取决于太阳总辐射和植物本身的特征：

$$APAR(x,t) = SOL(x,t) \times FPAR(x,t) \times 0.5 \tag{2.16}$$

式中，$SOL(x,t)$ 表示 t 月在像元 x 处的太阳总辐射量，$FPAR(x,t)$ 为植被层对入射光合有效辐射的吸收比例，常数 0.5 表示植被所能利用的太阳有效辐射占太阳总辐射的比例。Los（1994）采用两种方法计算得到的 FPAR 中间值作为实际值的准真值，$FPAR(x,t) = \alpha FPAR\_ndvi + (1-\alpha)FPAR\_sr$，$\alpha$ 为两种方法间的调整系数。

（2）光能利用率的估算

在理想条件下，植被具有最大光能利用率，在现实条件下最大光能利用率主要受温度和水分的影响。

$$\varepsilon(x,t) = T^{\varepsilon 1}(x,t) \times T^{\varepsilon 2}(x,t) \times W^{\varepsilon}(x,t) \times \varepsilon_{max} \tag{2.17}$$

式中，$T^{\varepsilon 1}(x,t)$ 和 $T^{\varepsilon 2}(x,t)$ 表示低温和高温对光能利用率的胁迫作用，$W^{\varepsilon}(x,t)$ 为水分胁迫影响系数，反映水分条件的影响，ε_{max} 是理想条件下的最大光能利用率。

（3）NPP 估算流程

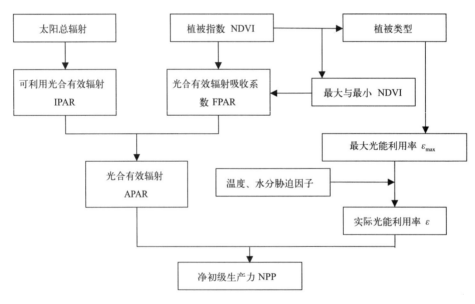

图 2.4　NPP 估算流程

①可利用光合有效辐射 IPAR：直接利用气象站点的观测数据获取；

②光合有效辐射吸收系数 FPAR：利用多年的 NDVI 数据结合不同植被类型，采用 $FPAR(x,t) = \alpha FPAR\_ndvi + (1-\alpha)FPAR\_sr$ 计算得到不同植被类型的 FPAR；

③光合有效辐射 APAR:根据(1)、(2)步骤得到的光合有效辐射及光合有效辐射吸收系数,计算得到不同植被类型的 APAR;

④最大光能利用率 ε_{max}:ε_{max} 值因不同植被类型不同,而且对 NPP 的估算影响较大,采用 Coops 等(2001)提出的方法,根据实测 NPP 利用误差最小原则模拟的各植被类型的 ε_{max};

⑤实际光能利用率 ε:利用 Globcover 2009 土地覆盖类型,把土地覆盖类型重新划分为 12 类,结合温度、水分作为胁迫因子,计算获得;

⑥净初级生产力 NPP:利用公式(2.15)计算而成。

2.1.3.2　数据源

目前支持全国尺度的遥感数据主要包括 MODIS 8 d 合成、16 d 合成、月合成反射率数据;气象数据包括辐射数据、温度数据和降水数据;基础数据包括国界、500 m 分辨率的 2009 年的 Globecover 数据。各种数据的用途如下:

(1)遥感数据:采用 MOD09A1 用于计算 8 d 的 NDVI 数据,MOD13Q1 和 MOD13Q3 用于计算 16 d 和月 NDVI 数据;

(2)辐射数据:采用全国辐射站点每天观测的辐射数据,插值为 8 d、16 d 和月全国辐射数据;

(3)降水数据:采用全国气象站观测的降水数据,插值为 8 d、16 d 和月全国降水数据;

(4)温度数据:采用全国气象站观测的温度数据,插值为 8 d、16 d 和月全国温度数据;

(5)Globcover:将所有的类别合并为 11 类,并计算相关的最大光能利用率参数。

2.1.3.3　数据预处理

在本研究,有多种数据参与分析运算,为了增加由于投影转换带来的计算等误差,本研究中以 MODIS 产品数据的投影参考为数学基础,采用 WGS84 和正弦投影。8 d 的合成产品的分辨率采用 463.5 m,其他时间积累产品数据的分辨率采用 927.4 m。

(1)气象数据插值处理

在 NPP 计算模型中,应用到辐射、温度、降水等气象站点数据。为了使气象数据与遥感数据的时间尺度相一致,首先需要将气象数据进行格式统一和物理单位的归一化处理,再根据不同的时间累计步长,形成 8 d、16 d 和月的累计数据,同时加上地理坐标;在完成了数据预处理后,利用反距离权重法,将气象数据插值为栅格数据,范围与分辨率和遥感数据保持一致。根据时间的累计尺度,分别按照年度进行合成,形成多通道数据。

(2)遥感数据预处理

预处理的主要数据产品包括土地利用数据,MODIS 3 个不同时间积累尺度的 MOD09A1(8 d)、MOD13A2(16 d)和 MOD13A3(月)数据。由于以上数据中的反射率数据采用的是 HDF 压缩格式存储。为了方便计算相关参数,需要将相关数据单独提取出来计算。

2.1.3.4　NPP 估算结果

进行不同时间间隔的 NPP 计算,计算月 NPP 时,利用土地利用类型数据、月 NDVI 合成数据、月降水数据、月辐射数据和温度数据,按年度计算每个分区的月 NPP 数据;年度全国 NPP 计算是将不同时间累计尺度的数据进行积累,计算 2009—2010 年总 NPP 数据,并进行拼接,形成全国的 NPP 数据(图 2.5)。

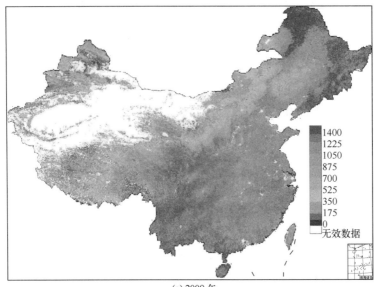

(a) 2009 年

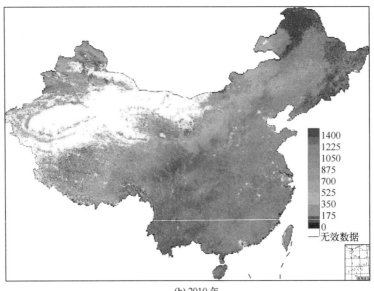

(b) 2010 年

图 2.5　利用 MODIS 月合成数据计算的 NPP

2.2　作物环境参数遥感定量反演优化技术与真实性检验

2.2.1　农田地表温度反演与真实性检验

2.2.1.1　基本原理

在晴空无云大气状况下,热红外传感器接收某一通道地表辐射量值可由下式表示:

$$R_i(\theta,\varphi) = \int f_i(\lambda)\varepsilon_\lambda(\theta,\varphi)B_\lambda(T_s)\tau_\lambda(\theta,\varphi)\mathrm{d}\lambda +$$

$$\iint f_i(\lambda)B_\lambda(T_p)\frac{\partial\tau_\lambda(\theta,\varphi,p)}{\partial p}\mathrm{d}p\mathrm{d}\lambda +$$

$$\int f_i(\lambda)\iint \rho_{b\lambda}(\theta,\theta',\varphi')L_{s\lambda}(\theta')\tau_\lambda(\theta,\varphi)\cos\theta'\sin\theta'\mathrm{d}\theta'\mathrm{d}\varphi'\mathrm{d}\lambda$$

(2.18)

式中，$R_i(\theta,\varphi)$ 为传感器以某一观测方向 (θ,φ) 在通道 i 接收的地表总辐射量；右边第一项为地表辐射量，第二项为大气上行辐射量，第三项为大气下行辐射量被地表反射的部分。$f_i(\lambda)$ 为传感器通道响应函数，与具体传感器特性有关；$\varepsilon_\lambda(\theta,\varphi)$ 为地物的 (θ,φ) 方向发射率；$\tau_\lambda(\theta,\varphi)$ 为大气透过率；$B_\lambda(T_s)$ 表示温度为 T_s 时的普朗克函数；$L_{s\lambda} = \int_\lambda B(T_p)\frac{\partial\tau'_\lambda(\theta,p)}{\partial p}\mathrm{d}p$ 为大气下行辐射量；$\rho_{b\lambda}(\theta,\theta',\varphi')$ 为双向反射分布函数（BRDF）；T_s 即为待求的陆地表面温度。

2.2.1.2　局地裂窗算法

分裂窗算法最早用于海面温度反演。对于陆面温度遥感而言，地表发射率未知，大气效应消除更为复杂，分裂窗算法反演效果不理想。Price（1984）在分裂窗算法中加入改正项，减小了因陆表发射率引起的误差。Becker 和 Li（1990）则通过利用辐射传输方程 Lowtran 程序对 (2.18) 式进行地表辐射亮温计算，结合地表实测数据，分析了不同大气状况下，地表发射率、地表温度对 NOAA-9 的 4、5 通道辐射亮温的影响，提出了一个局地分裂窗算法：

$$T_s = A_0 + p \cdot (T_4 + T_5)/2 + M \cdot (T_4 - T_5)/2 \tag{2.19}$$

式中，A_0 为常数；T_4 和 T_5 分别为通道 4、5 的亮温；p、M 皆为地表发射率的函数。其中：$P = 1 + \alpha(1-\varepsilon)/\varepsilon + \beta\Delta\varepsilon/\varepsilon^2$；$M = \gamma' + \alpha'(1-\varepsilon)/\varepsilon + \beta'\Delta\varepsilon/\varepsilon^2$；定义平均地表发射率 ε 为 $\varepsilon = (\varepsilon_4 + \varepsilon_5)/2$，地表发射率差 $\Delta\varepsilon$ 为 $\Delta\varepsilon = (\varepsilon_4 - \varepsilon_5)$。通过模拟数据对上述方程进行回归，得到各待求参数。

Becker 算法是通过理论模型模拟得到的一个半经验局地分裂窗算法，由于考虑了大多数大气和地表状况，适用范围广，且简单易行。但对于不同传感器来说，由于传感器通道响应函数不尽相同，Becker 算法不能直接使用，必须对模型参数进行改进。

2.2.1.3　Becker 算法改进与陆表温度反演

在 Becker 算法的基础上，针对 FY-3A/VIRR 热红外通道光谱响应函数特性，选择四种大气模式（中纬度夏季大气、中纬度冬季大气、亚极地夏季大气、1972 美国标准大气），每种大气模式分别对应 3 个地表温度（294.2 K 及 294.2 K±5.0 K、272.2 K 及 272.2 K±5.0 K、287.2 K 及 287.2 K±5.0 K、288.2 K 及 288.2 K±5.0 K），地表发射率取值 0.9～1.0 的地球物理条件下，用 MODTRAN 程序对地表热红外辐射特性进行了模拟，生成 FY-3A/VIRR 热红外通道地表亮温模拟数据，重新得到 Becker 算法中的模型参数。

在地表温度反演中，地表发射率是影响辐射亮温的一个重要的地表参数。地表发射率的计算采用植被覆盖度方法（Caselles 等，1997），即每一个像元范围内，某一通道的地表有效发射率由植被发射率和非植被覆盖区地表发射率通过一个线性模型得到：

$$\varepsilon_{i,pixel} = \varepsilon_{i,v}FVC + \varepsilon_{i,g}(1 - FVC) + \mathrm{d}\varepsilon_i \tag{2.20}$$

式中，$\varepsilon_{i,v}$ 为某一类型纯植被覆盖像元 i 通道地表发射率；$\varepsilon_{i,g}$ 为相应纯裸露地表像元发射率；$\mathrm{d}\varepsilon_i$

为某一通道由植被和下垫面地表的多次反射产生的地表发射率项,为简化计算,假设地表平坦,没有地表发射率的多次反射项,即 $d\varepsilon_i=0$。 FVC 为植被覆盖度,可由下式计算:

$$FVC = \frac{NDVI - NDVI_S}{NDVI_V - NDVI_S} \tag{2.21}$$

式中, $NDVI_S$ 为纯裸土像元 NDVI 值,取固定值 0.05; $NDVI_V$ 为纯植被覆盖像元某一植被类型的典型 NDVI 值;植被覆盖类型根据 IGBP 地表分类结果,对 IGBP 每一种地表类型,4、5 通道 $\varepsilon_{i,v}$、$\varepsilon_{i,g}$ 及 $NDVI_V$、$NDVI_S$ 由相关文献数据得到(Rubio 等,1997;Zeng 等,2000)。

在得到 Becker 算法模型参数及地表比辐射率 ε 后,代入式(2.19),即可得到地表温度,最后经过去云处理和质量检验最终生成地表温度产品(图 2.6)。

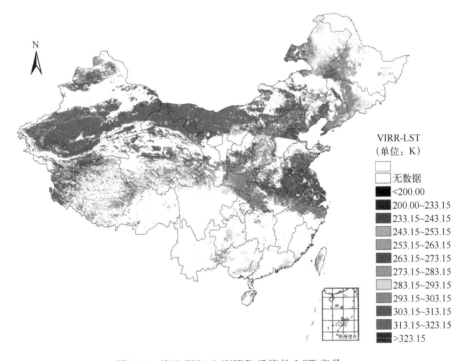

图 2.6 基于 FY-3A/VIRR 反演的 LST 产品

2.2.1.4 真实性检验

(1)"星—地"同步验证

由于时空分布的非均一性,地表温度真实性检验一直是一项较难的工作。针对高温过程监测进行"星—地"同步验证,主要对高温端地表温度进行验证。为了很好地验证 VIRR 地表温度产品在高温地区的误差,选择敦煌辐射校正场地中心,对 FY-3A 卫星过境前后 5 分钟时间段内每分钟的 0 cm 地表温度进行"星—地"同步测量。由于敦煌辐射校正场地无植被,且地面平整均匀,最高地表温度能达到 60℃ 左右,是进行高温端地表温度验证的理想场地。

对卫星过境时 5 分钟时间段内 0 cm 地表温度进行空间和时间上的平均,将此 0 cm 地温与辐射校正场中心经纬度位置像元的陆表温度进行比较。经过验证,两次在敦煌戈壁滩进行 FY3 VIRR 陆表温度产品验证的误差分别为 -0.17 K 和 1.77 K(表 2.1),就验证结果看,陆表温度产品在高温端具有较高的精度。

表 2.1 FY-3A 反演地表温度产品"星—地"同步验证

日期	像元 LST	0 cm 地表温度平均(K)	误差(K)
2010-8-14	316.30	316.13	−0.17
2010-8-24	316.70	318.47	1.77

(2)"星—星"交叉验证

为了保证验证的统计学意义和精度,选用 2010 年 5 月 24 日 FY-3A 与 MODIS 有交叉点的 LST 产品进行大范围比较。其中,在交叉点(53.811°N, 92.435°E),FY3A 卫星过境 UTC 时间为 04:59:40,对比卫星 MODIS/TERRA 过境时间为 05:04:50;在交叉点(14.503°N, 105.231°E),FY-3A 卫星过境时间为 03:29:30,对比卫星 MODIS/TERRA 过境时间为 03:37:00。卫星过境时间间隔在 10 分钟以内。

为了对两种 LST 产品进行统计对比,对两种产品重叠区域进行了散点图对比、频数分布直方图对比和误差绝对值直方图对比,如图 2.7a 和图 2.7b 所示。散点图误差分析结果表明,两种 LST 产品均方根误差为 2.64 K;直方图对比结果表明,两种产品 LST 值的频数分布基本一致(图 2.7a),误差大多在 2~5 K 范围内(图 2.7b),说明两种反演结果具有较高的相关性。

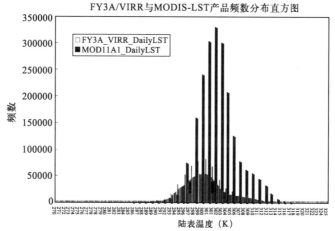

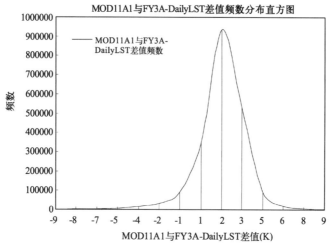

图 2.7 两种 LST 产品反演结果直方图对比

2.2.2 农田作物水分反演与真实性检验

2.2.2.1 实验设计及数据处理

(1)实验设计

1)研究区域及试验基地介绍

研究区域位于111°～123°E,33°～41°N之间的华北平原冬小麦种植区。主要是西起太行山脉和豫西山地,东到黄海、渤海和山东丘陵,北起燕山山脉,西南到桐柏山和大别山,东南至苏、皖北部,与长江中下游平原相连。延展在北京市、天津市、河北省、山东省、山西省、河南省、安徽省和江苏省等8省、市的境域。

地面试验在中国气象局河北固城生态试验基地(以下简称试验基地)进行。试验基地位于华北平原东北部的河北省定兴县固城镇东(39°08′N,115°40′E,海拔高度15.2 m),占地15 ha。基地位于北京南约100 km,距天津约100 km。试验基地地处暖温带大陆性季风气候区,气候温暖,水热同季,年平均气温12.2℃,年降雨量平均528 mm,降水主要集中于6—9月份,年均日照时数2264 h,近5年地下水位保持在15 m左右。试验基地及其周边地区土壤质地为中性壤土,地势平坦,耕层深厚。试验基地是华北平原北部高产农业区的典型代表,其下垫面为农田所覆盖,主要农作物为冬小麦和夏玉米,为典型的华北农田生态系统。

2)试验基地试验小区水分处理

在试验基地大田及小区均种植同一个品种的冬小麦。在人工控制水分试验的试验场,利用其中的15个小区(每小区长4 m,宽2 m,四周用水泥墙隔断,墙深2 m)。采用不同水平胁迫处理,设计4个水分胁迫的等级,开展对照试验和大田观测。对实验小区进行土壤水分控制。且当有降水发生时,将基地中的大型活动式防雨棚堆放在所有控制小区上方,以保证进行水分处理的试验小区不受降水影响;降水停止时,立即将防雨棚堆放至远离小区之处,以避免棚的阴影影响。

3)主要仪器设备

a. 地面光谱仪:采用ASD Fieldspec 3野外光谱辐射仪,该辐射仪视场角10°,波长范围350～2500 nm,在350～1000 nm范围光谱采样间隔1.4 nm,在1000～2500 nm范围为2 nm,光谱分辨率3 nm(350～700 nm)和10 nm(1400～2100 nm)。

b. 光电叶面积仪:利用光电扫描植物的叶片,从而计算叶面积的大小。

c. 叶绿素仪:采用SPAD-502叶绿素仪,通过测量叶片在两种波长范围内的透光系数来确定叶片当前叶绿素的相对含量。

4)测定项目与方法

a. 光谱:晴朗无云、风力较小的天气;视场范围内太阳直接照射;北京时间10:00—14:00之间;实验区内每个测点多次重复(18次左右);每小区测定前进行白板校正。试验分别测定了2009年4月1日、4月13日、4月26日、5月09日、5月22日小区(5种水分处理)和大田的冬小麦冠层光谱反射率,分别对应返青期、拔节期、孕穗期和抽穗期。采用野外光谱辐射仪测定冬小麦冠层光谱反射特征。

测量时每个小区测定前、后都进行白板校正,即测定白板光谱。白板与被测对象同一水平面放置,以小区所测冬小麦冠层光谱作为太阳光反射光谱,以白板光谱作为太阳辐射光谱,二者相除并乘以白板的室内定标光谱反射率,得到冬小麦冠层光谱的反射率光谱值。

b. 土壤水分:由该基地工作人员测定,利用土钻法测量。

c. 株高:在每个小区的每个测点附近,选取长势中等(具有代表性)的小麦 5 茎,利用米尺测量植株高度。

d. 叶绿素浓度:在测量株高后,利用 SPAD-502 叶绿素仪测量冬小麦叶片叶绿素浓度,每茎 2 叶,每叶测 5~8 个点,用仪器在叶片的前端和末端各测一次,叶片中间部分视叶片长度等间距测量多次,然后取平均值记录作为每片叶的叶绿素值,每个测点测 5 株。

e. 叶片鲜重:把每个测点的 5 株冬小麦连根挖出,装到塑料袋里密封。带回室内数每株茎数,把叶片从小麦植株上轻轻剪取下来,使用 1 mg 感量天平称鲜重,感量天平用玻璃器皿调零,对每茎小麦的叶片测定鲜重,即将所选定的植株的叶片放入贴过标签及称重的样品袋内称重,减去袋重得到叶片鲜重(每个测点的平均值)(g)。

f. 叶片叶面积:测定前用湿布覆盖叶片,避免其过多暴露于空气中造成失水,使用 LI-COR 公司的光电叶面积仪对采样的叶片进行叶面积的测定,测定叶面积过程中,注意清洁传送带表面,尽量保持传送带的干净,以及及时调整传送带的位置,因为若传送带表面上覆盖尘土或杂物或者传送带位置偏移时,会影响探测器工作的质量,进而影响数据质量。

g. 叶片干重:把叶片放入纸袋封好,放入烘箱连续 15 h 在 70~80℃温度下烘干,使用电子天平连袋称重即得连袋干重,减去袋重得叶片干重(g)。

h. 茎干干重:每株植株剪去叶片后的茎干置入另一个纸袋,放入烘箱中与叶片进行同样处理,并称其重量。

i. 小麦行数和每行株数:测量实验地中每个测点中 1 m 长度内的小麦行数(目测,1 m 行数＝1 m/平均行距);测量一行中每米长度内的株数(目测)。

(2)数据预处理

1)生理参数数据初步处理

a. 小麦平均密度:平均密度(株数/m²)＝(行数/m)×(株数/m/行)

b. 叶面积指数

单茎叶面积＝5 株冬小麦的叶面积/5 株冬小麦总茎数

冬小麦地块中 1 m 行数＝1 m/平均行间距

每平方米茎数＝1 m 行数×1 m 长度的小麦茎数

每平方米叶面积＝单茎叶面积×每平方米茎数

叶面积指数＝总叶面积/m²

c. 叶片相对含水率(FMC):定义为叶片中含水量与叶片的鲜重的比值,也就是叶片水含量占所有叶片鲜重的百分比,是一个没有单位的量纲。

叶片相对含水率(％)＝(叶片鲜重－叶片干重)/叶片鲜重×100％

d. 干物质含量:干物质含量＝叶片干重＋茎干干重

2)光谱数据初步处理

利用 ASD 光谱仪配套的光谱数据处理软件 ASDViewSpecPro 对光谱数据进行预处理

农作物生长动态监测与定量评价

（筛选、取平均等），按照小区（各测点）单位均取平均值作为后续使用。

2.2.2.2 田间实验结果分析及经验统计模型的建立

（1）不同水分处理对小麦生长状况的影响

1）不同水分处理下冬小麦不同生育期的冠层叶片相对含水量

拔节期各小区叶片相对含水量（FMC）几乎没有差别（图2.8），这是由于刚刚进行小区水分处理，叶片水含量存在滞后效应。在冬小麦的后三个生育期中，叶片相对含水量随着土壤水分条件不同而有所区别，基本上叶片相对含水量随着土壤水分的增大而增大。不同生育期之间（拔节期除外），孕穗期叶片相对含水量最大，抽穗期略有下降，灌浆期叶片水分明显下降，这是由于后期叶片衰老的原因。

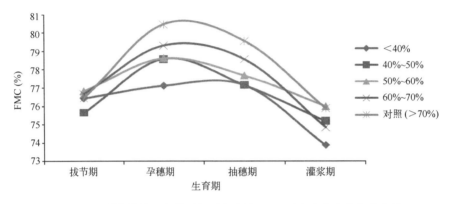

图2.8 不同水分处理条件下相对含水量FMC随冬小麦生育期的变化

2）不同水分处理对小麦冠层光谱的影响

测量冬小麦拔节期至灌浆末期的4个主要生育期的冠层光谱反射率曲线（图2.9）。由图可见，各生育期在不同水分处理下，在350～700 nm可见光波段，40%以下和40%～50%两种水分处理情况下的冠层反射率明显高于其他几种水分处理情况，随着土壤湿度的增加冠层反射率降低；在可见光与近红外波段之间，大约在700 nm附近，冬小麦冠层反射率的增加都特别迅速；在近红外波段内，冬小麦冠层反射光谱差异显著。不同水分处理，土壤湿度大，相应的

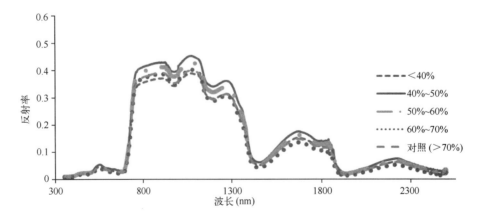

图2.9 不同水分处理下冬小麦冠层光谱特征

近红外波段的冬小麦冠层反射率也在升高;近红外与中红外波段之间,各种水分处理情况下的冠层反射率都呈快速下降趋势;中红外波段内,在 1600 nm 和 2200 nm 处有两个明显的反射峰,1400 nm 和 1900 nm 处有两个明显的水分吸收谷,40% 以下和 40%～50% 两种水分处理情况下的冠层反射率明显高于其他几种水分处理情况。

这里要提到的是,当叶片含水量没有特别低时,叶片含水量的减少并不会造成反射光谱曲线的明显差别。在生育期后期小麦叶片逐渐枯萎,叶片中的叶绿素也大部分消失,因此整个反射光谱区域的反射率显著增加,同时,在水的各个吸收带处,反射率的增加也很大。

(2)经验统计模型的建立

1)常用的去除土壤背景影响的植被水分指数

植被指数是利用卫星不同波段探测数据组合而成的,能反映植物的生长状况(童庆禧等,2006)。植物叶面在可见光红光波段有很强的吸收特性,在近红外波段有很强的反射特性,这是植被遥感监测的物理基础,通过这两个波段测值的不同组合可得到不同的植被指数。

前人的研究中提出了一系列可表征植被水分状况的植被指数(宋小宁等,2004),主要是利用了对植被的光谱响应十分不同的可见光红波段和近红外波段,表 2.2 中为常用的植被水分指数。

表 2.2 常用的植被水分指数

简称	名称	建立者及时间	表达式
RVI	比值植被指数	Pearson 等,1972	ρ_{RED}/ρ_{NIR}
NDVI	归一化差异植被指数	Rouse 等,1974	$(\rho_{NIR}-\rho_{RED})/(\rho_{NIR}+\rho_{RED})$
NDII	归一化差异近红外指数	Hardisky,1983	$(\rho_{820}-\rho_{1600})/(\rho_{820}+\rho_{1600})$
MSI	湿度胁迫指数	Hunt 等,1989	ρ_{1600}/ρ_{820}
SAVI	土壤调整植被指数	Huete 等,1988	$(\rho_{NIR}-\rho_{RED})/(\rho_{NIR}+\rho_{RED}+L)\times(1+L)$
NDWI	归一化水分指数	Gao 等,1995	$(\rho_{NIR}-\rho_{1240})/(\rho_{NIR}+\rho_{1240})$
EVI	增强植被指数	Liu 和 Hueete,1995	$2.5\times\dfrac{\rho_{NIR}-\rho_{RED}}{\rho_{NIR}+6\times\rho_{RED}-7.5\times\rho_{BLUE}+1}$
SRWI	比值水分指数	Zarco-Tejada 和 Ustin,2001	ρ_{NIR}/ρ_{1240}
DVI	差值植被指数	Richardson 等,1977	$\rho_{NIR}-\rho_{RED}$
PVI	垂直植被指数	Jackson 等,1980	$(\rho_{NIR}-a\times\rho_{RED}-b)/\sqrt{1+a^2}$

注:ρ_{RED}、ρ_{BLUE}、ρ_{NIR} 分别是红光波段、蓝光波段、近红外波段的反射率数值,a、b 为土壤背景线(土壤背景的亮度变化线)的斜率和截距。

结合以上指数以及 MODIS 数据波段特点,选择 NDWI、SRWI、NDII、MSI 作为提取植被水分信息的经验统计模型参数。利用实测光谱数据求算出相应的光谱指数,计算公式如下:

$$NDWI = (R_{860}-R_{1240})/(R_{860}+R_{1240}) \tag{2.22}$$

$$SRWI = R_{860}/R_{1240} \tag{2.23}$$

$$NDII = (R_{820}-R_{1600})/(R_{820}+R_{1600}) \tag{2.24}$$

$$MSI = R_{1600}/R_{820} \tag{2.25}$$

2)植被水分指数建模

利用 SPSS 统计软件,对上述四种光谱指数与叶片相对含水量(FMC)进行了相关性分析,分析结果见表 2.3。

表 2.3　相对含水量(FMC)与不同植被水分指数的 SPSS 相关系数

指数	Pearson	Spearman	Kendall
NDWI	0.687**	0.739**	0.536**
SRWI	0.589**	0.639**	0.436**
NDII	0.650**	0.708**	0.495**
MSI	0.650**	0.708**	0.495**

注:**表示通过 0.01 显著水平检验

由表 2.3 可见,相对含水量(FMC)与植被水分指数 NDWI、SRWI、NDII 和 MSI 存在显著的相关性,据此我们分别建立相对含水量(FMC)与 NDWI、SRWI、NDII 和 MSI 的回归方程,并对回归方程进行显著性检验,从而确定用于植被水分信息提取的经验统计模型(见表 2.4)。

表 2.4　植被冠层水分信息经验统计模型

变量	回归方程	决定系数	显著性(Sig)
NDWI	$y=0.1562x+0.7521$	0.468	0.001
SRWI	$y=0.7041x+0.0522$	0.347	0.004
NDII	$y=0.1489x+0.6935$	0.423	0.005
MSI	$y=-0.1798x+0.8280$	0.422	0.007

2.2.2.3　利用同期 MODIS 数据进行华北地区冬小麦叶片含水量制图

(1)MODIS 介绍

中分辨率成像光谱仪(MODerate-resolution Imaging Spectroradiometer,MODIS)是美国地球观测系统(EOS)极地轨道环境遥感卫星所载的对地观测仪器之一,是"图谱合一"的光学遥感仪器,从 0.4 μm(可见光)到 14.4 μm(热红外)全光谱覆盖,总共有 36 个离散光谱波段,多波段数据同时提供了反映陆地、云边界,云特性,海洋水色、浮游植物、生物地理、化学,大气水汽,地表、云顶温度,大气温度,臭氧和云顶高度等特征的信息,亦即可以用于对陆表、生物圈、固态地球、大气和海洋进行长期全球观测,其中有两个通道最高空间分辨率为 250 m,大大增强了对地球大范围区域细致观测的能力,5 个通道空间分辨率为 500 m,29 个通道空间分辨率为 1 km,全球均一分辨率观测。在对地观测过程中,两颗卫星每天可以对我国绝大部分地区进行 4 次观测。每日或每两日可获取一次全球观测数据(刘闯等,2000)。波段范围和主要用途见表 2.5(刘玉洁等,2001)。

表 2.5　MODIS 的通道、波段及主要应用

通道序号	波段宽度 (1~19 通道 nm,20~36 通道 μm)	信噪比	光谱辐射率	主要用途	分辨率(m)
1	620~670	128	21.8	陆地、云边界	250
2	841~876	201	24.7		250

通道序号	波段宽度 (1～19 通道 nm，20～36 通道 μm)	信噪比	光谱辐射率	主要用途	分辨率(m)
3	459～479	243	35.3		500
4	545～565	228	29.0		500
5	1230～1250	74	5.4	陆地、云特征	500
6	1628～1652	275	7.3		500
7	2105～2135	110	1.0		500
8	405～420	880	44.9		1000
9	438～448	838	41.9		1000
10	483～493	802	32.1		1000
11	526～536	745	27.9	海洋水色、	1000
12	546～556	750	21.0	浮游生物、	1000
13	662～672	910	9.5	生物地理化学	1000
14	673～683	1087	8.7		1000
15	743～753	586	10.2		1000
16	862～877	516	6.2		1000
17	890～920	167	10.0		1000
18	931～941	57	3.6	大气水汽	1000
19	915～965	250	15.0		1000
20	3.660～3.840	0.05	0.45	地球表面	1000
21	3.929～3.989	2.00	2.38		1000
22	3.929～3.989	0.07	0.67	云顶温度	1000
23	4.020～4.080	0.07	0.79		1000
24	4.433～4.498	0.25	0.17	大气温度	1000
25	4.482～4.549	0.25	0.59		1000
26	1.360～1.390	1504	6.00	卷云	1000
27	6.535～6.895	0.25	1.16		1000
28	7.175～7.475	0.25	2.18	水汽	1000
29	8.400～7.700	0.05	9.58		1000
30	9.580～9.880	0.25	3.69	臭氧	1000
31	10.780～11.280	0.05	9.55	地球表面	1000
32	11.770～12.270	0.05	8.94	云顶温度	1000
33	13.185～13.485	0.25	4.52		1000
34	13.485～13.785	0.25	3.76	云顶高度	1000
35	13.785～14.085	0.25	3.11		1000
36	14.085～14.385	0.35	2.08		1000

　　MODIS 传感器的高时间分辨率、高光谱分辨率、适中的空间分辨率等特点使得其在干旱监测中具有突出的优势。相对于 AVHRR 及其他传感器而言，MODIS 具有以下优点：

1)MODIS 传感器的灵敏度和量化精度远比 AVHRR 高,仪器的辐射分辨率达到 12 bit,温度分辨率可达 0.03℃(刘玉洁等,2001),量化等级也比其他传感器高很多,因而更易发现旱情,监测也更准确;2)MODIS 传感器每天至少可对我国绝大部分地区进行一次观测,这可以满足突发性、快速变化的环境监测(刘正军等,2002),也解决了对旱情进行连续观测时数据源的相对一致性与可参照性;3)MODIS 具备精确的定位功能,NASA 专门设计了不仅依靠卫星轨道和姿态计算,而且还考虑地面控制点和高程数据的定位方式,使地面几何定位精度达到星下点 0.1 个、边缘 0.3 个像元的精度,大大提高了定位的精度,并且不需要用户进行复杂的操作;4)数据采集在轨定标,故其数据质量较以前同类型的卫星传感器数据有明显改善,而 AVHRR 数据仅热红外波段才采取在轨定标;5)MODIS 可见光、近红外波段范围比 AVHRR 的范围要窄,描述植被信息的时候所受到的干扰明显较 AVHRR 数据少,并且 MODIS 的红外波段的水汽吸收区被剔除,而红色波段对叶绿素吸收更敏感(梅安新等,2001);6)MODIS 的云检测能力非常敏感,它能检测到云层覆盖范围、水滴大小、云顶高度、云层温度、液体水的含量和云的光学厚度,也能监测到人眼无法辨识的影响变化。由于 MODIS 传感器具有上述诸多优点,适用于植被水分及土壤干旱的监测,故选用 MODIS 数据进行植被水分信息反演及制图。

(2)MODIS 数据获取及预处理

使用由美国 NASA 网站提供的 MODIS 1B 数据,数据采集范围为华北平原地区(101°～126°E,30°～45°N),日期为 2009 年 4 月 1 日。数据的预处理在遥感处理软件 ENVI 4.5 中进行。预处理包括对 MODIS 1B 数据进行辐射定标,Bow tie 效应校正、几何校正、太阳角度校正等(刘玉洁等,2001),针对 MODIS 第五波段数据具有较明显条带的现象,对第五波段数据做了去条带处理,同时对 500 m 分辨率数据进行重采样以获取具有精确地理编码的 MODIS 第1～7 通道地表反射率,进行后续应用。预处理过程主要包括:

1)坏行修正

由于波谱的相互干涉作用导致 MODIS 的 5 通道和 26 通道的反射率中"条带"现象非常严重,这严重影响了 MODIS 数据的应用(刘正军等,2002)。利用 ENVI 4.5 的 Replacing Bad Lines 功能针对 5 通道的坏行现象进行了坏行去除。

2)去除"双眼皮"现象(Bow tie effect)

MODIS 的 L1B 产品中存在着"双眼皮"现象(Bow tie effect),使得 MODIS 的边缘数据无法使用,影响了数据的实际应用,因几何校正亦无法去除"双眼皮"现象,因此必须在几何校正之前就加以去除。"双眼皮"现象表现为相邻两个扫描行之间有部分数据相同,越向边缘重复数据越多,在线状地物附近表现尤为明显(刘玉洁等,2001)。采用 ENVI 软件中 MODIS Tool 补丁中的 Bow-tie correction 模块可以将"双眼皮"现象去除。

3)定标计算

所谓定标,就是把星上仪器测量的探测值换算为物理量。MODIS 的 1B 数据是地表辐射 DN 值,利用如下公式,使 DN 值转换为地表反射率(韩玲,1997),具体见转换公式(2.26):

$$RB,T,FS = reflectance\_scales * (SIB,T,FS\text{-}reflectance\_offsets) \qquad (2.26)$$

其中,RB,T,FS 表示反射率(仅应用于反射波段),SIB,T,FS 为某波段某像素点的计数值,

$reflectance\_scales$ 和 $reflectance\_offsets$ 的值可在相应波段数据集的属性域中获得,分别为反射转换尺度和反射偏移量。

4)几何校正

对遥感影像进行几何校正的目的就是要纠正遥感影像中由系统以及非系统因素引起的图像变形,并将遥感影像数据转换到标准的地理空间中,使影像具有空间属性(蒋耿明等,2004)。校正的原理就是使图像中的每一个像元对应一个经纬度坐标值,根据坐标值将此像元对应到标准地理空间的相应位置上,从而达到几何校正的目的(郭广猛,2002)。研究中使用了 MODIS 250 m 和 500 m 两种不同分辨率的数据,所采用的几何校正过程也有所不同,对于 250 m 分辨率的数据直接采用 MODIS Conversion Toolkit 模块即可,它可以直接对 HDF 格式文件进行几何校正,但要注意的是在 Background Value 赋值时要将"NaN"改为阿拉伯数字,因为"NaN"在 HDF 数据中代表空值,在影像镶嵌中 ENVI 软件是不识别"NaN"的。

对于 500 m 分辨率的数据进行几何校正时采用 Export GCP 方法,因为 500 m 分辨率的数据中的 Band 5 波段中存在坏行现象,在第一步数据处理中已经对坏行数据进行修正,经过 ENVI 软件处理后数据格式发生改变,不能再用 MODIS Conversion Toolkit 模块处理,也不能用 Map-Georeference MODIS 功能进行几何校正,可采用 Built GLT 或 Export GCP 这两种方法(相云,2005)。本研究采用了 Export GCP 方法进行几何校正。首先将 HDF 文件中的经纬度数据导出为地面控制点(GCP)文件,然后采用常规的多项式方法进行校正,在 Map-Registration 功能下实现。在输出数据设置中参照相应图幅中 250 m 分辨率几何校正的参数设置,也就是一个重采样的输出过程。

值得注意的一点是,在所有数据的几何校正过程中都必须确保参数设置一致,否则经过几何校正的数据无法匹配,在以后处理中无法使用。在整个几何校正过程中对 250 m 分辨率的数据中 Map projection 采用 Geographic Lat/Lon 投影方式,Datum 采用 WGS-84,units 采用 Degrees。对于 500 m 分辨率的数据,几何校正则参照 250 m 分辨率数据参数设置。

(3)华北地区植被水分信息提取及制图

1)对影像进行镶嵌

图像镶嵌处理是将具有地理参考的若干相邻图像合并成一幅图像或一组图像,镶嵌的目的是得到一幅完整的研究区域的遥感影像(何立等,2007)。采集的 MODIS 1B 华北地区数据并不处于一景影像中,所以要对多景影像进行镶嵌处理,使整个华北地区包含在一幅图像中。在 ENVI 4.5 中,Mosaicking-Georeferenced 模块可以实现影像镶嵌处理。

2)生成华北地区的矢量文件

在 MODIS 数据预处理完成之后,需要从中裁剪出华北地区的范围,利用 ENVI 4.5 中的 overlay 菜单可以实现矢量的叠加及裁剪。

3)重采样

在植被指数 band math 运算中需要两个波段影像的 sample 和 line 要一一对应,所以在进行植被指数 band math 波段运算之前要进行重采样,采样依据 sample 和 line,两者要一一对应。重采样可通过 ENVI 4.5 中 Resize Data 完成。

4）植被指数计算

ENVI 4.5 中的波段运算模块可以很方便地进行植被指数的计算。通过该软件 Band Math 菜单可计算出所需的指被指数（张京红等，2004）。

5）植被水分信息提取及制图

利用经验统计模型在 ENVI 4.5 的 Band Math 中输入公式，便可得到研究区植被信息影像。通过 ENVI 中 image 窗口的 overlay 菜单对影像进行密度分割，并在此基础上叠加经纬度网格线，然后对其添加注记，并输出保存为 Jpg 图像格式。得到如图 2.10 所示的植被冠层水分信息指示图。

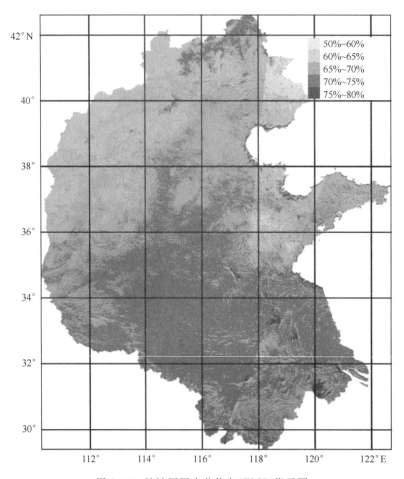

图 2.10　植被冠层水分信息（FMC）指示图

2.2.2.4　结论

1）植被叶片水分与土壤湿度之间存在着显著的正相关，且有一定的滞后效应。通过监测植被水分可以表征土壤干旱的墒情。

2）通过对实测冬小麦冠层光谱的分析，发现 NDWI、SRWI、NDII、MSI 等指数与植被冠层相对含水量（FMC）均有很好的相关性，显著性水平均达 0.01。

3）利用 MODIS 影像数据，结合 2008—2009 年冬小麦整个生育期的实测数据，建立植被指数与植被冠层水分的经验统计模型,并与实测数据进行了相关分析,结果达到了显著相关。结果表明:植被冠层光谱和植被指数之间存在着显著的相关性,尤其是 NDWI 对于植被水分较为敏感,是用于植被水分的监测的最优指数。

4)通过分析 MODIS 的波段特征及植被、土壤的波谱特征,利用反射波段提取了体现植被水分含量差异的归一化植被水分指数 NDWI,经反演计算并与实际观测数值比较,获得了较为可靠的反演信息,由此可以认为 MODIS 数据可以满足植被水分监测的需要。

2.3　作物生长参数和环境参数时间序列遥感数据集

2.3.1　长时间序列遥感数据集构建算法

利用遥感的方式,获取地表关键参数如叶面积指数的过程,不可避免地受到云和大气状况的影响。因此,在进行地表参数反演的过程中,首先要进行影像的多天合成处理,以去除云的影响,最大限度地获得研究区完整的晴空资料。其次,还需要将影像进行大气校正,进一步去除大气状况(主要是水汽和气溶胶)的影响。然而,研究表明即使进行过云和大气校正,影像上残余云和气溶胶的影响仍在很大程度上影响了遥感数据的时间尺度的一致性和稳定性,比如使红光波段地表反射率的增加远远高于近红外波段的反射率,从而使反演得到的 LAI 异常偏低。为了保证长时间序列数据的稳定性和季节变化的合理性,需要将遥感反演得到的 LAI 通过一定算法进行时间序列重构。本项目采用了一种局部的三次样条调整方法(Locally Adjusted Cubic-Spline Capping,LACC)(Chen 等,2006)来去除 LAI 反演数据中受残余云和大气状况影响的像素点。与前人的研究方法相比(Vermote 等,1997;Viovy 等,1992),LACC 方法具有以下三个优点(Chen 等,2006):(1)三次样条能够灵活地模拟一个宽范围的季节变化模式,同时在中国区域的研究表明,该方法对森林、草地、农田等多种地表覆盖类型有效;(2)动态的局部平滑参数允许拟合的曲线能够模拟不同季节的快速或缓慢的变化模式,不仅能够捕获地表参数缓慢的变化,而且能够模拟在生长季开始和结束阶段地表参数的快速变化;(3)LACC 方法提供了对遥感反演的 LAI 年季变化的平滑方法,该方法可用来对遥感反演的地表参数进行进一步质量控制并据此确定生长季的关键参数。

以 LAI 时间序列数据为例,介绍 LACC 算法对时间序列重构的详细数学计算过程(Chen 等,2006):对影像中的每一个像元,假设在一年内能够获得 $n+1$ 个晴空数据。我们将遥感反演的 LAI 以 y 来表示,时间序列(如 Day of year)以 x 来表示,从而构建了一个二维数组 $(x_0,y_0),(x_1,y_1),\cdots,(x_n,y_n)$。在这个数组中,相邻两个数的时间间隔可能是不规则的。LACC 方法首先利用三次样条插值的方法将相邻点和 (x_{i+1},y_{i+1}) 之间间隔的点补齐,从而得到一年内逐天的变化曲线。三次样条方程可表达如下:

$$S_i(x) = a_i(x-x_i)^3 + b_i(x-x_i)^2 + c_i(x-x_i) + d_i \qquad (2.27)$$

其中,x 在 i 到 $i+1$ 变化;系数 $b_i(i=0,1,\cdots,n-1)$ 由以下公式计算:

$$(M + \mu Q^T \Gamma Q)b = Q^T y \qquad (2.28)$$

其中,

$$M = \begin{bmatrix} p_1 & h_1 & 0 & \cdots & 0 & 0 \\ h_1 & p_2 & h_2 & \cdots & 0 & 0 \\ 0 & h_2 & p_3 & \cdots & 0 & 0 \\ \vdots & \vdots & \vdots & \ddots & \vdots & \vdots \\ 0 & 0 & 0 & \cdots & p_{n-2} & h_{n-2} \\ 0 & 0 & 0 & \cdots & h_{n-2} & p_{n-1} \end{bmatrix} \tag{2.29}$$

$$b = \begin{bmatrix} b_1 \\ b_2 \\ b_3 \\ \vdots \\ b_{n-2} \\ b_{n-1} \end{bmatrix} \tag{2.30}$$

$$Q^T = \begin{bmatrix} r_0 & f_1 & r_1 & \cdots & 0 & 0 \\ 0 & r_1 & f_2 & \cdots & 0 & 0 \\ 0 & h_2 & p_3 & \cdots & 0 & 0 \\ \vdots & \vdots & \vdots & \ddots & \vdots & \vdots \\ 0 & 0 & 0 & \cdots & r_{n-2} & 0 \\ 0 & 0 & 0 & \cdots & f_{n-1} & r_{n-1} \end{bmatrix} \tag{2.31}$$

$$y = \begin{bmatrix} y_0 \\ y_1 \\ \vdots \\ y_n \end{bmatrix} \tag{2.32}$$

$$\mu = (2(1-\lambda)/3\lambda) \tag{2.33}$$

$$\Gamma = \begin{bmatrix} \gamma_{00} & 0 & 0 & \cdots & 0 & 0 \\ 0 & \gamma_{11} & 0 & \cdots & 0 & 0 \\ 0 & 0 & \gamma_{22} & \cdots & 0 & 0 \\ \vdots & \vdots & \vdots & \ddots & \vdots & \vdots \\ 0 & 0 & 0 & \cdots & \gamma_{(n-1)(n-1)} & 0 \\ 0 & 0 & 0 & \cdots & 0 & \gamma_{nn} \end{bmatrix} \tag{2.34}$$

$$h_{i-1} = x_i - x_{i-1} \tag{2.35}$$

$$p_i = 2(h_{i-1} + h_i) \tag{2.36}$$

$$r_i = \frac{3}{h_i} \tag{2.37}$$

$$f_i = -(r_{i-1} + r_i) \tag{2.38}$$

式中，Q^T 是数组 Q 的转置矩阵，λ 是一个全局的平滑变量，控制着拟合曲线的平滑度。λ 在 0 到 1 之间变化，λ 越小，曲线就越平滑，但会损失 LAI 时间序列曲线中微小的季节变化。Γ 是一个局部的曲线平滑矩阵，其中包含了对输入数据进行局部平滑的参数。Γ 中每一个数可由以下公式计算：

$$\gamma_{ii} = 1 - \left(\frac{|y''_i|}{y''_{max}}\right)^{0.4} \tag{2.39}$$

其中，局部的曲率 y''_i 控制着拟合后曲线的变化。在生长季的开始和结束时段，y''_i 为正值，拟合后的 LAI 曲线呈凹面，能够较好地捕捉作物生长加速或减速的过程。

系数 $d_i(i=0,1,\cdots,n-1)$ 由以下公式计算：

$$d = y - \mu\Gamma Qb \tag{2.40}$$

系数 a 和 c 由以下公式计算：

$$a_i = \frac{b_{i+1} - b_i}{3h_i} \tag{2.41}$$

$$c_i = \frac{d_{i+1} - d_i}{h_i} - \frac{h_i}{3}(b_{i+1} - 2b_i) \tag{2.42}$$

式中，$i=0,1,\cdots,n-1$。

当系数 a_i，b_i，c_i 和 d_i 由以上公式计算出后，在第 x_i 天的 $LAI(y_i)$ 可由三次样条函数 S_i 更新，这里标记更新过的 LAI 为 $\vec{y_i}$。这一过程被迭代进行多次，在每次迭代过程中，如果 $y_i < \vec{y_i}$，新的拟合曲线将用 $\vec{y_i}$ 代替 y_i。通过上述方法，时间序列的 LAI 数据被重构，被残余云和气溶胶影响的数据用 LACC 拟合的数据代替，在保证精度的同时较大限度地保持了作物本身的季节变化特征。

比较 LACC 算法对时间序列 LAI 数据重构前后的效果（图 2.11）。为了比较不同传感器估算 LAI 的能力，同时给出了基于 MODIS LSR 和 GLOBCARBON LAI 算法反演的 LAI 时间序列。MODIS 和 MERSI 两种数据生成的 LAI 显示出较一致的季节变化，特别是在植被生长初期和中期。在夏玉米生长期，MODIS LAI 的生长期较 MERSI LAI 出现早 10 d 左右，这种偏差跟两种数据不同的合成时间段有关。在 DOY=241 d，MODIS LAI 出现异常高值，这可能与 MODIS 数据在该时段过度的大气校正导致的红光波段异常偏低有关。对两种传感器的多天合成地表反射率数据而言，由于大气校正不彻底，残余云的影响使计算出的 LAI 在个别时段异常偏低。通过 LACC 校正后，MERSI LAI 季节曲线上的异常低点被较好地修正，整个季节曲线变得比较平滑，更加接近实际的植被生长规律。

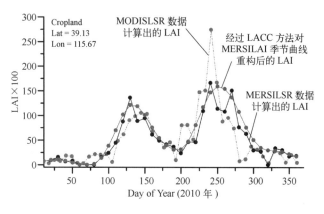

图 2.11　MERSI LAI 和 MODIS LAI 的季节变化比较

2.3.2 数据集的构建与应用

本项研究完成了 2006—2010 年每 8 d 500 m 的 MODIS 植被指数和叶面积指数的计算、噪音处理和高质量时间序列的建立。通过与实际观测的作物发育期进行比较研究,分析了小麦、玉米和水稻各发育期 MODIS 遥感 EVI 植被指数的变化特征,利用数理统计方法建立准确地反映作物关键发育期的遥感植被指数指标,建立了从卫星植被指数序列中提取关键发育期的方法。在此基础上,建立了 2006—2013 年研究区不同分辨率的 NDVI、LAI、NPP、LST、土壤水分(SM)的时间序列遥感数据集(图 2.12 和表 2.6),并进行了应用验证。如,建立的 NDVI、LAI 等时间序列数据集直接用于遥感—作物生长模型;研发的 FY-3A/MERSI 250 m 分辨率地表温度、叶面积指数的遥感反演方法应用于 FY3 卫星工程的 LST、LAI 产品开发模块;建立的 LST 时间序列数据集经过尺度转换后(25 km)作为气候模式的输入参数。

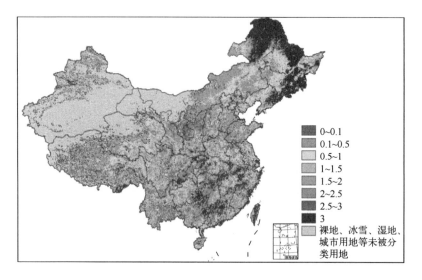

图 2.12　基于 MODIS 资料的全国 LAI 遥感图

表 2.6　研究区不同分辨率的 NDVI、LAI、NPP、LST、SM 时间序列遥感数据集概况

要素	起止年份	分辨率
NDVI	2006—2013	250 m, 1000 m
LAI	2006—2013	250 m, 1000 m
NPP	2009—2012	250 m, 1000 m
LST	2006—2013	250 m, 1000 m
SM	2006—2011	1000 m

第3章　农作物生长遥感动态监测与评价技术

3.1　作物生长地面样点调查方案设计技术

3.1.1　冬小麦、夏玉米生长地面样点调查方案设计

3.1.1.1　观测目的

观测的主要目的:一为冬小麦、夏玉米生长动态监测评价提供定量指标,二为卫星遥感反演的农作物监测要素(叶面积指数、净初级生产力)提供标定系数,三为农作物种植区识别提供农作物和土壤光谱曲线。

3.1.1.2　观测内容

(1)农业气象观测

按照《农业气象观测规范》进行观测。主要观测点包括河南(泛区、南阳、濮阳县、商丘、襄城、新乡、驻马店、伊川、信阳、安阳县、三门峡、焦作、鹤壁、郑州、开封等15个冬小麦、夏玉米观测点)、河北(10个冬小麦、夏玉米观测点)。

(2)主要农作物和土壤的光谱曲线测量

测量农作物各主要发育期的冠层光谱。测量目标作物(冬小麦、夏玉米)和同期的其他农作物冠层光谱。测量农作物实验点所在地的土壤光谱。

3.1.1.3　作物生长地面样点调查方案(固定观测地段)

(1)观测地段

每站设3个监测点,其中1个为主点(一般为作物地段,主要进行系统观测,项目较多,内容(同"农气薄-1-1"))必须具有代表性,品种、管理、环境等能基本反映本地平均状况。须设在成片开阔的田块上,要求作物均一、地势平坦,与村庄、树林、水库河流、交通干线距离不少于2 km,可代表中产田。2个乡间点,须设在成片开阔的田块上,要求作物均一、地势平坦,与村庄、树林、水库河流、交通干线距离不少于2 km,可选择代表高产田与低产田的田块。

(2)观测作物

冬小麦、夏玉米。

(3)观测项目和观测时间

发育期观测、生长状况测定、生长量测定、产量结构分析、农业气象灾害、病虫害的观测和调查。见表3.1、表3.2。

表 3.1　冬小麦观测项目和观测时间

观测项目		主点观测时间	乡间点观测时间
发育期观测		按照《农业气象观测规范》观测播种、出苗、三叶、分蘖、越冬开始、返青、起身、拔节、孕穗、抽穗、开花、乳熟、成熟期;同时在三叶、越冬开始、返青、4月8日、5月8日进行5次发育期调查。	在三叶、越冬开始、返青、4月8日、5月8日进行5次发育期调查。
生长状况测定	高度	按照《农业气象观测规范》在越冬开始、拔节、乳熟期正常测定高度;同时在三叶、越冬开始、返青、4月8日、5月8日进行5次高度测定调查。	在三叶、越冬开始、返青、4月8日、5月8日进行5次高度测定调查。
	密度	按照《农业气象观测规范》在三叶、越冬开始、返青、拔节、抽穗、乳熟期正常测密度;同时在三叶、越冬开始、返青、4月8日、5月8日进行5次密度测定调查。	在三叶、越冬开始、返青、4月8日、5月8日进行5次密度测定调查。
	生长状况评定	发育普遍期进行生长状况评定;同时在三叶、越冬开始、返青、4月8日、5月8日进行5次生长状况评定调查。	在三叶、越冬开始、返青、4月8日、5月8日进行5次生长状况评定调查。
生长量测定	有关产量要素	按照《农业气象观测规范》在越冬开始、返青、抽穗、乳熟期观测;同时在越冬开始、返青、5月8日进行3次有关产量要素调查。	在越冬开始、返青、5月8日进行3次有关产量要素调查。
	叶面积指数、生物量测定	3月5日—5月15日,逢5观测;同时在三叶、越冬开始、返青、4月8日(用4月5日资料)、5月8日(用5月5日资料)观测。	在三叶、越冬开始、返青、4月8日(用4月5日资料)、5月8日(用5月5日资料)观测。
	灌浆速度	开花后10 d到收获,每2 d一次。	
产量结构分析		成熟后收割前取样,分析。	成熟后收割前取样。
农业气象灾害、病虫害观测和调查		按照《农业气象观测规范》进行。	在越冬开始、返青、4月8日、5月8日调查。
土壤水分观测		按照《农业气象观测规范》进行;同时在越冬开始、返青、4月8日、5月8日观测。	在越冬开始、返青、4月8日、5月8日观测。

表 3.2　夏玉米观测项目和观测时间

观测项目		主点观测时间	乡间点观测时间
发育期观测		按照《农业气象观测规范》在播种、出苗、三叶、七叶、拔节、抽雄、开花、吐丝、乳熟、成熟期正常观测;同时在6月18日、7月8日、8月8日、成熟期进行观测。	在6月18日、7月8日、8月8日、成熟期进行观测。
生长状况测定	高度	按照《农业气象观测规范》在拔节、乳熟期观测;同时在7月8日、8月8日观测。	在7月8日、8月8日观测。
	密度	按照《农业气象观测规范》在七叶、乳熟期观测;同时在7月8日、8月8日观测。	在7月8日、8月8日观测。
	生长状况评定	按照《农业气象观测规范》在发育普遍期观测;同时在6月18日、7月8日、8月8日、成熟期进行观测。	在6月18日、7月8日、8月8日、成熟期进行观测。

续表

观测项目		主点观测时间	乡间点观测时间
生长量测定	有关产量要素	按照《农业气象观测规范》在抽雄、乳熟期观测;同时在 8 月 8 日进行观测。	在 8 月 8 日进行观测。
	叶面积指数、生物量测定	按照《农业气象观测规范》在三叶、七叶、拔节、抽雄、乳熟、成熟期正常观测;同时在 6 月 18 日、7 月 8 日、8 月 8 日观测。	在 6 月 18 日、7 月 8 日、8 月 8 日观测。
产量结构分析		成熟后收割前取样。	成熟后收割前取样。
农业气象灾害、病虫害观测和调查		按照《农业气象观测规范》进行。	
土壤水分观测		按照《农业气象观测规范》进行;同时在 6 月 18 日、7 月 8 日、8 月 8 日观测。	在 6 月 18 日、7 月 8 日、8 月 8 日观测。

(4)观测方法

各项目的观测应严格按照相关《农业气象观测规范》(国家气象局,1993)进行。

3.1.1.4　作物光谱观测方案

(1)观测站点

选择郑州、鹤壁(万亩方)、驻马店(驿城区)作为遥感地面样区观测点。

(2)观测作物

郑州、鹤壁均为冬小麦、夏玉米;驻马店冬小麦、油菜。

(3)观测样区

选取连片大田面积至少达 6.7 hm² 以上地段。选区要求能代表当地平均生产水平,区内地势平坦、作物单一。

(4)观测项目和观测时间

每个发育期进行作物光谱观测、土壤光谱观测。

(5)观测方法

作物冠层光谱观测:每样区不同发育期进行 5 个观测。每个样地 4 个样区共有 20 个观测。探头垂直置于距冠层顶部 80 cm 处,每个观测点采用 3 次连续观测取平均。

土壤光谱:在作物各个发育期,进行 2 个点的观测。

3.1.2　水稻生长地面样点调查方案设计

3.1.2.1　观测目标

(1)建立基于遥感的水稻长势动态评价指标,为水稻生长动态监测评价提供定量指标;

(2)为卫星遥感反演的农作物监测要素(叶面积指数、净初级生产力)提供标定系数;

(3)建立水稻种植区主要作物和不同类型土壤的光谱库。

3.1.2.2　观测内容

(1)农业气象观测

1)按照《农业气象观测规范》观测;

2)田间管理措施要按田块记录,如施肥、水管理、病虫害治理。

(2)主要作物和不同类型土壤的光谱曲线测量

1)测量水稻及水稻同期主要作物在不同生育阶段的冠层光谱曲线;

2)测量农作物试验区不同类型土壤的光谱曲线。

3.1.2.3　地面样点调查观测方案

(1)观测站点

选择江西省(泰和、吉安、余干、广丰、宜丰、樟树、南康、宁都、龙南、余江、南昌、湖口等12个县)34个双季水稻生长调查观测点,安徽省(五河、寿县、滁州、天长、六安、合肥、巢湖、东至、桐城等10县)30个一季稻开展水稻长势观测点。

(2)观测作物

针对当地主要水稻品种开展观测。

(3)观测项目和观测时间

1)观测项目:除常规观测项目外,增加叶面积和生物量(分器官叶片、茎、果实,分别测量鲜重和干重)的观测。发育期日期(普遍期)、植株高度、叶面积指数、分器官生物量(叶片、茎、果实测量鲜重和干重)。

2)观测时间:在移栽期,分蘖期,拔节期,抽穗期,乳熟期,成熟期进行观测,每个观测取两个重复。

(4)观测方法

各项目的观测应严格按照《农业气象观测规范》进行。

3.1.2.4　遥感地面样区观测方案(面上观测或者大田调查点)

(1)观测站点、观测项目、观测时间、观测方法、观测资料的上报均同固定地段要求

(2)观测样区

选取 $0.67 \ hm^2$ 的水稻作为遥感地面观测样区,并要求观测样区周边连片大田面积至少达 $6.7 \ hm^2$ 以上。选区要求能代表当地平均生产水平,区内地势平坦、作物单一。

3.1.2.5　作物光谱观测

(1)观测站点

选择作为遥感地面样区观测点。

(2)观测作物

南昌、宣城均为水稻。

(3)观测样区

选取连片大田面积地段。选区要求能代表当地平均生产水平,区内地势平坦、作物单一。

(4)观测项目和观测时间

水稻光谱观测、土壤光谱观测。在移栽期,分蘖期,拔节期,抽穗期,乳熟期,成熟期及其他重要发育期观测。一般在 $10\sim14 \ h$ 之间,依当地天气和辐射条件而定。

(5)观测方法

1)冠层光谱观测:每样区不同发育期进行 6 个点观测。探头垂直置于冠层顶部 80 cm 处,

每个观测点采用 3 次连续观测取平均。

2)土壤光谱观测:在作物各个发育期,进行 2 个点的观测。

3.2　作物生长试验方案设计

3.2.1　冬小麦试验设计方案

3.2.1.1　试验目的

选取代表华北地区冬小麦生产的北京、河北、河南 3 个典型省市作为试验研究区,以典型小麦品种及典型土壤类型、气象条件为背景,开展不同品种、播种期、密度、水分及肥料等处理因子的大田试验,获取冬小麦生长发育及产量实测资料数据。研究我国华北地区不同生产生态条件下冬小麦不同品种类型及栽培管理措施水平下的生长状况和产量形成变化特性,以及这些措施的影响效应。结合相应气象观测站点数据,辅以广泛收集资料,取得完整的农田基础信息、作物品种、土壤、天气及管理资料数据,建立相应数据库,为进一步改进小麦生长模型、进行模型参数调试与验证提供基础数据。同时,利用冬小麦大田试验,开展作物遥感地面对照观测,建立农作物生长参数。

在试验与相关资料获取、作物模型与遥感研究基础上,研究冬小麦作物生长动态监测及作物生长发育和产量形成影响的定量评价与预评估技术方法,实现对农作物生长全过程的多时效、多目标、定量化的动态监测和定量评价。

3.2.1.2　试验年限

2009 年 9 月—2012 年 6 月,进行 2 年度冬小麦大田试验。

3.2.1.3　试验点选择

共选择 4 个试验点:北京上庄(中国农大上庄试验站)、河北曲周(中国农大曲周试验站)、河南郑州(中国气象局郑州农试站)、河南鹤壁(中国气象局鹤壁农试站)。

3.2.1.4　试验地块选择

地势平坦,土壤质地均匀一致,地下水位埋深在 2 m 以下,可排、灌溉水地块。

3.2.1.5　试验设计

进行两类冬小麦田间试验:

(1)试验Ⅰ:不同品种(类型)、播种期及密度处理试验

试验只在北京上庄、河北曲周、河南郑州试验点实施。

1)试验设计:采用裂区区组设计,3~4 个重复。4 个重复时,3 个重复取样,4 个重复测产(含一个完整重复)。播种期为主区,品种为副区,密度为副区。小区周围有 20 cm 高田埂,重复之间走道留 50~100 cm,南北向种植。四周有保护行。小区面积 12~20 m²。其他管理同当地常规高产大田水平。其中郑州试验点田间布置详见郑州冬小麦试验田间布置(表 3.3),其他两地略。

表 3.3　郑州冬小麦试验田间布置

序号	处理			
1	SL VM DM	SL VM DH	SL VS DM	SL VS DH
2	SM VS DM	SM VS DH	SM VM DH	SM VM DM
3	SE VM DM	SE VM DH	SE VS DM	SE VS DH
4	SE VM DM	SE VM DH	SE VS DH	SE VS DM
5	SM VS DH	SM VS DM	SM VM DH	SM VM DM
6	SL VS DH	SL VS DM	SL VM DM	SL VM DH
7	SM VM DH	SM VM DM	SM VS DM	SM VS DH
8	SE VM DH	SE VM DM	SE VS DH	SE VS DM
9	SL VS DM	SL VS DH	SL VM DH	SL VM DM
10	SE VM DM	SE VM DH	SE VS DH	SE VS DM
11	SM VS DH	SM VSDM	SM VM DH	SM VM DM
12	SL VS DH	SL VS DM	SL VM DM	SL VM DH

注:播期为早播(SE)、中播(SM)、晚播(SL);品种为邯郸 6172(VM)、偃展 4110(VS);密度为高密度(DH)、中密度(DM)

2)品种处理:冬小麦 3 个品种类型:

VW:农大 211,冬性,适于北京地区。

VM:邯郸 6172,弱(半)冬性,适于河北地区。

VS:偃展 4110,弱春性,适于河南地区。

根据具体试验点生态条件,北京上庄安排 2 个品种,农大 211 和邯郸 6172;河北曲周安排全部完整处理;河南郑州安排 2 个品种,邯郸 6172 和偃展 4110。

3)播期处理:分 3 个播种期,即早播(SE)、中播(SM)、晚播(SL)(其中中播为当地当前的播种期,并作为对照),每个播期间隔 10 d,见试验点冬小麦播种期设置表(表 3.4)。

表 3.4　试验点冬小麦播种日期(月．日)设置表

地点	早播(SE)	中播(SM)	晚播(SL)	当地时间
北京上庄	10.3	10.13	10.23	10 月 1 日前后
河北曲周	10.7	10.17	10.27	10 月 6—10 日
河南郑州	10.10	10.20	10.30	10 月 10 日前后

4)密度处理:分 3 个水平,即高密度(DH)(基本苗 450 万株/hm²)、中密度(DM)(基本苗 300 万株/hm²)。要求种子质量高,精量播种。根据具体试验点生态条件,河南郑州的低、中两个密度调整为 225 万株/hm²、375 万株/hm²。

(2)试验 Ⅱ:不同水分及氮(N)肥处理试验

试验在河北曲周、河南鹤壁试验点实施。采用裂区区组设计。4 个重复,3 个重复取样,4 个重复测产(含 1 个完整重复)。水分处理为主区,N 处理为副区。

1)试验设计:重复之间隔离 2 m,小区间 1～2 m 隔离,四周有保护行。小区面积 48～60 m²。南北向种植,种植品种为当地代表性主栽品种(河南鹤壁为偃展 4110,河北曲周为邯

邯 6172），适宜密度、播种期（对应试验 I：早播、中密度处理），其他试验管理同当地常规高产大田水平。其中鹤壁试验点田间布置详见鹤壁冬小麦试验田间布置（表 3.5）。

表 3.5　鹤壁农试站冬小麦试验分区设置

序号	处　理								
1	RF NM	RF NL	RF NH	OI NH	OI NL	OI NM	SI NM	SI NH	SI NL
2	SI NH	SI NM	SI NL	RF NH	RF NL	RF NM	OI NH	OI NM	OI NL
3	SI NM	SI NH	SI NL	OI NH	OI NL	OI NM	RF NL	RF NH	RF NM
4	OI NM	OI NH	OI NL	RF NL	RF NH	RF NM	SI NM	SI NH	SI NL

注：水分处理为雨养（RF）、优化灌溉（OI）、充分灌溉（SI）；N 素处理为零氮肥（NL）、中氮肥（NM）、高氮肥（NH）

2）水分处理：分为三个水分水平：雨养（RF）、优化灌溉（OI）、充分灌溉（SI）。

a. 雨养（RF）：不灌溉。

b. 优化灌溉（OI）：出苗—穗分化阶段根层（20 cm）土壤水分为田间持水量 65% 以上（土壤水势在 -40 kPa 以上），穗分化阶段—开花保持在田间持水量 75% 以上（在 -20 kPa 以上），开花—成熟保持在田间持水量 65% 以上（在 -40 kPa 以上）（或者：按照越冬水、返青水、拔节水、抽穗灌浆水四次，指标同上）。

c. 充分灌溉（SI）：保证作物根层（20 cm）土壤水分为田间持水量 75% 以上（根层土壤水势保持在 -20 kPa 以上），每次灌溉量 60～80 mm。

3）N 素处理：分为三个 N 素水平：零氮肥（NL）、中氮肥（NM）、高氮肥（NH）。

a. 零氮肥（NL）：不施氮素基肥、追肥。

b. 中氮肥（NM）：全生育期施纯氮 180 kg/hm² （当地正常高产水平施纯 N 量），基肥占 35%，拔节肥占 65%。施用尿素（含 N 46%），折合总量 391 kg/hm²，基肥 137 kg/hm²，拔节肥 254 kg/hm²。

c. 高氮肥（NH）：全生育期施纯氮 360 kg/hm² （为当地正常高产水平施纯 N 量 2 倍），基肥占 35%，拔节肥占 65%。施用尿素（含 N 46%），折合总量 782 kg/hm²，基肥 274 kg/hm²，拔节肥 508 kg/hm²

4）P、K 肥不做处理，全部作为基肥施用。施用量：过磷酸钙（含 P₂O₅ 17%）90 kg/hm²，氧化钾（含 K₂O 50%）60 kg/hm²。

注意：上述 P、K 肥量，供参考，可据当地肥力情况调整，原则是只作 N 的处理，生长期间不受 P、K 影响，为充足供应，应换算成小区用量。

对于雨养（RF）处理，由于后期施肥困难，中氮和高氮处理可作全部基肥施用或结合降水按比例施用。

3.2.1.6　详细测定记载内容

（1）试验田块基本情况

1）试验地：经纬度、海拔高度、地下水埋深等、前茬作物。

2）试验田块土壤物理性质（0～20 cm，20～40 cm，也可取样深度 200 cm，分层）：土壤水分特征曲线、土壤质量含水量，作物永久萎蔫系数（根据土壤水分特征曲线和根系水吸力获得）、田间持水量、土壤质地（吸管法：黏粒％，粉粒％，砂粒％）、土壤容重、饱和导水率 K。

3）土壤基础肥力和收获肥力：pH 值（酸度计法，水土比 2.5∶1）、有机质含量（外源热法）、养分含量：全氮、NH_4^+、NO_3^-、速效磷（olsen-P 法）、速效钾。

4）取样时间：整地施肥前和作物收获后取样。方法：试验地取 5 点混合均匀。取样深度：0～20 cm，20～40 cm。

5）播种及田间管理状况：灌溉时间、灌溉量及湿润深度（水表记录，毫米或方/面积）；施肥种类、时间、施肥量；其他栽培管理措施（耕作、植保、除草等）。

6）作物长势、病虫害类型及出现时期、各类天气情况、灾害情况等。

（2）作物生长发育特征

1）详细记录作物生育期：播种期、出苗期、三叶期、分蘖期、越冬期、返青期、起身期、拔节期、孕穗期、抽穗期、开花期、乳熟期、蜡熟期、完熟期。

2）在出苗期（当天，日期）、分蘖期、返青期、拔节期、抽穗期、灌浆期、成熟期（可与考种同时取样）测定记载（共 5～6 次，每次测定间隔约在 10～15 d）：植株高度、叶面积指数（LAI）、生物量（分作物器官叶、茎、根、穗部生物量、总干物质）、根系分布动态（根长密度），分器官含 N 量及总量（在 N 处理测定）。参照小区取样示意图（图 3.1）。

注意：根系取样按 20 cm×20 cm 见方，深度 40 cm，取主要部分根。地下部分进行根系测定，地上部分作为地上取样。

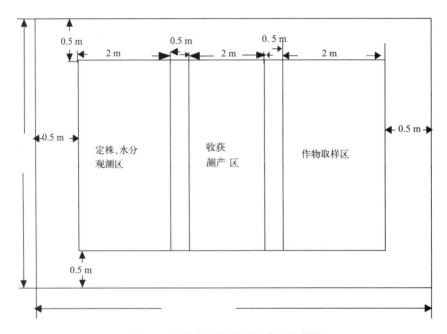

图 3.1　试验小区测定项目分区示意图

3）群体（分蘖）动态（包括基本苗）：出苗期测定基本苗；出苗后选择长势一致的小麦设置 0.5 m 双行，分别于三叶期至越冬期间、起身返青期至抽穗期调查群体动态，每隔 10 d 测定 1 次。

4）叶龄动态：同群体动态测定，但每间隔 3 d 测定一次。

5)籽粒增重过程(灌浆速度测定)。开花期开始定穗 40 穗测定,每间隔 5 d 至成熟。

6)考种、产量构成及产量(包括考种要素,产量构成:穗数、穗粒数、千粒重,最终理论、实际产量等)。

(3)土壤水分动态

1)测定时间:各主要生育期(同生物量测定时间、灌溉降水前后),每天上午 8:00 开始测定。

2)测定小区:重复 3 次选择地块内有代表性点植株行间取样,避开小区边行。每个处理重复 3 次(可以一个小区内 3 个测点,也可 3 个重复小区内每小区 1 个测点)。田间取样后立即盖好铝盒,及时称重。105～110 ℃烘干至恒重,精确到 0.1 g。

3)分层测定:深度 0～60 cm,分别为 0～10 cm、10～20 cm、20～40 cm、40～60 cm。(条件许可可测定到 100 cm,含 60～80 cm、80～100 cm)

4)方法:采用土钻烘干方法测量。

(4)作物与土壤氮素测定(在 N 处理测定):主要生育期测定作物分器官含 N 量及总量;土壤含 N 量变化(NO_3-N 和 NH_4-N),分层测定(0～10 cm,10～20 cm,20～40 cm)。

(5)作物生理生态特征:单叶和群体净光合作用测定(叶片光合速率、叶绿素含量,单叶蒸腾与气孔导度),群体光谱特性测定,冠层光特性(群体光分布)测定(反射光、透射光、光的吸收率)。

(6)遥感地面对照观测:地段基本信息、作物发育期、产量因素、叶面积指数、分器官生长量、产量结构以及作物各生育期的地物光谱特征、大田光合有效辐射、作物消光系数、地表红外温度、叶面温度、土壤水分、作物种植面积等要素。

(7)气象数据及农田小气候特征:采用气象自动观测系统逐日测定农田空气温度、实际日照时数、实际水汽压、相对湿度、气压、2 m 高处风速、太阳总辐射、冠层净辐射、降雨量等。

(8)其他内容:主要记录田间管理活动、测定活动等有关日志。测定标准按《农业气象观测规范》,要保证数据质量。

3.2.2　夏玉米试验设计方案

3.2.2.1　水分控制试验

(1)试验地点:中国气象局河北固城农业气象试验站、河南郑州农业气象试验站。

(2)试验内容:夏玉米水分胁迫控制试验。

(3)试验目的:试验研究不同程度水分胁迫对华北夏玉米生长的影响,确定不同土壤水分状况的华北夏玉米生长模型参数。

(4)试验设计:水分试验共设 6 个处理(K),前 5 个处理设 3 个重复(S),第 6 个处理只设 1 个重复,共 16 个小区(表 3.6),小区面积为 2 m×4 m。前 5 个处理播种当地代表性主栽玉米,土壤水分分别控制在田间持水量的≤40%(K1),40%～55%(K2),55%～80%(K3),>80%(K4),自然降水对照(CK),第 6 个处理不播种(为裸土蒸发检验用)。前 4 个水分控制由移动大棚遮蔽自然降水,当土壤水分观测接近控制值的边界时开始灌水,根据土壤水分监测结果,适时进行灌溉。控制时段:拔节—抽雄,抽雄—成熟。

表 3.6　夏玉米水分试验分区表

序号	处　理				
1	K1_S1	K2_S1	K3_S1	K4_S1	CK1	
2	K1_S2	K2_S2	K3_S2	K4_S2	CK2	K6
3	K1_S3	K2_S3	K3_S3	K4_S3	CK3	

（5）观测项目

1）夏玉米生长发育观测

a. 发育期观测：播种、出苗、三叶、七叶、拔节、抽雄、开花、吐丝、乳熟、成熟。

b. 生长量观测：主要发育期（出苗、三叶、七叶、拔节、抽雄、乳熟、成熟）测定叶面积指数和地上部分各器官（茎、干叶、绿叶、穗）干物质重量。

c. 生长高度和密度观测：主要发育期（出苗、三叶、七叶、拔节、抽雄、乳熟、成熟）测定玉米生长高度，后 6 个发育期之间加测 1 次。七叶（定苗）和乳熟期观测玉米生长密度。

d. 其他农业气象常规项目测定：产量结构分析、农业气象灾害、病虫害、主要田间工作观测参照《农业气象观测规范》。

2）土壤水分观测

每隔 10 d 的土壤湿度（10～100 cm，每隔 10 cm）（土钻法或 TDR）；

地下水位动态监测；观测夏玉米生育期试验地地下水位动态变化。

3）田间土壤理化性质及土壤肥力测定

a. 试验田块土壤物理性质（0～100 cm，20 cm 分层）：土壤水分特征曲线、田间持水量、土壤质地（吸管法：黏粒％，粉粒％，砂粒％）、土壤容重、导水率 K。

b. 土壤基础肥力和收获肥力测定：pH 值（酸度计法，水土比 2.5∶1）、有机质含量（外源热法）、养分含量：全氮、NH_4^+、NO_3^-、速效磷（Olsen-P）、速效钾。取样时间：整地施肥前和作物收获后取样，方法：试验地取 5 点混合均匀。取样深度，0～20、20～40、40～60 cm。

4）光合作用观测

a. 观测仪器：光合作用测定仪 Li-6400。

b. 测定时间：处理 K2_S1，K2_S2，K2_S3，CK2 的主要发育期（三叶、七叶、拔节、抽雄、乳熟）。

c. 测定部位：作物上、下 2 层各 1 片叶进行测定，抽穗后，玉米中层选穗位叶（日变化曲线可选上、下 2 层各 3 片叶测定）。

d. 日变化曲线测定：从日出测到日落，每 2～3 小时测定一轮，每天至少测定 5 轮。注意测定时必须保证叶片的自然状态。

e. 光合速率－光响应曲线（Light Curve）测定：使用 LED 光源，开始时 PAR 值设定成与周围环境相近的值，这样对叶子的影响不会太大，然后再分别向上向下设定。光响应曲线的 PAR 取值范围一般在 2000～0 μmol・m^{-2}・s^{-1}（2000、2000、1800、1600、1400、1200、1000、800、600、400、200、100、80、60、40、20、0）；上午测定 1 次（8∶00—11∶00），中午测定 1 次（11∶00—14∶00），下午测定 1 次（14∶00—17∶00）。

5)光谱观测

a. 测定时间:夏玉米主要发育期(三叶、七叶、拔节、抽雄)。

b. 测定地点:分别在水分控制试验 K2_S1、K2_S2、K2_S3、CK2 试验田进行。

c. 测定内容:光谱、叶面积指数、叶绿素。

d. 测定仪器:便携式光谱仪、冠层分析仪、叶绿素计。

3.2.2.2 与播期正交试验

(1)试验地点:中国气象局河北固城农业气象试验站、河南郑州农业气象试验站。

(2)试验内容:夏玉米与播期正交试验。

(3)试验设计:分别在固城站和郑州站选择河北代表性夏玉米(广源旺禾 94-9,即保单 94-9)和河南代表性夏玉米(浚单 20),采用当地常规种植方式和大田管理方式,两地同时进行 2 个和 3 个播期正交试验(小区布置见表 3.7)。

表 3.7 夏玉米与播期正交试验布置表

地点	重复	早播(K1)	中播(K2)	晚播(K3)
河北(P1)	S1			
	S2	正常播种	晚播 10 d	晚播 20 d
	S3			
河南(P2)	S1			
	S2	正常播种	晚播 10 d	晚播 20 d
	S3			

试验每个处理 3 个重复,共需 18 个试验小区,每个试验小区面积 4 m×8 m,小区周围培置 20 cm 高田埂,重复之间留 50～100 cm 走道,试验小区四周种植保护行。

(4)观测项目和内容:同水分控制试验部分。

3.2.3 水稻试验设计方案

3.2.3.1 试验目的

选取长江中下游地区水稻生产的主要省份江苏、安徽(一季稻)、江西(双季稻)的代表站作为试验研究区,以当地主栽水稻及典型土壤类型、气象条件为背景,开展不同、播种期处理的大田试验,获取水稻生长发育及产量实测资料数据。通过分期播种试验,使不同类型的水稻在同一生长发育时期遇到不同气象条件,或在同一气象条件下又遇到水稻不同的生育时期,缩短试验周期。研究我国长江中下游地区不同生产条件下,在基本相同的栽培管理措施水平下的生长状况和产量形成变化特性。结合相应气象观测站点数据,辅以广泛收集资料,取得完整的农田基础信息、作物、土壤、天气及管理资料数据,建立相应数据库,为进一步改进水稻生长模型、进行模型参数调试与验证提供基础数据。同时也为作物遥感监测提供地面对照观测数据。

3.2.3.2 研究年限

2010—2012 年,进行 2 个年度水稻大田试验。

3.2.3.3 试点选择

一季稻:安徽宣城(安徽省宣城市农试站),江苏南京(南京信息工程大学农试站)。

双季稻:江西南昌(江西省南昌农试站)。

3.2.3.4 试验地选择

地势平坦,土壤质地均匀一致,可排、灌溉水地块。

3.2.3.5 试验设计

试验在安徽宣城、江苏南京、江西南昌试验点实施。采用 3 播期、2 处理、3 重复裂区区组设计试验方案,播种期为主区,品种为副区。小区周围有 20 cm 高田埂,重复之间走道留 50~100 cm,南北向种植。四周有保护行。小区面积 20 m²。密度等其他田间管理同当地常规高产大田水平。详见表 3.8。

表 3.8 水稻播期试验设计

地点	早播(SE)	中播(SM)	晚播(SL)	当地常年正常
南京	5 月 5 日	5 月 15 日	5 月 25 日	5 月上旬
宣城	4 月 25 日	5 月 5 日	5 月 15 日	5 月上旬
南昌(早稻)	3 月 11 日	3 月 21 日	3 月 31 日	3 月 21 日
南昌(晚稻)	6 月 17 日	6 月 26 日	7 月 6 日	6 月下旬

(1)播期(A)处理:3 个播期水平:早播(SE)、中播(SM)、晚播(SL)(其中中播种期为当地当前的播种期,并可作为对照),每个播期间隔 10 d,育苗期为 30~35 d。

(2)行株距:20 cm×20 cm(参考要求)。

(3)密度参考:每公顷插栽 22.5~30.0 万穴(根据要求),每穴插 2 株。

(4)(B)处理:两个水平。

江苏与安徽水稻:两优 6326,南粳 44。

江西:金早优 458,五丰优 T025。

(5)田间布置:裂区区组设计,18 个小区,南北种植,4 m×5 m(表 3.9)。

表 3.9 田间布置表

重复 1				重复 2			重复 3	
A1B1	A2B2	A3B1	A3B2	A2B2	A1B1	A1B2	A3B2	A2B2
A1B2	A2B1	A3B2	A3B1	A2B1	A1B2	A1B1	A3B1	A2B1

注:A1 为早播(SE)、A2 为中播(SM)、A3 为晚播(SL)。江苏与安徽:B1 为两优 6326,B2 为南粳 44;江西:B1 为金早优 458,B2 为五丰优 T025

3.2.3.6 详细测定记载内容

（1）基本情况

1）试验地：经纬度、海拔高度。

2）土壤质地和播前及收获后的肥力情况。

3）播种及田间管理状况：灌溉时间、灌溉量；施肥种类、时间、施肥量。

4）作物长势、病虫害类型及出现时期、各类天气情况、灾害情况等。

（2）作物生长发育特征

1）发育期：播种期、出苗期、移栽期、分蘖期、拔节期、孕穗期、抽穗期、开花期、乳熟期、成熟期。生育期记载发育普遍期（即大于或等于 50%）的日期（每次测定间隔约在 7 d，发育期加测）。

2）生物量观测：在出苗期、移栽期、分蘖期、拔节期、孕穗期、抽穗期、开花期、乳熟期、成熟期（可与考种同时取样）测定记载：植株高度、生物量（分叶、茎、抽穗后穗部生物量、总干物质），鲜重测定后 105℃ 杀青 15 min，然后在 80℃ 下烘干至恒重，重复 2 次。

3）密度观测：在主要发育期进行，查看基本苗、分蘖数和有效茎。

4）叶面积指数：按照《农业气象观测规范》进行，或用叶面积仪。

5）籽粒增重过程（灌浆速度测定）。开花始期定穗 40 穗测定，每间隔 7 d 一次，至成熟。

6）产量性状：收获期在长势均匀处每区 1 m² 取植株 5 株进行考种，考种主要测株高、有效穗数、每穗总粒数、千粒重。

（3）气象数据：气象数据包括日最高气温、日最低气温、太阳总辐射、湿度、降雨量、风速，可由当地气象站提供。若有自动气象站，可作小气候数据观测。

（4）作物生理生态特征：在拔节、抽穗、乳熟 3 个发育期，选择不同天气（以晴为主）和长势均一的植株旗叶进行测定，从日出到日落每 2～3 h 一次测定叶片光合速率、叶绿素含量，单叶蒸腾与气孔导度测定。

采用 Li-6400 人工光源提供 0～2000 μmol·m^{-2}·s^{-1} 的不同光强，于 08—11 时，11—14 时，14—17 时各一次测定光响应曲线，PAR 的取值设置 5～6 个水平。

3.3 基于遥感参数的作物长势评价

3.3.1 江淮水稻生长状况评价

3.3.1.1 江西省早稻长势农学指标制定

（1）叶面积指数特征分析

江西省早稻生育期经历了播种—出苗—移栽—分蘖—拔节—孕穗—抽穗—灌浆—乳熟—成熟的过程（图 3.2）。各类苗情叶面积指数 LAI 的变化过程主要分为移栽至抽穗和抽穗至成熟两个阶段，虽然不同于不同管理水平下的水稻叶面积指数存在一定的差异，但其变化规律是一致的。水稻在生长初期，叶面积指数增加比较缓慢，而进入分蘖期后，增长速度加快，至始穗期，LAI 增加速度达到最大，在抽穗期前，LAI 值达到顶峰，抽穗期以后，水稲由营养生长转为生殖生长,随着下部叶片和分蘖死亡,新叶不再产生,叶面积指数逐渐降低。

根据江西省双季早稲一类苗、二类苗和三类苗的叶面积指数与时间进程的二次拟合曲线(见图3.3～3.5)可知:各类苗情水稲的叶面积指数峰值出现的时间略有差异。其中:一类苗叶面积指数最大值出现在6月18日(处于早稲孕穗期),二类苗和三类苗的叶面积指数最大值出现在6月26日(处于早稲抽穗扬花期)。

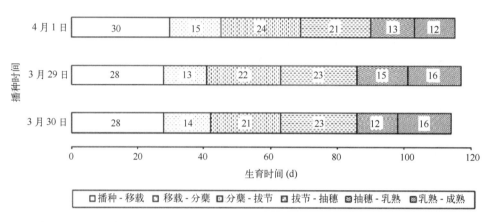

图3.2 江西省早稲2010—2011年一类、二类、三类苗平均生育期进程(田俊等,2012)

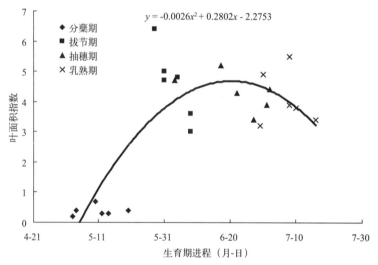

图3.3 早稲一类苗叶面积指数与生育期进程的二次拟合曲线

(2)农学指标制定

利用2010—2011年2个年度11个调查点的调查数据,对双季早稲一、二、三类苗各主要生育期(分蘖、拔节、抽穗、乳熟)叶面积指数观测资料进行统计分析,在分析早稲的观测资料时,由于苗情数据是由农业气象观测人员凭借个人观测经验得到的,没有一个定量的标准。因此,为确保观测数据的客观性和代表性,尽量减小不同苗情类别的观测数据的误差,对分析所需要的生长观测资料进行了归类处理。

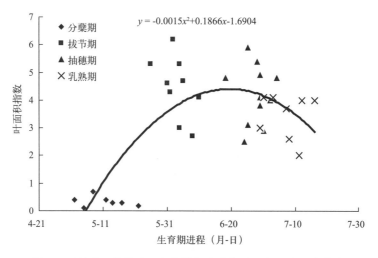

图 3.4　早稻二类苗叶面积指数与生育期进程的二次拟合曲线

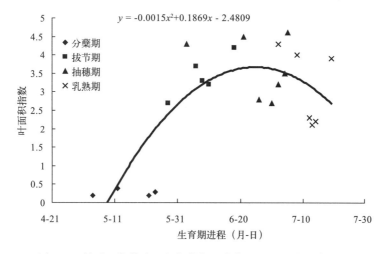

图 3.5　早稻三类苗叶面积指数与生育期进程的二次拟合曲线

采用标准差对相关数据进行筛查：

$$S = \sqrt{\frac{1}{n}\sum_{k=1}^{n}(X_k - \overline{X})^2} \qquad (3.1)$$

式中：S 为标准差，n 为观测样本总数，X_k 为第 k 个样本，$\overline{X}$ 为观测样本的平均值。

　　求取整体样本的标准差和任意观测值与整体样本平均值的绝对差，比较分析绝对差与标准差。若绝对差在一个标准差的变化范围之内，则认为此观测值能归为某类观测值分析，给予保留。否则，认为该观测值出现异常大或小，将其剔除出此类样本。

　　一般而言，早稻长势越好，各类观测值(叶面积指数，单株干物重，植株高度等)也越大；相反，若早稻长势不好，各类观测值则相对较小。因此，对于一类苗，剔除掉异常小的值；对于二类苗，剔除掉异常大的值。分别计算各类苗情长势叶面积指数的平均值(图 3.6)，以叶面积指数平均值±20%以内为标准，初步制定出早稻长势的农学指标(表 3.10)。

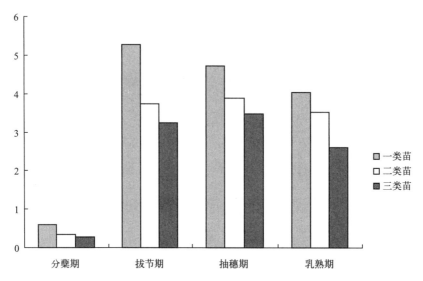

图 3.6　各类苗情主要发育期平均叶面积指数

表 3.10　江西早稻观测点一、二、三类苗农学指标

发育期	苗情	平均值	变化范围	±20％范围	指标
分蘖期	一类苗	0.6	0.3~0.9	0.5~0.7	>0.5
	二类苗	0.35	0.1~0.8	0.3~0.4	0.3~0.5
	三类苗	0.28	0.2~0.4	0.2~0.3	<0.3
拔节期	一类苗	5.28	3.6~7.2	4.2~6.3	>4.5
	二类苗	3.74	2.7~5.2	3.0~4.5	3.0~4.5
	三类苗	3.24	1.0~4.6	2.6~3.9	<3.0
抽穗期	一类苗	4.71	3.9~5.4	3.8~5.7	>4.7
	二类苗	3.89	2.9~4.9	3.1~4.7	3.1~4.7
	三类苗	3.47	2.7~4.3	2.8~4.2	<3.1
乳熟期	一类苗	4.04	3.0~5.5	3.2~4.9	>4.2
	二类苗	3.52	2.6~4.1	2.8~4.2	2.8~4.2
	三类苗	2.6	2.1~3.9	2.1~3.1	<2.8

3.3.1.2　遥感指标制定

根据已经制定好的水稻长势监测农学指标(表 3.10)和由增强型植被指数(EVI)与叶面积指数的 Cubic 回归模型转换得到的关系式(陈建军等,2012)

$$EVI = 0.152 + 0.033LAI + 0.019LAI^2 - 0.002LAI^3 \quad (3.2)$$

得出最终的长势遥感监测的指标等级(表 3.11)。

表 3.11   江西早稻一、二、三类苗遥感指标

发育期	苗情	增强植被指数 EVI	
		变化范围	指标
分蘖期	一类苗	0.164～0.196	>0.173
	二类苗	0.155～0.189	0.164～0.173
	三类苗	0.159～0.168	<0.164
拔节期	一类苗	0.424～0.628	>0.503
	二类苗	0.340～0.556	0.368～0.503
	三类苗	0.202～0.511	<0.368
抽穗期	一类苗	0.451～0.569	>0.519
	二类苗	0.359～0.535	0.377～0.519
	三类苗	0.340～0.486	<0.377
乳熟期	一类苗	0.368～0.576	>0.478
	二类苗	0.331～0.469	0.349～0.478
	三类苗	0.287～0.451	<0.349

3.3.1.3   江西省早稻长势指标遥感监测应用

在水稻生长的初期和末期,长势监测的效果和准确性会差一些,而在水稻生长发育的中期,监测的效果会较好些。这是因为在水稻生长初期,植株较小,在 MODIS 遥感信息中很难起到主导作用;而到了生长的中期,水稻的植被覆盖度增加,遥感信息中的水稻信息相应增加,因而生长中期可以较好地监测长势;到了水稻生长成熟期,由于叶中叶绿素含量都降低到了较低的水平,同时水稻对生长环境的要求也降低,遥感数据反映水稻长势的敏感性和准确性都会随之降低。

因此选取江西省 2011 年双季早稻抽穗期(6 月中下旬)的晴空 MODIS 遥感影像,生成 EVI,按照上述苗情分类遥感指标(表 3.11),得到了江西省双季早稻抽穗期时的苗情图(图 3.7),图上绿色区域为一类苗,蓝色区域为二类苗,橘色区域为三类苗。将试验点的苗情在图上表示出来,从图上可以看出 11 个试验点中,南昌试验点水稻苗情普遍为一类苗,长势较好,其余试验点苗情普遍为二类苗,并与试验点的该生育期的实际苗情数据(表 3.12)进行比较,发现两者基本符合,模型精度比较高,因此基于遥感指标得到的苗情分类基本能够反映实际的观测情况。

表 3.12   2011 年试验点早稻抽穗期苗情数据

试验点	广丰	余干	余江	南昌	宁都	樟树	宜丰	吉安	泰和	南康	龙南
苗情	2	2	2	1	2	2	2	2	2	2	2

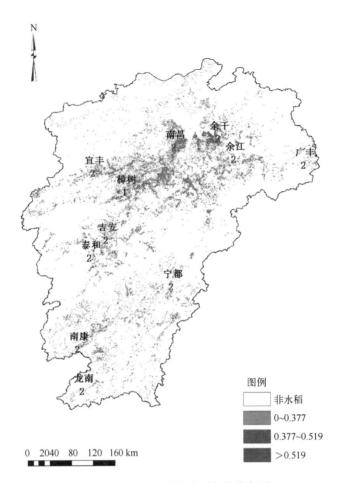

图 3.7　江西省试验点水稻长势分布图

3.3.2　河南省冬小麦生长状况评价

3.3.2.1　冬小麦苗情农学指标的初步确定

利用河南省 2010—2011 年多个观测点的冬小麦生长发育期观测数据,对冬小麦一、二、三类苗各主要生育期的叶面积指数 LAI、单株干物质重量、植株高度等生长要素的观测资料进行统计分析,初步将叶面积指数、单株干物重处在其平均值±20%,植株高度处在其平均值±10%范围来制定苗情指标。经过分析得到植株高度、单株干物质重量和叶面积指数的苗情指标(表 3.13)。

表 3.13　河南省冬小麦农学指标

发育期	苗情	平均株高(cm)	单株干物重(g)	叶面积指数
	1 类苗	＞14.70	＞14.70	＞2.22
出苗期	2 类苗	12.02～14.70	12.02～14.70	0.104～0.156
	3 类苗	＜12.02	＜12.02	＜1.48

发育期	苗情	平均株高(cm)	单株干物重(g)	叶面积指数
	1 类苗	>20.42	>20.42	>2.69
分蘖期	2 类苗	16.70～20.42	16.70～20.42	1.51～2.69
	3 类苗	<16.70	<16.70	<1.51
	1 类苗	暂无	暂无	>6.6
越冬期	2 类苗	暂无	暂无	4.4～6.6
	3 类苗	暂无	暂无	<1.52
	1 类苗	>20.12	>20.12	>7.43
返青期	2 类苗	16.46～20.12	16.46～20.12	4.95～7.43
	3 类苗	<16.46	<16.46	<4.95
	1 类苗	>41.33	>41.33	>10.11
拔节期	2 类苗	33.81～41.33	33.81～41.33	6.74～10.11
	3 类苗	<33.81	<33.81	<6.74
	1 类苗	>67.64	>67.64	>45.89
抽穗期	2 类苗	55.75～67.64	55.75～67.64	30.59～45.89
	3 类苗	<55.75	<55.75	<30.59

3.3.2.2　冬小麦长势农学指标与遥感监测指标相关关系的确定

利用遥感技术监测冬小麦长势是建立在绿色植物光谱理论基础上的。同一种植物由于光、温、水、土和管理等条件的不同,其生长状况也不一样,在卫星照片上表现为光谱数据的差异(吴文斌等,2001)。通过分析绿色植物的光谱曲线可以发现:绿色植物叶片的叶绿素对可见光,尤其是红光波段有较强烈的吸收;而对近红外波段有高的反射率、高的透射率和极低的吸收率,因此红光波段和近红外波段包含了植物叶片的丰富信息,对植被差异及植物长势反映十分敏感(范磊等,2008)。根据这一原理,可以利用植物在红光波段和近红外波段反射率的差异建立归一化植被指数 NDVI,提取冬小麦在生长过程中叶片的光谱特征差异及动态变化信息,从而实现对冬小麦长势的遥感监测。

研究所选择的两个农学监测指标,与植被指数 NDVI 等遥感监测指标密切相关。一般生物量越高、叶面积指数越大的作物,植被指数值越大(冯美臣等,2011)。利用以上实测统计结果,将作物生长发育期模拟和遥感技术结合起来,建立冬小麦农学参数和遥感植被指数之间的相关关系(图 3.8、图 3.9)。

以上是通过收集 2010—2012 年间相同时间地点的冬小麦实际观测数据与遥感数据,分别建立起叶面积指数、干物质重量与遥感 NDVI 观测数据相关关系。从结果可得,叶面积指数与植被指数关系较为密切,这主要是由于遥感直接监测植物叶片,因此叶面积指数的大小与反映植被叶片信息的遥感植被指数 NDVI 关系密切,而干物质重量则由于各地冬小麦具体生长过程的不同情况,与遥感监测结果的差异相对较大。

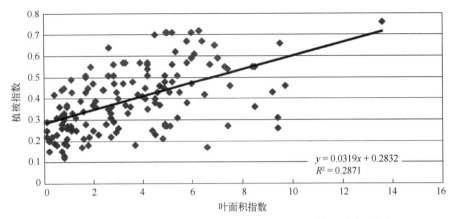

图 3.8　2010—2012 年冬小麦叶面积指数与植被指数相关关系分析

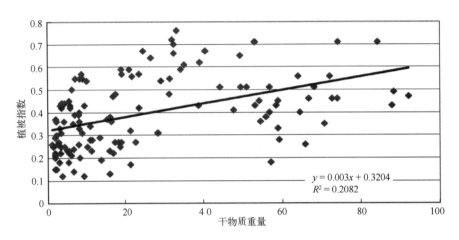

图 3.9　2010—2012 年冬小麦干物质重量与植被指数相关关系分析

3.3.2.3　河南省冬小麦长势指标遥感监测应用

利用 2011 年 MODIS 遥感资料对河南省冬小麦返青、拔节、抽穗期苗情进行监测。利用 NDVI 数据与叶面积指数、干物重之间的相关关系判识一、二、三类苗，得到监测结果（图3.10）。

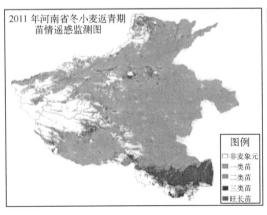

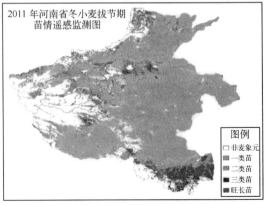

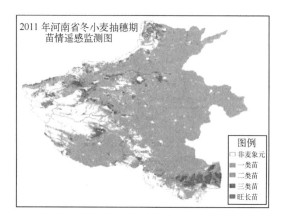

图 3.10　2011 年河南省冬小麦不同发育期苗情遥感监测图

3.3.3　河南省夏玉米生长状况评价

3.3.3.1　夏玉米苗情农学指标的初步确定

对夏玉米一、二、三类苗 5 个发育期叶面积指数、单株干物重、植株高度等生长要素的观测资料进行频数分析,确定各类苗情生长量 80％ 观测值的分布范围 δ1、δ2、δ3,并结合各类苗情产量分析初步制定出夏玉米长势的农学指标(表 3.14)。在确定指标时,若各类苗情观测要素变化范围 δ1、δ2、δ3 出现交叉的情况,划分依据采用邻近原则,即越靠近哪类苗的平均值就将其划入哪类苗。另外在实际划分时若不能同时满足叶面积指数和单株干物重指标的要求,则结合前一发育期的苗情类别,同时兼顾田间长势进行综合评定。

表 3.14　夏玉米长势农学指标

发育期	苗情	平均株高(cm)	干物重(g)	叶面积指数
七叶期	1 类苗	＞82.5	＞19.8	＞0.77
	2 类苗	67.5～82.5	13.2～19.8	0.51～0.77
	3 类苗	＜67.5	＜13.2	＜0.51
拔节期	1 类苗	＞126.5	＞153.6	＞1.6
	2 类苗	103.5～126.5	102.4～153.6	1.1～1.6
	3 类苗	＜103.5	＜102.4	＜1.1
吐丝期	1 类苗	＞240.9	＞586.8	＞3.1
	2 类苗	197～240.9	391.2～586.8	2.1～3.1
	3 类苗	＜197	＜391.2	＜2.1
灌浆期	1 类苗	＞250.8	＞937.2	＞4.4
	2 类苗	206～250.8	624.8～937.2	2.96～4.4
	3 类苗	＜206	＜624.8	＜2.96
乳熟期	1 类苗	＞250.8	＞1177.2	＞3.96
	2 类苗	206～250.8	784.8～1177.2	2.64～3.96
	3 类苗	＜206	＜784.8	＜2.64

根据有关指标范围的制定,结果表明,各类苗情的叶面积指数、单株干物重、植株高度等指标值均在苗情观测值的范围之内,从而说明有关指标范围值的制定有一定的科学性。但由于本指标范围制定采用的是 2010 年和 2011 年观测数据(2010 年只在 7 月 8 日和 8 月 8 日进行了观测),需要继续进行观测并对所制定的指标进行不断修订。

3.3.3.2 夏玉米长势遥感监测指标确定

根据 2011 年河南省夏玉米关键生育期七叶期、拔节期、吐丝期和乳熟期的 MODIS 晴空资料(灌浆期持续阴雨,无法获取晴空资料),进行 NDVI 最大值合成运算,并通过 ENVI 提取点值数据功能,提取各个观测点的这 4 个生育时期的 NDVI 值,对其进行和平均株高、叶面积指数、干物重的相关分析,分别建立线性、对数、二次、三次和幂指数模型,从 R^2 值大小选择相关最显著的回归方程。结果显示,2011 年夏玉米各生育期 NDVI 和平均株高、叶面积指数及生物量都呈显著正相关,各时期 NDVI 和叶面积指数相关最为显著,其中 8 月 8 日幂函数 R^2 值达到了 0.682,其次为干物重,株高在这 3 个农学参数中和 NDVI 相关最不显著。因此通过叶面积指数和 NDVI 的幂函数关系确定出夏玉米长势遥感指标(表 3.15)。

表 3.15 河南省夏玉米长势遥感指标结果

日期	回归方程	苗情	叶面积指数	NDVI
7 月 8 日	$Y=0.48x^{0.326}$	一类苗	>0.67	>0.42
		二类苗	0.45~0.67	0.35~0.42
		三类苗	<0.45	<0.35
7 月 18 日	$Y=0.318x^{0.279}$	一类苗	>1.60	>0.36
		二类苗	1.10~1.60	0.32~0.36
		三类苗	<1.10	<0.32
8 月 8 日	$Y=0.332x^{0.431}$	一类苗	>3.70	>0.58
		二类苗	2.46~3.70	0.49~0.58
		三类苗	<2.46	<0.49
8 月 28 日	$Y=0.438-0.081x+$ $0.054x^2-0.005x^3$	一类苗	>3.96	>0.64
		二类苗	2.64~3.96	0.51~0.64
		三类苗	<2.64	<0.51

注:x 表示叶面积指数,Y 表示 NDVI。

3.3.3.3 河南省夏玉米长势指标遥感监测应用

基于以上所得夏玉米遥感监测指标,利用 2012 年 MODIS 遥感资料对河南省夏玉米苗情进行监测(图 3.11)。经过统计结果显示,2012 年 7 月上旬一、二、三类苗比例分别为 70%、18% 和 12%,8 月上旬分别为 79%、15% 和 6%,2012 年夏玉米长势良好。根据国家统计局核定结果:2012 年河南省秋粮总产量 245.26 亿 kg,比上年增产 4.16 亿 kg,增幅为 1.7%,其中玉米的平均单产达 392.6 kg/666.7m²,和上年相比增长 5%。

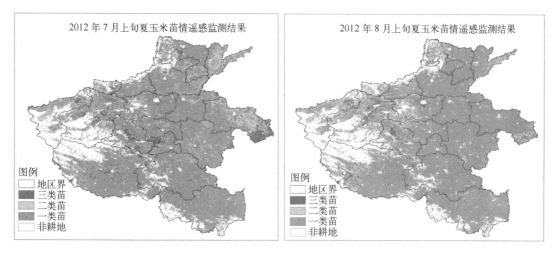

图 3.11　2012 年 7 月上旬和 8 月上旬河南省夏玉米苗情遥感监测图

3.4　基于遥感发育期的作物长势评价

3.4.1　作物发育期遥感识别方法

3.4.1.1　作物发育期遥感识别数据基础

遥感数据采用美国国家航空航天局(NASA)提供的中分辨率成像光谱仪(MODIS)反射率产品数据,计算遥感植被指数,反演叶面积指数。利用逐旬农业气象资料和 MODIS 数据,建立模型。

MODIS 有 36 个离散光谱波段,光谱范围宽,从 0.4 μm(可见光)到 14.4 μm(热红外)全光谱覆盖。地面分辨率为 250 m、500 m 和 1000 m,扫描宽度为 2330 km。由于可见光和红外通道受云影响,为了尽可能减小云的影响,并保证遥感数据的高时间分辨率,使用 8 d 合成的空间分辨率为 500 m 的 MODIS EVI 产品数据。20 多年来,归一化植被指数(Normalized Difference Vegetation Index,NDVI)资料广泛应用于作物与植被研究中。NDVI 对植冠背景的影响较为敏感,当植被覆盖度小于 15% 或大于 80% 时,由于土壤背景的影响与饱和度问题,导致 NDVI 对植被检测的灵敏度下降(彭代亮等,2007)。此外,所用数据空间分辨率为 500 m,较适应大范围内研究。增强型植被指数(EVI)的优势在于扩大了作物与背景的差异,消除了残留的大气干扰和土壤背景的影响,而且在植被茂密的地区更不容易饱和(Huete 等,2002),在理论上,对作物覆盖区或受土壤背景影响较大的地区,采用 EVI 代替 NDVI 资料来识别作物的发育期和长势更为合适。

$NDVI$ 和 EVI 的计算公式分别是:

$$NDVI = (\rho_{nir} - \rho_{red})/(\rho_{nir} + \rho_{red}) \tag{3.3}$$

$$EVI = 2.5 \times (\rho_{nir} - \rho_{red})/(\rho_{nir} + 6.0 \times \rho_{red} - 7.5 \times \rho_{blue} + 1) \tag{3.4}$$

式(3.3)和式(3.4)中 ρ_{nir},ρ_{red},ρ_{blue} 分别代表近红外波段反射率,红光波段反射率,蓝光波

段反射率。

由于叶面积指数(LAI)与遥感植被指数 NDVI 有显著的统计相关关系,可采用指数方程由 NDVI 计算得到 LAI 式(3.5):

$$LAI = 0.1026 \times \exp(4.3892 \times NDVI) \tag{3.5}$$

3.4.1.2 遥感反演产品时间序列重构算法

由于气象站点的数据存在着漏测、丢失、错误等情况,MODIS 数据则存在受云雪影响产生错误数据和缺失数据等问题;因此,在实际应用中首先需要判断某一站点的数据是否丢失过多。若某站点某年的数据缺失达 4 期,该站点这年数据就不适合作为研究依据,舍弃一年数据。数据有缺少,但未达到 4 期的 142 个/年数据,用差值方法进行插值。其次将缺失的数据进行线性插值,使得每一旬都有相对可靠的数据作为研究对象。理想情况下 MODIS-EVI 数据是一条光滑的曲线,但是雨雪天气情况下产生的非正常值,会导致 EVI 时间序列曲线并不平滑。这就需要选择合适的滤波方法对数据进行滤波处理,处理结果才是与实际情况最为相近的,可以用于研究的数据。经过比较后采用了 Savitzky-Golay 滤波方法。

遥感图像的预处理需要经过资料的裁切,根据冬小麦站点选择出冬小麦主产区,为以后的研究做准备。使用 ENVI 软件实现了整合(图 3.12)和裁切工作。经过预处理后的 MODIS 图像如图 3.13 所示。

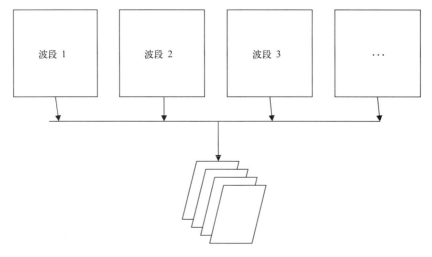

图 3.12　数据图像叠合示意图

在获得的各站点 MODIS-EVI 时间序列中,由于云检测与数据的传输和接收过程中的误差,产生数据的缺失。对于缺失的数据,我们采用线性插值方法来计算缺失的数据。首先判断该站点在 2005—2010 年的 EVI 时间序列中缺失的数据数量,若某一年缺失的数据达到 4 期(一年总共有 46 期数据)以上,则舍弃该站点本年的 EVI 资料。然后对缺失的数据进行线性插值,若缺失的数据为第 i 期的数据,则对上一期和下一期的 EVI 数据 X_{i-1} 和 X_{i+1} 求均值得到该期数据($X_i = (X_{i+1} + X_{i-1})/2$)。其中,根据计算,发现缺失的数据量小于总数据量的 1‰,因此进行线性插值建立的 EVI 时间序列是可以使用的。

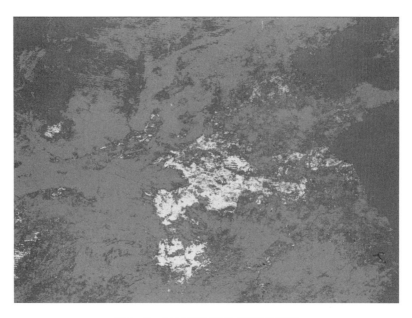

图 3.13　经过预处理的 MODIS 图像

Savitzky 和 Golay 为了计算光谱的延伸值共同提出的 Savitzky-Golay 滤波方法,简称 S-G 滤波方法(Savitzky and Golay,1964),也称简化最小二乘卷积或者数据平滑多项式滤波方法。这是一种移动窗口平均算法,加权系数使用高阶多项式,根据滑动窗口内的最小二乘拟合得到。其基本原理是:取点 X_i 固定距离内的点,拟合一个多项式,多项式在 X_i 处的值就是光滑系数 g_i。它的优势在于可以更好地去除局部变化大的噪声点并保留原始数据的峰值和宽度,而对简单的滑动平均处理中通常会把这些信息给去除了。

$$Y_j^* = \sum_{i=-m}^{i=m} \frac{C_i Y_{j+i}}{N} \tag{3.6}$$

式中,Y_j^* 为合成序列数据,Y_{j+i} 代表原始序列资料,C_i 为滤波系数。N 为滑动窗口所包括的数据点(黄耀欢等,2009)。

对进行插值之后的 EVI 时间序列进行一次 Savitzky-Golay 滤波,得到平滑后的长期趋势 N^{tr}。与 EVI 初始时间序列 N^0 相比较,以确定 EVI 时间序列中每个点的权重 W_i。权重 W_i 可以用来计算拟合效果指数,从而确定最终的 EVI 时间序列是不是描述冬小麦生长过程的最佳选择。在 MODIS 图像中,云雾等天气影响会降低 EVI 的数值,所以比较高的点更加符合实际作物生长周期和长期变化趋势线。给予较高的点有更大的权重。低于长期趋势的较低点可能是受到干扰的结果,而不是正常的现象,因此给予它较低的权重。基于上述思想,每个点的权重可以由式(3.7)计算出:

$$W_i = \begin{cases} 1 & N_i^0 \geqslant N_i^{tr} \\ 1 - d_i/d_{max} & N_i^0 < N_i^{tr} \end{cases} \tag{3.7}$$

式中 $d_i = |N_i^0 - N_i^{tr}|$,d_{max} 是 N_i^0 和 N_i^{tr} 之差的绝对值的最大值。N^0 是经过插值后,未经滤波的 EVI 时间序列,N^{tr} 是经过一次 Savitzky-Golay 滤波后的 EVI 时间序列。

对 EVI 时间序列进行一次滤波后获得了长期变化趋势 N^{tr},由于云层或其他天气影响会使得 EVI 值比正常值偏小,因此,大多数噪声点低于长期变化趋势。长期变化趋势能够代表植被长期的生长趋势,曲线有了一定的平滑,但长期变化趋势中部分未被影响像元的 EVI 偏离了其原始值,不能很好地代表作物的生长状况,采用长期变化趋势进行重构会产生很大的误差。所以将低于长期变化趋势的 EVI 值被认为是噪声点,采用长期变化趋势进行代替,而高于长期变化趋势的像元则认为是正常的像元,给予保留。这样便构成了由线性内插结果和长期变化趋势结果共同进行的第一次重构(Chen 等,2004)。用式(3.8)来表示:

$$N_i^1 = \begin{cases} N_i^0 & N_i^0 \geqslant N_i^{tr} \\ N_i^{tr} & N_i^0 < N_i^{tr} \end{cases} \tag{3.8}$$

式(3.8)是基于新的时间序列 N^1,对新时间序列进行 Savitzky-Golay 滤波,然后重复上式,再进行多次拟合。最后得到的时间序列是 N^k,$k=1$ 时表示进行了一次拟合,N^k 表示进行了 k 次拟合。

其中 N_i^{k+1} 是第 i 次滤波的 EVI 值,N_i^0 是只经过线性插值处理的原始 EVI 值。对 EVI 时间序列不断进行滤波拟合操作直到拟合效果指数 F_k 收敛,即:

$$F_{k-1} > F_k < F_{k+1} \tag{3.9}$$

那么可以确定效果最好的 EVI 时间序列 N^{new},如式(3.10)所示

$$N_i^{new} = \begin{cases} N_i^0 & N_i^0 \geqslant N_i^{k+1} \\ N_i^{k+1} & N_i^0 < N_i^{k+1} \end{cases} \tag{3.10}$$

从图 3.14 上可以看到 F_k 随着滤波次数增加的变化趋势,一开始 F_k 下降十分迅速,当收敛后开始上升。

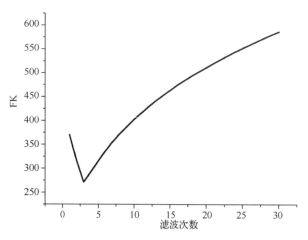

图 3.14　F_k 随滤波次数增加的变化趋势

近年来对采用 S-G 滤波进行时序重构的方法很多,大多是采用图流程的方式进行。从重构以后的高质量 EVI 时间序列曲线中(图 3.15)可以发现,相比较其他滤波方法,S-G 滤波方法有着更好地保存了图像的峰值和曲线起伏宽度的优势,这在消除 MODIS-EVI 时间曲线中由于云、雪等天气造成的噪音及非正常的数据下降着有特别的优势。

优势在于可以去除局部变化大的噪声点并保留原始数据的峰值和宽度,简单滑动平均处理方法通常会去掉峰值和宽度这些有用信息(黄耀欢等,2009)。传统的傅立叶方法是把信号转

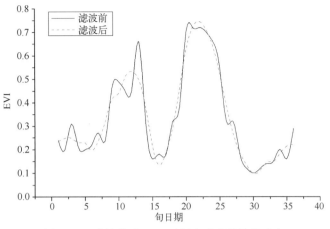

图 3.15　滤波前后 *EVI* 时间序列曲线效果对比

变到频率域中去,然后在频率域去除掉高频信号,再反代换到时间域,从而达到滤波的效果。傅立叶滤波方法对 *EVI* 时间序列中的伪高值和伪低值十分敏感,会使得 *EVI* 时间序列曲线产生较大的偏移。中值迭代滤波方法的效果虽然和 S-G 滤波方法相似,但是在判断某一像元的低值时,采用像元值和前后两个时间的 *EVI* 平均值进行比较,存在阈值设定的问题(边金虎等,2010)。

通过对 S-G 滤波方法的整理,得到 S-G 滤波方法流程图如图 3.16 所示。

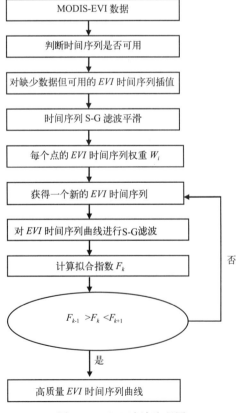

图 3.16　S-G 滤波流程图

3.4.2　冬小麦发育期遥感识别

冬小麦返青期是产生春季分蘖,形成春季新根的关键时期,管理不当容易导致地上生长与地下生长之间的矛盾,以及有效分蘖与无效分蘖之间的矛盾,影响到麦苗的健壮生长(董丽淑,2011)。冬小麦抽穗期是其生殖生长的关键阶段,此时田间群体较大,郁蔽,抵抗力弱,常遇高温高湿天气,也是病虫害多发时期(王冰,2010)。冬小麦成熟期是冬小麦生产中的关键环节。在成熟期需适时收割打碾,避免不利天气影响,收获过早或过晚都会影响冬小麦的产量(蒙继华等,2011)。因此选择冬小麦的返青、抽穗、成熟三个时期作为主要发育期,研究如何利用遥感数据识别这三个关键发育期。

3.4.2.1　冬小麦发育期遥感识别模型的建立

在冬小麦的生长过程中,返青期、抽穗期和成熟期是 3 个主要发育期。在冬小麦的不同发育期,随着冬小麦的植株特性、叶片形态特征的变化,其光谱特性也会发生相应的变化。如从返青期到成熟期,冬小麦的叶面积指数 LAI 和增强植被指数 EVI 有明显的变化(图 3.17),并且这段时间的生长状况直接决定了冬小麦未来的产量,因此常利用遥感技术监测冬小麦的返青期、抽穗期和成熟期。

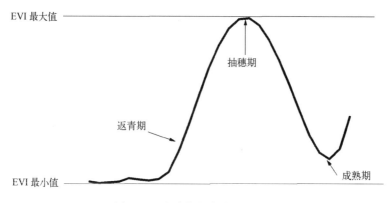

图 3.17　发育期判断曲线示意图

在冬小麦的主产区,从南到北热量条件有显著的变化,导致冬小麦发育期存在较大的地区差异;即使同一地区由于年际间温度、土壤水分等因素的变化,冬小麦的发育过程也会出现提前或推迟,导致冬小麦发育期在年际间也经常存在较大差异。因此,为了研究冬小麦发育期,首先分析这 3 个主要发育期的最早可能出现日期和最晚可能出现日期。根据 2005—2010 年农业气象资料统计,冬小麦返青期、抽穗期和成熟期的儒略历日期变化范围见表 3.16。

根据冬小麦的生长特性,冬小麦返青期叶片处于生长状态,冬小麦 EVI 呈上升趋势。因此在返青期使用 EVI 植被指数相对变化阈值法进行判断,就是通过 EVI 变化的相对幅度(变化百分数)来判断。这样就避免了不同区域、不同背景造成变化不一致的问题。

经过建模站点数据试验表明,当 EVI 增加到 $\Delta EVI = (EVI_{max} - EVI_{min})$ 的 20% 时,该时间可以被认为是冬小麦的返青期。其中 EVI_{max} 是时间范围内的 EVI 最大值,EVI_{min} 是时间范围

内 EVI 的最小值。

表 3.16　冬小麦主要发育期的儒略历(即年中日数)日期范围

作物	返青期	抽穗期	成熟期
冬小麦	40～100	80～150	130～180
冬小麦冬性	40～100	110～150	150～200
冬小麦半冬性	40～80	80～120	140～180
冬小麦春性	40～80	100～140	130～180

冬小麦抽穗期是其生长的关键阶段,此时其营养生长达到顶峰,随后转入生殖生长阶段。田间群体较大、郁蔽,抵抗力弱,常遇高温高湿天气,也是病虫害多发时期。因此,及时监测冬小麦抽穗的日期,对制定和采取科学管理措施有重要作用。采用窗口转折点法进行识别。首先,设定窗口大小为 3,即一个窗口包含的点分别是 X_{i-1},X_i,X_{i+1} 三旬 EVI 数据。从返青期开始到生长结束,对 EVI 时间序列进行窗口滑动,分别求出窗口内三个旬的 EVI 值的和:$SUM_x = (X_{i-1} + X_i + X_{i+1})$。当找出 SUM_x 最大值时,X_i 所对应的第 i 旬的时间就是冬小麦抽穗期的日期。

到达成熟期后,冬小麦叶片迅速枯萎,造成冬小麦的 EVI 急剧下降。由于冬小麦和夏玉米属于一年两作的耕作制度,夏玉米在播种和出苗前,土地大面积裸露,致使 EVI 达到最低点。因此,将冬小麦在抽穗期后的 EVI 最低值作为冬小麦成熟期的判断依据。

综合以上得到冬小麦三个关键发育期识别模型见表 3.17。

表 3.17　冬小麦发育期识别模型

发育期	发育期识别模型
返青期	$EVI = EVI_{min} + (EVI_{max} - EVI_{min}) \times 20\%$ 时对应的日期为冬小麦返青期
抽穗期	$EVI = SUM_{max}$ 中的 X_i 对应的第 i 旬的日期为冬小麦抽穗期
成熟期	$EVI = EVI_{min}$ 时对应的日期为冬小麦成熟期

3.4.2.2　冬小麦发育期遥感识别效果

利用 Savitzky-Golay 滤波平滑后的 MODIS-EVI 时间序列数据识别了冬小麦的 3 个主要发育期(冬小麦返青期,抽穗期和成熟期),并使用 2006—2010 年农业气象旬报数据中的地面实测冬小麦返青期、抽穗期和成熟期验证遥感识别发育期的精度。冬小麦识别发育期与地面实测发育期误差分析(图 3.18)显示,发育期识别误差大部分在 20 d 以内。

为进一步分析遥感识别发育期的精度,采用均方根误差($RMSE$)、相关系数的平方(R^2)和平均偏差分析识别发育期的误差特征(表 3.18)。结果显示,从返青期到成熟期,$RMSE$ 从 12.84 增加到 14.57,平均绝对偏差从 9.26 d 增加到 11.05 d。冬小麦 3 个发育期的 $RMSE$ 为 13.94、偏差为 2.27 d、R^2 为 0.896。

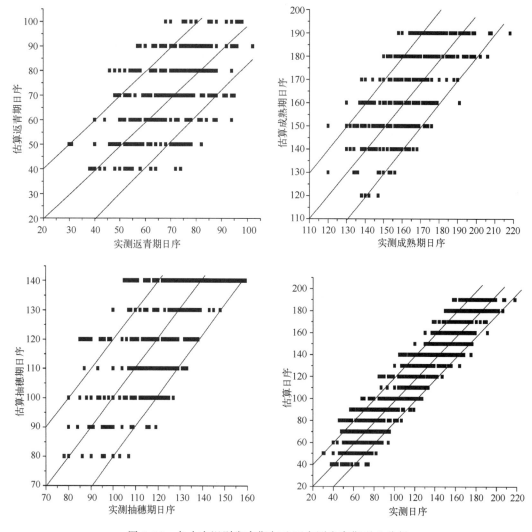

图 3.18　冬小麦识别发育期与地面实测发育期误差分析

表 3.18　遥感识别与地面实测发育期之间的误差统计

发育期	返青期	抽穗期	成熟期	三个发育期整合
RMSE	12.84	14.07	14.57	13.94
平均绝对偏差(d)	10.59	11.05	9.26	11.20
N(数据个数)	548	766	715	2029

　　从表 3.18 和图 3.18 可以看出,冬小麦返青期识别精度较好,这与冬小麦在返青期 EVI 迅速增长,其他作物还未开始生长,与周围植被和作物形成鲜明对比,受到的干扰较少有一定关系。这与实际情况相符,冬小麦的返青期在快速生长时,其他作物还处在生长初期,生长缓慢,使得冬小麦的识别研究变得很容易。因此,在返青期也是最适合进行冬小麦长种植面积提取的。

3.4.3　夏玉米发育期遥感识别

夏玉米七叶期时,叶为夏玉米的主要器官,是夏玉米营养积累和生长最快的阶段,也是玉米多种疾病容易爆发的时期。抽雄期阶段的管理缺失容易导致玉米生长矮小,发育不良,导致生殖器官的生长受阻。结的果实较小较少。对产量影响巨大。夏玉米收获期是夏玉米的关键发育期,作物收获过早,会导致籽粒灌浆不足,影响产量与质量;收获过晚则将影响下茬作物的播期。准确、及时地获取作物收获期信息,对于调控产量与质量、调整作物播期、合理配置收获机械具有重要意义,因此选择夏玉米七叶期、抽雄期和成熟期 3 个时期作为夏玉米的主要发育期(侯英雨等,2009;胡楠等,2011;王堃等,2011)。

3.4.3.1　夏玉米发育期遥感识别模型的建立

夏玉米的生长过程中,七叶、抽雄和成熟 3 个主要发育期有着不同的叶片形态特征,植株高度,叶片密度,叶片叶绿素含量等特性有着很大的变化。相应的光谱指数特性也会发生变化。从七叶期到成熟期,夏玉米的 EVI 指数和叶面积指数都表现出一定的生长特性和规律性,并且这段主要发育期的生长状况直接决定了夏玉米的长势与产量高低(李新磊等,2010)。

夏玉米的发育期南北跨度十分大,从 76°E 到 126°E,从 23°N 到 4°N,其南北热量条件,地质条件,光照,种植方法等的区别更大。导致夏玉米发育期的地区差异比冬小麦发育期差异更大;即使同一地区由于年际间温度、降水、光照等因素的变化,夏玉米的发育过程也会出现变化,导致夏玉米发育期在年际间也经常存在较大差异。因此,为了研究夏玉米的发育期,首先分析七叶期、抽雄期、成熟期的最早可能出现日期和最晚可能出现日期。根据 2005—2010 年农业气象旬报历史资料统计,夏玉米七叶期、抽雄期和成熟期的儒略历日期变化范围见表 3.19。

表 3.19　夏玉米主要发育期的儒略历范围

作物	七叶期	抽雄期	成熟期
夏玉米	138~221	170~248	225~307
夏玉米早熟种	138~181	180~235	258~293
夏玉米中熟种	138~214	170~248	225~304
夏玉米晚熟种	170~221	210~237	250~307

根据夏玉米的生长特性,夏玉米在七叶期叶片迅速成长,EVI 值也迅速增大,七叶期是夏玉米生长最快的发育期。因此在七叶期使用最大变化斜率法,就是通过 EVI 变化的最大变化速率来判断。这样就避免了不同地区,气候,种植方法,土壤背景等不同造成的差异。

由于在七叶期夏玉米的生长最快,因此使用时间段内生长最快的旬作为夏玉米的七叶期。针对夏玉米在七叶期的生长速度最快这一显著的特点,对它生长最快进行了定义,生长最快在 EVI 时间序列曲线上的表现形式就是 EVI 的增长速度也最快,即为斜率变化最快,因此采用最大变化斜率法进行夏玉米七叶期的识别。

根据 2005—2010 年农业气象旬报资料统计,夏玉米七叶期、抽雄期期、成熟期的出现日期分别是儒略历 138~221 d,170~248 d,225~307 d。要求满足条件为 $EVI_{t-1} \leqslant EVI_t \leqslant EVI_t$。

$$\Delta\theta_t = \arctan(EVI_{t+1} - EVI_t) - \arctan(EVI_t - EVI_{t-1}) \tag{3.11}$$

式中，$\Delta\theta_t$ 为变化斜率角，可以看出，最大变化斜率角即为 t 时刻斜率变化的大小。因为每一旬的时间和间隔都是相等的。因此 t 时刻的 $\Delta\theta_t$ 就是 EVI 时间序列曲线的斜率变化。也即 $\Delta\theta_t$ 最大值对应的时间就是夏玉米七叶期时间 t，EVI_t、EVI_{t-1}、EVI_{t+1} 分别表示 t、$t-1$、$t+1$ 时间（即某一旬）的 EVI 值。$\Delta\theta_t$ 最大值对应的时间就是夏玉米七叶期。

夏玉米抽雄期是其生长的关键阶段，是其生殖生长的阶段，这个阶段生长的好坏对夏玉米的长势和产量有着巨大的影响。因此，及时监测夏玉米抽雄期的日期，是科学管理夏玉米种植措施的必要前提。夏玉米在抽雄期营养生长达到顶峰，随后转入生殖生长阶段。转折点法识别夏玉米抽穗期，使用斜率为零的点即极大值点作为夏玉米抽雄期的识别日期，要求满足在时间范围内有极大值时的要求：$EVI_{i-1} > EVI_i < EVI_{i+1}$ 和时间范围内没有极大值时的要求：$EVI_i = \max(EVI)$，EVI_i 所对应的时间就是夏玉米抽雄期的日期。

到达成熟期后，夏玉米叶片迅速枯萎，造成夏玉米的 EVI 急剧下降。土地大面积裸露，致使 EVI 达到最低点。因此，将夏玉米在抽雄期后的 EVI 最低值和极低值作为夏玉米成熟期的判断依据（表 3.20）。

表 3.20 夏玉米发育期识别模型

发育期	发育期识别模型
七叶期	同时满足 $EVI_{t-1} \leqslant EVI_t \leqslant EVI_t$ 和 $\Delta\theta_t = \arctan(EVI_{t+1} - EVI_t) - \arctan(EVI_t - EVI_{t-1})$ 中 $\Delta\theta$ 最大时对应的时间 t 为夏玉米返青期
抽雄期	$EVI = EVI_{\max}$ 时对应的日期为夏玉米冬小麦抽穗期
成熟期	$EVI = EVI_{\min}$ 时对应的日期为夏玉米成熟期

3.4.3.2　夏玉米发育期识别精度

为进一步分析遥感识别发育期的精度，采用均方根误差（$RMSE$）、相关系数的平方（R^2）和平均偏差分析识别发育期的误差特征（表 3.21）。

表 3.21 与地面实测发育期相比遥感识别发育期的误差统计

发育期	返青期	抽穗期	成熟期	三个发育期
RMSE（天）	10.04	13.20	13.34	13.18
平均绝对偏差（天）	9.60	10.23	10.33	10.11
N（样本数）	233	340	357	930

结果显示，从七叶期到成熟期，$RMSE$ 从 10.04 d 增加到 13.34 d，平均绝对偏差从 9.60 d 增加到 10.33 d。夏玉米全发育期的 $RMSE$ 为 13.18 d，平均绝对偏差为 10.11 d。从表 3.21 和图 3.19 可以看出，夏玉米七叶期识别精度较好，这与夏玉米在七叶期 EVI 迅速增长，且玉米长势旺盛，与周围其他作物和植被形成鲜明对比，受到的干扰较少有一定关系。

利用 Savitzky-Golay 滤波平滑后的 MODIS-EVI 时间序列数据识别了夏玉米的三个主要发育期（夏玉米七叶期、抽雄期和成熟期），并使用 2006—2010 年农业气象旬报数据中的地面

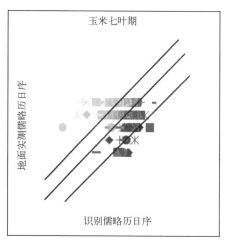
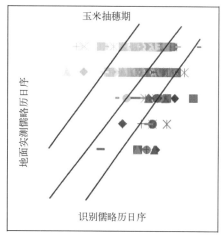
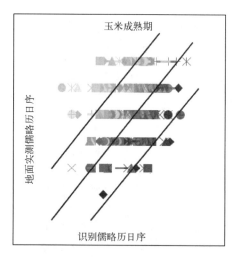
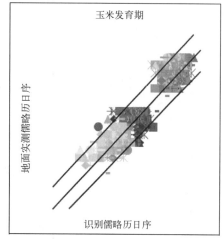

图 3.19　夏玉米发育期识别精度检验

实测夏玉米七叶期、抽雄期和成熟期验证遥感识别发育期的精度。夏玉米遥感识别发育期与地面实测发育期误差分析(表 3.21)显示,发育期识别误差大部分在 20 d 以内。

对本研究所用的是 8 d 合成 MODIS 图像处理中,由于一年 46 幅图像组成的 MODIS-EVI 时间序列图的数据量很大,会占用大量的内存,导致数据处理过于缓慢。因此采用逐像元处理方法,根据整合数据,首先取坐标为(X_0,Y_0)的一年 46 期数据组成该坐标点所处地区的 EVI 时间序列读入内存。然后对这个点的时间序列进行插值和 Savitzky-Golay 滤波,识别冬小麦发育期,以此类推,直到整幅图像计算完成(如图 3.20)。最后将农业气象旬报冬小麦发育期观测资料作为真值,对冬小麦遥感识别发育期进行精度评价。读入资料即是从图中以 z 方向取$(0,0,0) \sim (0,0,n)$为第一组,以此类推,并不读取全图。

从 2010 年冬小麦主产区识别返青期图(图 3.21)可以发现,作物发育期在地理上表现出南早北晚,东早西晚的趋势。这与实际情况相符,从侧面证实了利用遥感数据识别作物发育期与实际情况是相符的。

利用 MODIS 数据识别冬小麦关键发育期流程如图 3.22 所示。

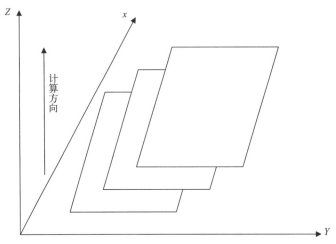

图 3.20　大数据量遥感图像处理方法示意图

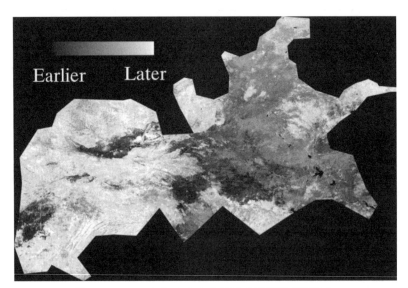

图 3.21　2010 年冬小麦主产区遥感识别返青期图像

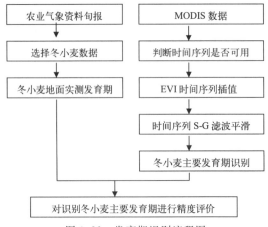

图 3.22　发育期识别流程图

3.4.4 基于遥感作物发育期的作物长势评价——以冬小麦为例

冬小麦在抽穗期营养器官的生长达到顶峰,叶面积指数 LAI 达到最大,此时的 LAI 值预示着可能产量的高低,代表着长势的好坏。传统的遥感长势监测方法是使用两年同一日期(儒略日)的植被指数来判断作物的长势,植被指数越大,指示该年作物长势就好,但由于每年的降水、气温和日照等自然条件的不同,常导致生长期的提前或拖后,那么传统的方法就不能很好地反映作物的真实长势。本研究提出一种基于发育期开展冬小麦长势监测的方法,即由 EVI 时间序列曲线识别出冬小麦的抽穗期,并记录该发育期对应的 EVI 值。通过比较两年的同一遥感识别抽穗期的 EVI 值来判定冬小麦的长势,即相同抽穗期的 EVI 值越大,则冬小麦长势就好。同时,应用传统方法也开展了冬小麦长势监测试验,即提取了 2006—2010 年当儒略日为 120 日(图 3.23)时的 EVI 值。以抽穗期地面实测 LAI 值反映出的冬小麦长势情况作为真值,对提出的遥感长势监测方法和传统遥感监测方法进行对比分析。

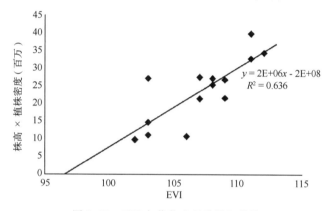

图 3.23　EVI 与作物生长状况相关性

从图 3.23 中可以看出,EVI 与作物生长状况呈明显的正相关,线性相关系数达 0.636,从图中可以判断出,利用 EVI 来进行作物长势监测是可行的。

(1)冬小麦长势监测结果

基于识别的冬小麦发育期进行作物长势监测研究。由于缺少 2005 年的 LAI 地面观测资料,本研究根据 MODIS-EVI 图像分别逐像元计算了 2006—2010 年期间,识别的冬小麦抽穗期的 EVI 值,并求平均值,作为整个冬小麦区抽穗期的 EVI。同时,提取儒略历为 120 日时整个冬小麦研究区的 EVI 值,并求平均值,作为整个冬小麦研究区儒略历为 120 日时的 EVI。相应地使用研究区内所有冬小麦观测站抽穗期 LAI 实测资料的均值作为验证资料(图 3.24)。

从图 3.24 可以看出,从整个冬小麦主产区 LAI 所反映的长势情况来看,相同发育期的 EVI 值与冬小麦 LAI 有更好的相关性,相关系数为 0.946,而儒略历为 120 日时的 EVI 均值与地面观测的 LAI 均值的相关系数仅为 0.147。基于发育期的遥感 EVI 值能准确地反映实际长势情况,如 2010 年抽穗期的 LAI 大于 2009 年的 LAI,这表明 2010 年长势好于 2009 年,而遥感识别抽穗期的 EVI 能准确反映这一规律,即识别抽穗期的 2010 年 EVI 均值大于 2009 年。但儒略历为 120 日时的 2010 年 EVI 均值明显小于 2009 年,即 2010 年长势差于 2009 年,这与实际监测结果不一致,采用同一日期的传统长势监测方法不能准确反映实际长势情况。

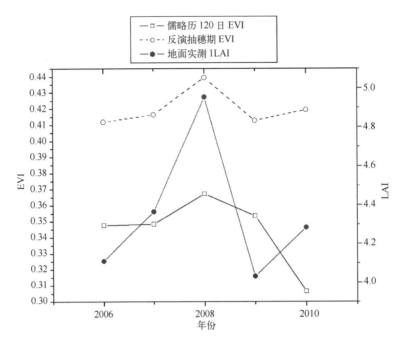

图 3.24　研究区 2006—2010 年识别的抽穗期、儒略历为 120 日的 EVI 均值与地面观测 LAI 均值

通过图 3.25 和图 3.26 的对比发现,基于识别发育期长势监测方法得到的 EVI 与冬小麦 LAI 的 R^2 为 0.95,二者呈明显的正相关性。而使用相同时间 EVI 进行长势监测的传统方法结果与冬小麦 LAI 的 R^2 仅为 0.146。基于识别发育期的长势监测方法效果要远好于传统方法。

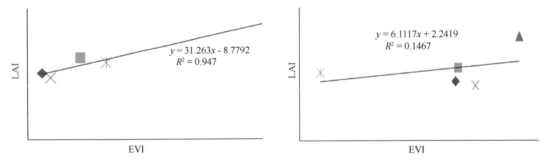

图 3.25　基于识别抽穗期 EVI 与 LAI 的相关性检验　　图 3.26　传统相同时间 EVI 与 LAI 的相关性检验

(2)基于识别发育期长势监测与传统长势监测的比较

从遥感图像图 3.27a 上也可以发现,利用识别抽穗期的 EVI 得到的长势监测结果显示出 2010 年大部分地区的冬小麦长势要好于 2009 年,与地面实测抽穗期的 LAI 相符合。而图 3.27b 是利用了儒略历为 120 日的 EVI 进行冬小麦长势监测,结果显示大部分地区 2010 年冬小麦长势差于 2009 年,这与地面实测抽穗期的 LAI 结果不一致。

随机抽取七个站点的资料,分析每个站点 2006—2010 年的识别抽穗期的 EVI 与地面实测抽穗期的 LAI 的相关性,同时分析每个站点儒略历为 120 日时的 EVI 与地面实测抽穗期 LAI 之间的相关性,并进行对比(图 3.28)。可以发现,在站点尺度上,识别抽穗期时的 EVI 与

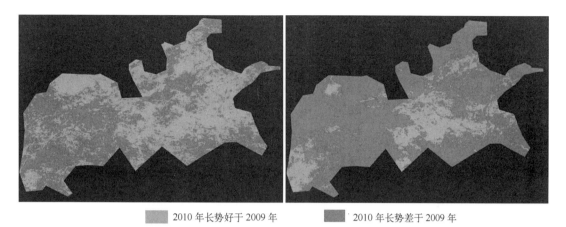

　　2010 年长势好于 2009 年　　　　　　2010 年长势差于 2009 年

图 3.27　冬小麦 2010 年 与 2009 年年长势监测结果对比

（a. 2010 年与 2009 年识别抽穗期长势监测结果；b. 2010 年与 2009 年儒略历 120 日长势监测结果）

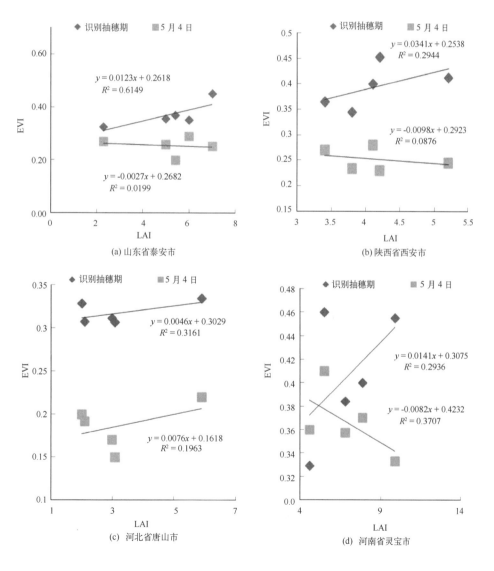

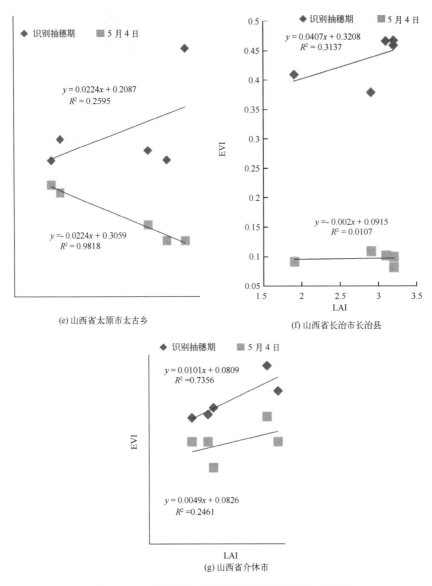

图 3.28　七个市县冬小麦长势遥感监测效果对比图

地面实测抽穗期的 LAI 有更好的正相关关系,而儒略历为 120 日时的 EVI 与地面实测抽穗期 LAI 的相关系数有时为负值,发现每个站点的数据都是基于识别抽穗期进行长势监测效果要好于传统长势监测方法。这再次证明,使用相同抽穗期的 EVI 进行冬小麦长势监测是合理的。

将 7 个市县的长势监测结果相关系数统计对比得到表 3.22。

根据表 3.22 对比冬小麦长势遥感监测效果发现:基于识别抽穗期的识别冬小麦长势监测方法效果较好,相关系数从 0.51 到 0.86 呈明显的正相关,与实际情况相符合。而传统的长势监测方法结果,相关系数有正有负,相关系数从 0.50 至 −0.96,说明利用传统遥感长势监测方法监测作物长势的精度是难以满足要求的。

表 3.22　冬小麦长势遥感监测相关系数对比

项目	基于相同发育期(抽穗期)方法监测 冬小麦长势相关系数	基于相同时间(5 月 4 日)方法 监测冬小麦长势相关系数
R1	0.79	0.14
R2	0.54	−0.30
R3	0.56	0.44
R4	0.54	−0.61
R5	0.51	−0.96
R6	0.56	0.1
R7	0.86	0.50

第4章　农作物种植区遥感识别和面积估算方法

4.1　作物种植面积监测方法

4.1.1　监督分类法

利用已知地物的信息对未知地物进行分类的方法称为监督分类。监督分类的基本过程是：首先根据已知的样本类别和类别的先验知识确定判别准则，计算判别函数，然后将未知类别的样本值代入判别函数，依据判别准则对该样本所属的类别进行判定（韦玉春,2007）。一般而言,监督分类的精度比非监督分类的精度要高,但工作量也比非监督分类要大得多。

监督分类的前提是已知遥感图像上样本区内地物的类别,该样本区又称为训练区。但由于在分类过程中容易出现同物异谱或异物同谱的现象,使得分类结果出现错分和漏分,例如在同一片农田中,不同的灌溉情况差异很大;在同一种作物类型上,不同的播期和田间管理施肥水平区别很大,导致作物长势和生物量会有明显差别;处于阴阳坡的同类地物,由于太阳照度不同,图像表现出的灰度也有差异,这些都可能导致错分。对此应根据灌溉情况、作物、播期、长势等导致的光谱差异情况,在同一类地物内先分组采样训练和分类,再进行归并。监督分类中常用的具体分类方法包括以下4种:

4.1.1.1　最小距离分类法

最小距离分类法是以特征空间中的距离作为像素分类的依据,包括最小距离判别法和最近邻域分类法(梅安新,2001)。

(1)最小距离判别法。这种方法要求对遥感图像中需要分类的每一类都选一个具有代表意义的统计特征向量(均值向量),首先计算待分像元与已知类别之间的距离,然后将其归属于距离最小的一类。

(2)最近邻域分类法。这种方法是最小距离判别法在多波段遥感图像分类中的推广。在多波段遥感图像分类中,每一个分类类别都具有多个统计特征量。最近邻域分类法首先计算待分像元到每一类中每一个代表向量间的距离,该像元到每一类都有几个距离值,取其中最小的一个距离作为该像元到该类别的距离,最后比较该待分像元到所有类别间的距离,将其归属于距离最小的一类。

最小距离分类法原理简单,是在若干先决条件下的简单分类,分类精度不高,但计算速度快,实用性强,可以在快速浏览分类概况中使用。

4.1.1.2　平行六面体分类法

平行六面体分类,是指在三维即三个波段的情况下,每类形成一个平行六面体或多面体,待分个体落入其中的一个,则被归属,否则就被拒绝的一种图像分类方法。平行六面体法要求训练区样本的选择必须覆盖所有的类型,在分类过程中,需要利用待分类像素光谱特征值与各个类别特征子空间在每一维上的值域进行内外判断,检查其落入哪个类别特征子空间中,直到完成各像素的分类。

这种方法优点是分类标准简单,计算速度快。主要问题是按照各个波段的均值和标准差划分的平行多面体与实际地物类的点群形态不一致。因为遥感图像中不同波段之间的相关程度比较高,一般点群在空间直角坐标系中的分布呈不规则的椭球形,其长轴相当于平行多面体的对角线方向。因而一个多面体和一个类别的点群分布很不一致,容易造成两类互相重叠、混淆不清。一个改进的办法是把一个自然点群分割为几个较小的平行六面体使之更加逼近实际的概率密度分布,从而提高分布的准确性(韦玉春,2007)。

4.1.1.3　最大似然方法

最大似然法是应用比较广泛、比较成熟的监督分类方法之一,是基于贝叶斯准则的分类错误概率最小的一种非线性分类,通过求出每个像素对于各类别的归属概率,把该像素分到归属概率最大类别中的方法。最大似然法假定遥感影像中地物的光谱特征近似呈正态分布。基于参数化密度分布模型的最大似然方法与其他非参数方法(如神经网络)相比较,它具有清晰的参数解释能力、易于与先验知识融合和算法简单而易于实施等优点。但是由于遥感信息的统计分布具有高度的复杂性和随机性,当特征空间中类别的分布比较离散而导致不能服从预先的假设,或者样本的选取不具有代表性,往往得到的分类结果会偏离实际情况。

4.1.1.4　光谱角分类法

光谱角分类方法是一种光谱匹配技术,通过估计像素光谱与样本光谱或是混合像素中端元成分光谱的相似性来分类。光谱角分类步骤与其他监督分类方法一样,首先选择训练样本,然后比较训练样本与每一像素之间的光谱向量之间的夹角,夹角越小表明越接近训练样本的类型。因此,分类时还要选取阈值,小于阈值的像素与训练样本属同一地物类型,反之则不属于该类。需要注意的是:任意两个像素,如果其特征空间相差一个很大的常数,光谱角分类会把它们归为一类,但最小距离分类和最大似然法分类则将会把这两个像素归为两类。光谱角方法不适用于多光谱遥感。

4.1.2　非监督分类法

非监督分类的前提是假定遥感影像上同类物体在同样条件下具有相同的光谱特征,从而表现出某种内在的相似性。非监督分类的方法是指人们事先对分类过程不加入任何的先验知识,而仅凭遥感图像中地物的光谱特征,即自然聚类的特征进行分类。分类结果只是区分了存在的差异,但不能确定类别的属性。类别的属性需要通过目视判读或实地调查后确定。

非监督分类有多种方法,其中 K-均值聚类法和 ISODATA 方法是效果较好、使用最多的两种方法。在开始图像分类时,用非监督分类方法来探索数据的本来结构及其自然点群的分布情况是很有价值的。

非监督分类主要采用聚类分析的方法,把像素按照相似性归成若干类别。它的目的是使得属于同一类别的像素之间的差异(距离)尽可能的小而不同类别中像素间的差异尽可能的大。考虑到遥感图像的数据量较大,非监督分类使用的是快速聚类方法。与统计学上的系统聚类方法不同,在进行聚类分析时不需要保持矩阵。

由于没有利用地物类别的先验知识,非监督分类只能先假定初始的参数,并通过预分类处理来形成类群,通过迭代使有关参数达到允许的范围为止。在特征变量确定后,非监督分类算法的关键是初始类别参数的选定。

与监督法的先学习后分类不同,非监督法是边学习边分类,通过学习找到相同的类别,然后将该类与其他类区分开,但是非监督法与监督法都是以图像的灰度为基础的。通过统计计算一些特征参数,如均值、协方差等进行分类的。所以也有一些共性,下面介绍几种常用的非监督分类方法。

4.1.2.1　K-均值聚类法

K-均值算法的聚类准则是使每一聚类中,像素点到该类别中心的距离的平方和最小。其基本思想是,通过迭代,逐次移动各类的中心,直到满足收敛条件为止。

收敛条件:对于图像中互不相交的任意一个类,计算该类中的像素值与该类均值差平方和。将图像中所有类的差平方和相加,并使相加后的值达到最小(算法框如图 4.1 所示)。

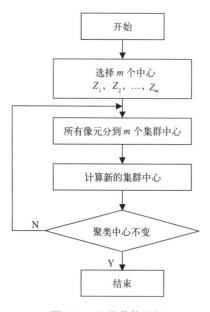

图 4.1　K-均值算法框

这种算法实现简单,但过分依赖初值,结果受到所选聚类中心的数目和其初始位置及模式分布的几何性质和读入次序等因素的影响,不同的初始分类产生不同的结果。

4.1.2.2　ISODATA 方法

ISODATA(Iterative Self-Organizing Data Analysis Techniques Algorithm)算法即迭代

式自组织数据分析算法,可简称迭代法。这是一个最常用的非监督分类算法,在大多数图像处理系统或图像处理软件中都有这一算法。

ISODATA 算法与 K-均值算法有两点不同:第一,它不是每调整一个样本的类别就重新计算一次各类样本的均值,而是在把所有样本都调整完毕之后才重新计算,即成批样本修正和逐个样本修正的区别;第二,ISODATA 算法不仅可以通过调整样本所属类别完成样本的聚类分析,而且可以自动地进行类别“合并”和“分裂”,从而得到类数比较合理的聚类结果(ISODATA 算法流程如图 4.2 所示)。

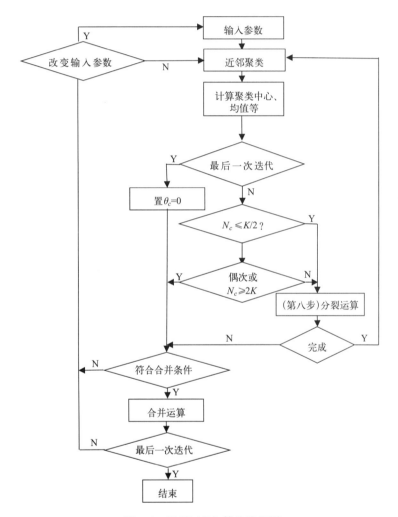

图 4.2　ISODATA 算法流程图

(注:N_c 为初始聚类中心个数,K 为预期的聚类中心个数,θ_c 为两聚类中心的最小距离)

4.1.2.3　非监督分类与监督分类的结合

监督分类与非监督分类各有其优缺点。在实际工作中,常常将监督分类法与非监督分类法相结合(孙家抦,2003),取长补短,使分类的效率和精度进一步提高。基于最大似然法原理的监督分类法的优势在于如果空间聚类呈正态分布,那么它会减少分类误差,而且分类速度较快。主要缺陷是必须在分类前圈定样本性质单一的训练样区,而这可以通过非监督法来进行。即通过非监督法将这一定区域聚类成不同的单一类别,监督法在利用这些单一类别区域"训练"计算机。通过"训练"后的计算机将其他区域分类完成,这样避免了使用比较慢的非监督分类法对整个影像区域进行分类,使分类精度得到保证的前提下,分类速度得到了提高。具体可按以下步骤进行:

(1)选择一些有代表性的区域进行非监督分类。这些区域尽可能包括所有感兴趣区的地物类别。这些区域的选择与监督分类法训练样区的选择要求相反,监督分类法训练样区要求尽可能单一。而这里选择的区域包括类别要尽可能多,以便使所有感兴趣的地物类别都能得到聚类。

(2)获得多个聚类类别的先验知识。这些先验知识的获取可以通过判读和实地调查来得到。聚类的类别作为监督分类的训练样区。

(3)特征选择。选择最适合的特征图像进行后续分类。

(4)使用监督法对整个影像进行分类。根据前几步获得的先验知识及聚类后的样本数据设计分类器,并对整个影像区域进行分类。

(5)输出标记图像。由于分类结束后影像的类别信息已确定,因此可以将整幅影像标记为相应类别输出。

4.1.3 时间序列法

利用按时间序列获取的遥感影像数据,计算出相应的植被指数曲线,根据此曲线判断作物生长阶段,并对其进行分析,在此基础上结合其他相应分类方法对作物种植面积分布情况进行提取(马丽,2008;闫峰,2009;李红梅,2011)。

4.1.4 决策树分类法

决策树分类器是多阶分类技术的一种,它将分类任务分解为多次完成,以分层分类思想作为指导原则,利用树结构按一定的分割原则把数据分为特征更为均质的子集。基于知识的决策树分类方法是基于遥感影像数据及其他空间数据的分类,通过专家经验总结、简单的数学统计和归纳方法等,获得分类规则并进行遥感分类(郭伟,2011)。分类规则易于理解,分类过程也符合人的认知过程,最大的特点是利用多源数据。

决策树分类的分类规则由多个决策结点组成,每个结点仅完成分类任务中的一部分,经过逐级向下分类,最后完成分类任务。具体步骤大体上可分为4步:知识(规则)定义、规则输入、决策树运行和分类后处理。首先利用训练样本生成判别函数,其次根据不同取值建立树的分支,在每个分支子集中重复建立下层结点和分支,最后形成分类树。

决策树算法具有计算效率高、无须统计假设、可以处理不同空间尺度数据等优点,是将一个复杂的分类过程分解成若干步,每一步仅区分一个类别,便于问题的简化;在各个步骤可以利用不同来源的数据、不同的特征集、不同算法(线性,非线性)有针对性地解决问题;分类过程比较透明化,便于理解与掌握;每一步可以有针对性地利用数据,减少了处理时间,提高分类精度,特别是小类分类的精度。在遥感影像分类领域有着广泛的应用。

决策树算法对于输入数据空间特征和分类标识具有很好的弹性和稳健性,但它的算法基础比较复杂,而且需要大量的训练样本来探究各类别属性间的复杂关系,在针对空间数据特征比较简单且样本量不足的情况下,其表现并不一定比传统方法好。但当遥感数据特征的空间分布很复杂,或者数据源各维具有不同的统计分布和尺度时,决策树分类法比较合适。

4.1.5　混合像元分解法

地球自然表面几乎不是由均一物质所组成的。当具有不同波谱属性的物质出现在同一个像素内时,就会出现波谱混合现象,即混合像元。混合像元不完全属于某一种地物,为了能让分类更加精确,同时使遥感定量化更加深入,需要将混合像元分解成一种地物占像元的百分含量(丰度),即混合像元分解,也叫亚像元分解。混合像元分解是遥感技术向定量化深入发展的重要技术。

混合像元分解技术假设:在一个给定的地理场景里,地表由少数的几种地物(端元)组成,并且这些地物具有相对稳定的光谱特征,因此,遥感图像的像元反射率可以表示为端元的光谱特征和这个像元面积比例(丰度)的函数。这个函数就是混合像元分解模型。

近年来,研究人员提出了许多有效的分解模型,常见的混合像元分解方法主要有:线性波谱分离(Linear Spectral Unmixing)、匹配滤波(MF)、混合调谐匹配滤波(MTMF)、最小能量约束(CEM)、自适应一致估计(ACE)、正交子空间投影(OSP)、独立成分分析(FASTICA)、模糊监督分类模型、神经网络模型等(邓书斌,2010)。其中比较常用的是线性模型,即线性混合光谱模型。

4.1.5.1　常见分类方法的原理

(1)线性波段预测(Linear Band Prediction)

线性波段预测法(LS-Fit)使用最小二乘法(least squares)拟合技术来进行线性波段预测,它可以用于在数据集中找出异常波谱响应区。LS-Fit 先计算出输入数据的协方差,用它对所选的波段进行预测模拟,预测值作为预测波段线性组的一个增加值。并计算实际波段和模拟波段之间的残差,输出为一幅图像,残差大的像元(无论正负)表示出现了不可预测的特征(比如一个吸收波段)。

(2)线性波谱分离(Linear Spectral Unmixing)

线性波谱分离可以根据物质的波谱特征,获取多光谱或高光谱图像中物质的丰度信息,即混合像元分解过程。假设图像中每个像元的反射率为像元中每种物质的反射率或者端元波谱的线性组合。例如:像元中的 25% 为物质 A,25% 为物质 B,50% 为物质 C,则该像元的波谱就是三种物质波谱的一个加权平均值,等于 0.25A+0.25B+0.5C,线性波谱分离解决了像元中每个端元波谱的权重问题。

线性波谱分离结果是一系列端元波谱的灰度图像(丰度图像),图像的像元值表示端元波谱在这个像元波谱中占的比重。比如端元波谱 A 的丰度图像中一个像元值为 0.45,则表示这个像元中端元波谱 A 占了 45%。丰度图像中也可能出现负值和大于 1 的值,这可能是选择的端元波谱没有明显的特征,或者在分析中缺少一种或者多种端元波谱。

（3）匹配滤波（Matched Filtering）

使用匹配滤波（MF）工具使局部分离获取端元波谱的丰度。该方法将已知端元波谱的响应最大化，并抑制了未知背景合成的响应，最后"匹配"已知波谱。该方法无需对图像中所有端元波谱进行了解，就可以快速地探测出特定要素。这项技术可以找到一些稀有物质的"假阳性（false positives）"。

匹配滤波工具的结果是端元波谱比较每个像素的 MF 匹配图像。浮点型结果提供了像元与端元波谱相对匹配程度，近似混合像元的丰度，1.0 表示完全匹配。

（4）混合调谐匹配滤波（Mixture Tuned Matched Filtering）

使用 Mixture Tuned Matched Filtering（MTMF）工具运行匹配滤波，同时把不可行性（Infeasiblility）图像添加到结果中。不可行性图像用于减少使用匹配滤波时会出现的"假阳性（false positives）"像元的数量。不可行性值高的像元即为"假阳性（false positives）"像元。被准确制图的像元具有一个大于背景分布值的 MF 值和一个较低的不可行性值。不可行性值以sigma 噪声为单位，它与 MF 值按 DN 值比例变化。

混合调谐匹配滤波法的结果是每个端元波谱比较每个像元的 MF 匹配图像，以及相应的不可行性图像。浮点型的 MF 匹配值图像表示像元与端元波谱匹配程度，近似亚像元的丰度，1.0 表示完全匹配；不可行性（Infeasibility）值显示了匹配滤波结果的可行性。

具有高的匹配滤波结果和高的不可行性的"假阳性（false positives）"像元，并不与目标匹配。可以用二维散点图识别具有不可行性低、匹配滤波值高的像元，即正确匹配的像元。

（5）最小能量约束（Constrained Energy Minimization）

最小能量约束法（CEM）使用有限脉冲响应线性滤波器（finite impulse response-FIR）和约束条件，最小化平均输出能量，以抑制图像中的噪声和非目标端元波谱信号，即抑制背景光谱，定义目标约束条件以分离目标光谱。

最小能量约束法的结果是每个端元波谱比较每个像元的灰度图像。像元值越大表示越接近目标，可以用交互式拉伸工具对直方图后半部分拉伸。

（6）自适应一致估计（Adaptive Coherence Estimator）

自适应一致估计法（ACE）起源于广义似然比（Generalized Likelihood Ratio，GLR）。在这个分析过程中，输入波谱的相对缩放比例作为 ACE 的不变量，这个不变量参与检测恒虚警率（Constant False Alarm Rate，CFAR）。

自适应一致估计法结果是每个端元波谱比较每个像元的灰度图像。像元值越大表示越接近目标，可以用交互式拉伸工具对直方图后半部分拉伸。

（7）正交子空间投影（Orthogonal Subspace Projection）

正交子空间投影法（OSP）首先构建一个正交子空间投影用于估算非目标光谱响应，然后用匹配滤波从数据中匹配目标，当目标波谱很特别时，OSP 效果非常好。OSP 要求至少两个端元波谱。

正交子空间投影法结果是每个端元波谱匹配每个像元的灰度图像。像元值越大表示越接近目标，可以用交互式拉伸工具对直方图后半部分拉伸。

（8）神经网络模型

人工神经网络（artificial neural network，ANN）是由大量处理单元（神经元）相互连接的网络结构，是人脑的某种抽象、简化和模拟。人工神经网络可以模拟人脑神经元活动的过程，其中包括对信息的加工、处理、存储、搜索等过程。现在已经研制出很多的神经元网络模型及表征该模型动态过程的算法，如 BP（反向）传播算法，Hopfield 算法等等，以及它们的改型。神经元网络分类器工作原理如图 4.3 所示。

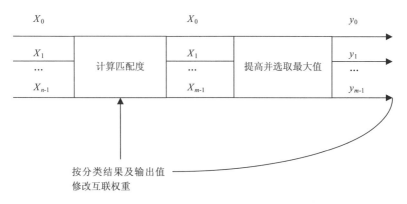

图 4.3　神经网络分类器

（9）模糊监督分类

模糊监督分类认为一个像元还是可分的，即一个像元可以是在某种程度上属于某个类而同时在另一种程度上属于另一类，这种类属关系的程度由像元隶属度表示。应用模糊监督分类的关键是确定像元的隶属度函数。一般在遥感图像模糊分类中采用最大似然准则分类算法来确定像元属于各类的隶属度函数。

在模糊监督分类中，训练样本数据可用一个模糊分割矩阵来表示。由模糊分割矩阵即可得到各类地物的模糊均值向量和模糊协方差矩阵。

（10）独立成分分析（Independent Component Analysis）

如果像元中不同的地物是不同的"源"，盲源分解方法就是指在不知道"源"的情况下，针对各种获得的"源"的信号特征，利用数学统计方法进行分离，得出各个独立不相关成分的分析方法，其中一种重要的方法就是独立成分分析 ICA（Independent Component Analysis），其中 FastICA 是基于负熵的快速不动点算法。它以负熵的近似（近似估计一维负熵）作为目标函数，使用不动点迭代法寻找非高斯性最大值，该算法采用牛顿迭代算法对观测变量 X 的大量采样点进行批处理，每次从观测信号中分离出一个独立分量，是独立成分分析的一种快速算法。

4.1.5.2　混合像元分解流程

在影像已经完成预处理的前提下（如几何校正、大气校正、去噪等），混合像元分解的一般过程为：首先获取端元波谱（从图像上、波谱库中或者其他来源），然后选择一种分解模型在每个像素中获取每个端元波谱的相对丰度图，最后从丰度图上提取不同组成比例的像元（邓书斌，2010）。

本节以线性光谱混合模型为例介绍如何进行混合像元分解。线性模型假设在不同物质间不存在相互作用,位于同一像元区域的波谱是纯净物质波谱的线性组合,是根据它们的组成比例进行加权,获取线性组合的组成比例就是混合像元分解。

选取合适的端元是成功的混合像元分解的关键。端元选取包括确定端元数量和端元的光谱。理论上,只要端元数量 m 小于等于 $b+1$(b 表示波段数),线性方程组就可以求解。然而实际上由于端元波段间的相关性,选取过多的端元会导致分解结果存在更大误差。

端元光谱的确定有两种方式:一是使用光谱仪在地面或实验室测量到的"参考端元";二是在遥感图像上得到的"图像端元"。方法一一般从标准波谱库选择,方法二直接从图像上寻找端元。从图像上进行端元选择的方法主要有:

(1)基于几何顶点的端元提取

将相关性很小的图像波段,如主成分分析 PCA(Principal Components Analysis)、最大噪声分离 MNF(Maximum Noise Separation)等变换结果的前两个波段,作为 X、Y 轴构成二维散点图。在理想情况下,散点图是三角形状,根据线性混合模型数学描述,纯净端元几何位置分布在三角形的三个顶点,而三角形内部的点则是这三个顶点的线性组合,也就是混合像元,如图 4.4 所示。根据这个原理,我们可以在二维散点图上选择端元波谱。在实际的端元选择过程中,往往选择散点图周围凸出部分区域,后获取这个区域相应原图上的平均波谱作为端元波谱。

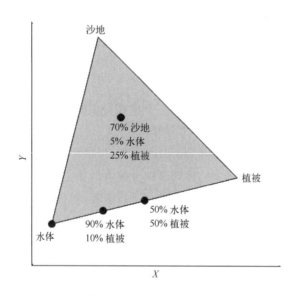

图 4.4 散点图上的纯净像元与混合像元

以 MNF 变换后的第一、第二波段作为 X、Y 轴构建二维散点图,如图 4.5 所示。

SMACC 方法是基于凸锥模型(也称残余最小化)借助约束条件识别图像端元波谱。采用极点来确定凸锥,并以此定义第一个端元波谱;然后,在现有锥体中应用一个具有约束条件的斜投影生成下一个端元波谱;继续增加锥体生成新的端元波谱。重复此过程直至生成的凸锥中包括已有的终端单元(满足一定的容差),或者直至满足指定的端元波谱类别个数。

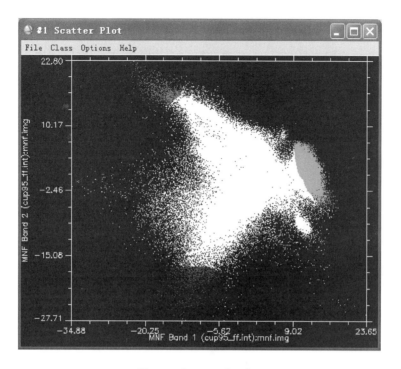

图 4.5 Scatter Plot 窗口

(2)基于 SMACC 的端元提取

连续最大角凸锥(Sequential Maximum Angle Convex Cone)简称 SMACC。SMACC 方法可从图像中提取端元波谱和丰度图像。它提供了更快、更自动化的方法来获取端元波谱,但是它的结果近似程度较高,精度较低。

通俗的解释,SMACC 方法首先找到图像中最亮的像素,然后找到和最亮的像素差别最大的像素;继续再找到与前两种像素差别最大的像素。重复该方法直至 SMACC 找到一个在前面查找像素过程已经找到的像素,或者端元波谱数量已经满足。SMACC 方法找到的像素波谱要转成波谱库文件格式的端元波谱。

(3)N-FINDR 法

从图像上选取端元的方法大致可以分为两类:交互式端元提取和自动端元提取。交互式提取方法就是在特征空间中(通常是前两个或三个主成分构成的特征空间)目视寻找多边形的顶点作为端元,以像元纯度指数 PPI(Pixel Purity Index)为代表的定量化指标的引进在一定程度上能减少目视选取的主观性,当前大部分学者采用该类方法进行端元提取,其结果具有很强的主观性和不稳定性。而自动端元提取则是采用纯数学判据从图像中提取端元,虽然有可能会产生不具有物理意义的端元,但其结果不受主观因素的影响,能更客观地反映地表覆盖的真实情况。N-FINDR 法是结合交互式端元提取和自动端元提取方法的优点,通过遍历求最大单形体体积的方法确定端元。

直接从图像上选取端元的方法都基于这样一种思想:在特征空间中,所有的混合像元都存在于由端元连接而成的多边形(或多面体)内。其中,N-FINDR 等认为构成具有最大体积的单形体的一组像元即为端元,端元的确定也就是寻找这样一组像元,它们在特征空间中构成的单形体具有最大的体积或面积。

单形体是指欧氏空间中只有 $n+1$ 个顶点的凸面几何体,是 n 维空间中最简单的形式,如一维空间中由 2 个点确定的线段、二维空间中由 3 个点确定的三角形、三维空间中由 4 个点确定的四面体等。其最大单形体体积公式如下:

$$E = \begin{bmatrix} 1 & 1 & \cdots & 1 \\ e_1 & e_2 & \cdots & e_m \end{bmatrix} \tag{4.1}$$

$$V(E) = \frac{1}{(n-1)} \mathrm{abs}(\mid E \mid) \tag{4.2}$$

其中,e_i 为第 i 个像元的列向量,m 为像元数目,V 为这 m 个像元所构成的单形体体积,$\mid \cdot \mid$ 为行列运算符,因此 E 必须为方阵,这样 e_i 的维数 n 必须为 $m-1$,即 N-FINDR 算法提取的端元数 m 比波段数 n 大 1。具体实现过程如下:随机选择 m 个像元作为端元,计算这些像元构成的单形体的体积;然后依次将每个像元光谱代入各个端元位置,计算体积,若体积增大,则将该像元光谱替换为端元;不断循环直至体积不再增大,此时得到的端元即最终的端元。如图 4.6 所示,3 个红点即为所确定的端元。

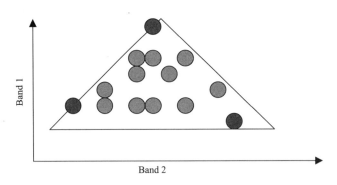

图 4.6　N-FINDR 算法端元提取示意图

另外,考虑到研究区域空间跨度大,N-FINDR 算法需要遍历像元的各种组合,计算的时间复杂度也比较大。基于这样的考虑,首先借助现有土地利用分类数据,去除研究区域内明显不包括耕地的区域,接着通过最大噪声比(MNF)变换进行数据降维,并计算纯净像元指数(PPI),最后采用旋转卡壳求凸包算法(Rotating Calipers algorithm)实现基于 N-FINDR 思想的端元自动提取,大大提高了模块运行的时间效率。

其中,最大噪声比(Maximum Noise Fraction,MNF)变换用来确定影像的有效维度,分离出噪声和减少后续数据处理的计算量。该变换通过引入噪声协方差矩阵以实现对噪声比率的估计。首先,通过一定方式(比如对图像进行高通滤波)获取噪声的协方差矩阵,然后将噪声协方差矩阵对角化和标准化,即可获得对图像的变换矩阵,该变换实现了噪声的去相关和标准化,即变换后的图像包含的噪声在各个波段上方差都为 1,并且互不相关。最后对变换后的图像再做主成分变换,从而实现了 MNF 变换,此时得到的图像的主成分的解释方差量对应于该主成分的信噪比大小。

纯净像元指数(PPI)是一种在多波谱和高波谱图像中寻找波谱最纯的像元的方法。波谱最纯净像元典型地与混合的终端单元相对应。纯净像元指数通过迭代将 N 维散点图影射为一个随机单位向量来计算。每次影射的极值像元都会被记录下来,并且每个像元被标记为极值的总次数也记下来。一幅"像元纯度图像"即被建立,在这幅图像上,每个像元的 DN 值与像元被标记为极值的次数相对应。

寻找二维平面的点集所构成的最大三角形时,使用旋转卡壳法求取,因为最大三角形的三个顶点必定在凸包上。求出凸包上的点后,枚举各种组合,得到最大面积。朴素算法的时间复杂度是 $O(n^3)$,本算法的时间复杂度是 $O(n^2)$。具体算法如下:

1)枚举三角形的第一个顶点 i;

2)然后初始第二个顶点 j 为 $i+1$,第三个顶点 k 为 $j+1$;

3)循环 $k+1$ 直到 TriangleArea$(i, j, k)>$TriangleArea$(i, j, k+1)$;

4)同时更新面积的最大值,并旋转 j, k 两个点;

5)如果 Area$(i, j, k)<$Area$(i, j, k+1)$ 且 $k!=i$,则 $k=k+1$,否则转 2);

6)更新面积 $j=j+1$,如果 $j=i$,跳出循环。

这样就可以得到此二维平面的点集所构成的最大三角形的三个点。

4.1.6　支持向量机法(SVM)

支持向量机(Support Vector Machine,SVM)理论研究起始于 20 世纪 60 年代,苏联科学家 Vapnik 等在统计学习的基础上提出了该理论。经过多年的研究,20 世纪 90 年代成功构造了 SVM 算法。SVM 算法的提出,旨在改善传统神经网络学习方法的理论弱点,最早从最优分类面问题提出了支持向量机网络。SVM 可以根据有限的样本信息在原型的复杂性和学习能力之间寻求最佳折中,以获得最好的泛化能力,且能较好地解决小样本、非线性、高维数据和局部极小等实际问题。目前,SVM 算法因其易用、稳定和具有相对较高的精度而得到广泛的应用。

4.1.6.1　SVM 的机理

寻找一个满足分类要求的最优分类超平面,使得它在保证分类精度的同时,能尽可能多地将两类数据点正确地分开,同时使得该超平面两侧的空白区域最大化,即使分开的两类数据点距离分类面最远。同一个训练样本可以有被不同超平面分类的情况,当超平面的空白区域最大时,超平面就是最优分类超平面。

支持向量机核心思想就是通过某种事先选择的非线性映射(核函数)将输入向量映射到一个高维特征空间,在此空间中构造具有低学习复杂度 VC 维(Vapnik Chervonenkis dimension)最优分类超平面。支持向量机不仅考虑经验风险的大小,还得考虑置信范围的大小,依据结构风险最小化原则求最佳的经验风险,使得风险上界最小。

在遥感影像分类过程中,通过对样本的机器学习,可以建立地物类型和影像信息因子之间的支持向量机。常用的 SVM 多类分类方法有一对一$(1-a-1)$和一对多$(1-a-r)$两种,遥感图像分类器是基于二叉树的多类 SVM 分类器提出来的。基于二叉树的多类 SVM 对于 K 类的训练样本,训练 $K-1$ 个支持向量机。第一个支持向量机以第一个样本为正样本,将第 2,3,$\cdots$,K 类训练样本作为负的训练样本训练 SVM1;第 i 个支持向量机以第 i 个类样本为正的训练样本,将第 $i+1,i+2,\cdots,K$ 类训练样本作为负的训练样本训练 SVMi,直到 $K-1$ 个支持向量机将以第 $K-1$ 类样本作为正样本,第 K 类样本为负样本训练 SVM($K-1$)。图 4.7 为基于 SVM 的二叉树多类遥感图像分类器结构。

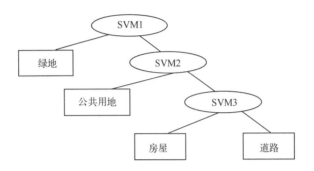

图 4.7 基于 SVM 的二叉树遥感图分类法

二叉树方法可以避免传统方法的不可分情况,并只需构造 $K-1$ 个 SVM 分类器,测试时并不一定需要计算所有的分类器判别函数,从而可节省测试时间。在实际的遥感图像分类过程中,在分类类别比较少并且不强调时间的情况下也可以采取只训练一个支持向量机的方法分别来进行分类,即将需要分类的样本都作为正样本,其他都为负样本,分别进行。

4.1.6.2 基于 SVM 分类方法的图像分类流程

基于二叉树的遥感图像感兴趣区域多类 SVM 分类过程主要包括:图像预处理、感兴趣区域属性特征及训练样本的提取、数据标准化及归一化处理、计算过程参数设置。基于 SVM 图像分类训练样本选取原则要充分考虑各种地物的光谱、结构和纹理特征,因地制宜地进行选择。感兴趣区域的选择方法可以满足训练样本的选择要求,可以是单个的多边形所包含的区域,也可以是多边形、点、矢量等的组合区域。其流程如图 4.8 所示。

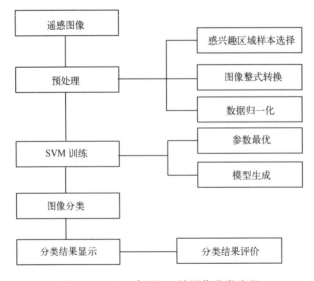

图 4.8 SVM 感兴趣区域图像分类流程

4.2 作物遥感地面样区观测方案设计与样区布设

4.2.1 样区布设

遥感样区地面对照观测研究主要在华北、东北、长江中下游和江南等小麦、水稻、玉米等作物的主要生产区,选择河南(冬小麦、夏玉米)、河北(夏玉米)、北京(冬小麦)、辽宁(春玉米)、江西(早、晚双季稻)、安徽(一季稻)、江苏(一季稻)等 7 个省(市),共 9 个作物种植区开展作物长势地面调查。每个作物种植区选择典型区域和代表性台站,建立高、中、低产的作物生长发育观测样区,每个作物样区分别选择 50 个特征样点,设计统一报表,开展作物种植前、主要发育期、作物收获后约 8 次固定地面调查。获取作物主要发育状况、作物长势、叶面积、苗情、考种等作物生长信息。分析不同长势条件下叶面积、密度、干物重等农学参数动态变化规律;通过与农业部门作物长势标准的对比分析,确定作物长势农学指标,建立作物生长指标库,并进行作物长势遥感真实性检验。

4.2.2 观测方案

观测站点设置:在小麦、水稻、玉米三作物 7 个典型种植省(市),对小麦、水稻、玉米三大作物 9 个作物种类种植区,选择高、中、低 3 种不同生产水平的作物大田观测样区,开展遥感地面对照观测。观测样区至少 $5 \times 666.7 \ m^2$,周边连片大田面积至少达 $100 \times 666.7 \ m^2$。

地面对照观测项目:以小麦、水稻、玉米等当地主栽品种为观测对象,观测项目主要有地段基本信息、作物发育期、作物长势、产量因素、产量结构和作物各生育期的地物光谱特征、大田光合有效辐射、作物消光系数、地表红外温度、叶面温度、叶面积指数、土壤水分、农田蒸散、作物种植面积等要素及遥感验证的有关参数。

观测时间:为每旬一次,每逢作物重要发育期的普遍期增加一次观测,每次观测 2 个重复。基本信息观测在作物播种前进行;产量因素观测在抽穗和乳熟期进行。产量结构和产量观测在作物收获后进行考种得到;遥感真实性验检有关参数地面观测与遥感资料同步进行。

分析研究:利用不同发育期高、中、低产的作物的叶面积指数的动态观测数据,分析不同长势条件下的叶面积动态变化规律,确定作物长势(一类苗、二类苗、三类苗)的农学指标。通过地面观测与遥感监测资料的对照分析,确定作物长势遥感监测指标。

4.3 作物种植面积遥感估算

4.3.1 冬小麦种植面积遥感估算

4.3.1.1 冬小麦面积遥感估算最佳时相

种植面积提取的最佳时相遥感图像选择是农作物估产中的关键环节之一。冬小麦种植区光谱信息与其他地物的差异是冬小麦种植面积遥感估算的依据。因此,农作物物候历的种间差异成为进行作物识别最佳时相选择的常用依据。在选择最佳时相时,必须了解各种作物的物候期,通过对同一地点不同作物物候历的比较,即可确定该地识别作物的最佳时相。本节以河南省为例,根据河南省主要农作物的物候期(表 4.1)来选择冬小麦面积遥感估算的最佳时相(郭其乐等,2009)。

表 4.1　河南省主要农作物的物候期

主要农作物	2月	3月	4月	5月	6月	7月	8月	9月	10月	11月—1月
冬小麦	越冬　返青	拔节	抽穗	乳熟　成熟					播种	分蘖—越冬
油菜	现蕾期　抽薹期		开花期	成熟					播种	
夏玉米					播种出苗	拔节　抽穗	乳熟　成熟			
水稻			出苗　三叶	移栽　分蘖		孕穗　抽穗	乳熟	成熟		
大豆				播种	分枝	开花	结荚	成熟		
棉花			播种　三叶五叶	现蕾期		开花	裂铃期	成熟		
花生			播种　三叶	开花	成熟					

注:□无覆盖　▨覆盖度低　■覆盖度高

根据作物物候历(表 4.1)和冬小麦生育进程规律分析,河南省全年种植面积较大的农作物中夏收作物主要有冬小麦和油菜,秋收作物主要有夏玉米、水稻、大豆、棉花、花生等,其中冬小麦、夏玉米种植面积比例最大。其他典型的植被还有林地和草地等,处在同一生长期的作物,其光谱重叠并相互影响。

根据我国冬小麦种植情况,冬小麦在 2 月中旬进入返青期,进入快速生长阶段,同期的油菜在 2 月下旬进入抽薹期,而此时林地和草地也刚刚开始复苏,随后进入生长期;4 月中、下旬后,冬小麦进入抽穗,油菜逐步由开花期进入成熟期,此时草地和林地进入快速生长、返青期;5 月中、下旬,耕地农作物冬小麦和油菜等逐步进入成熟期,耕地植被绿度值降低,草地与林地基本进入了全覆盖状态,绿度值较高。这几个时期都有其他作物或植被造成光谱重叠而影响冬小麦种植面积的判别。而一般每年 3 月中旬到 4 月上旬麦苗处于返青—拔节阶段,麦苗已封拢,覆盖度一般大于 90%。此时,有些树木尚未发芽,有些嫩叶初出,地面会有少量大蒜或油菜,但主要绿色植物是冬小麦,且麦苗处于稳定和均衡状态。从表 4.1 也可以看出,冬小麦处于拔节期时生长旺盛,而玉米、大豆、棉花等作物此时还未播种,油菜处于开花期,对冬小麦光谱不会造成影响,麦田的光谱特征已明显地从土壤背景中突出出来,像元中植被指数的大小主要由冬小麦的覆盖度和生育状况所决定。此时的面积可以代替收获面积,再早面积还不能最后确定,再晚其他春播作物将陆续出苗,草木发芽,植被指数信息中混杂其他绿色植被信息将影响测算精度。据研究,在冬小麦拔节前后,植被指数变化平稳、接近饱和。对于特定地点,植被指数只与冬小麦占的比例有关,而与长势无关。因此,冬小麦拔节期是利用遥感手段估算冬小麦种植面积信息的最佳时相。

4.3.1.2　冬小麦种植面积遥感估算方法

冬小麦是中国主要粮食作物之一,播种面积占粮食作物总播种面积的五分之一。及时了解冬小麦种植面积,对于加强冬小麦生产管理,调整农业结构,辅助政府有关部门制定科学合理的粮食政策具有重要意义。目前我国冬小麦种植面积遥感估算方法主要有:

(1)时间序列法提取冬小麦面积

黄青等(2010)利用 $NDVI$ 时间序列数据提取了江苏省 2009 年的冬小麦面积和长势。根据江苏省冬小麦物候特点提出基于时间序列 $NDVI$ 的江苏省冬小麦播种面积提取模型:

如果像元值同时满足条件

$NDVI_{103} < T_1$，$NDVI_{121} > T_2$，$NDVI_{23} > T_3$，$NDVI_{43} > NDVI_{42}$，$NDVI_{43} > NDVI_{51}$，$NDVI_{43} > T_4$，$NDVI_{53} < T_5$，则判断该像元为冬小麦。

上述模型中,$NDVI$ 下标为日序,T_1、T_2、T_3、T_4、T_5 是不同生育期的阈值,其数值大小来源于不同区域植被指数与物候期的一一对应关系,如 10 月下旬,T_1 值一般在 0.1 以下,12 月上旬 T_2 值一般在 0.25 左右,2 月下旬 T_3 值一般在 0.3 左右,4 月下旬 $NDVI$ 的值最大,大于 4 月中旬和 5 月上旬,可以达到 0.6 以上,甚至更高。而收获期 5 月下旬 $NDVI$ 值会降到 0.2 以下。需要特别说明的是,由于作物生育期及长势的差异,某一地点 $NDVI$ 值绝不是固定的,在同一时相不同地区很可能不同,而每年气候对生育期的进程亦产生影响,如 2009 年的大旱,就使得大部分地区冬小麦生育期较常年推迟。因此,模型中关键点位的 $NDVI$ 值、T_x 值要根据每年的物候历、作物一般的光谱特征资料或农情野外监测数据来分区设置。上述只是一般提取模型,在不同年份冬小麦的面积信息提取中,模型要根据实测数据不断修正,因此分区的模型可达到数十个。

闫峰等(2009)利用 T_s-EVI 时间序列谱来提取河北省冬小麦面积。河北省冬小麦自 11 月下旬到次年 2 月下旬为漫长的越冬期,此时冬小麦地上部分停止生长,且在该时段内地面往往出现积雪。因此,在分析冬小麦 T_s-EVI 序列变化特征的时间选择上,本书选取编号为 57 (2 月下旬末和 3 月上旬初)~169(6 月中旬末和下旬初)的遥感图像。越冬期后,冬小麦随着气温的不断升高而快速生长,从而形成独特的 T_s-EVI 特征空间变化轨迹。结合河北省冬小麦生育期内存在的主要地表植被类型,分别在石家庄、邢台和张家口等市选取经实地调查确认的冬小麦、棉花和草地等典型地物类型建立感兴趣区,分析冬小麦、棉花和草地在 T_s-EVI 特征空间中的变化轨迹差异(图 4.9)和冬小麦 T_s-EVI 时间序列谱(图 4.10)。

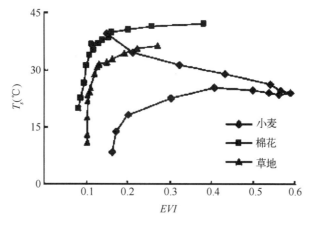

图 4.9　T_s-EVI 特征空间中典型植被变化特征

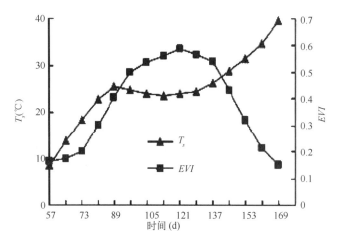

图 4.10　冬小麦 T_s-EVI 时间序列

　　根据物候规律,一般情况下对于 2—6 月的裸露地、草地、树木等地物而言,裸露地在 T_s-EVI 特征空间中应表现出随着时间的增加,其 T_s 迅速升高、EVI 不变或略微增大的变化轨迹;草地、树木等地物随着春季的到来而快速发芽生长,T_s 和 EVI 表现出不断增加的现象。通过图 4.9 可以看出:在 T_s-EVI 特征空间中,棉花和草地的 T_s 和 EVI 主要表现为逐渐增加的过程,从 2 月下旬末和 3 月上旬初(图像编号 57)至 4 月中旬末和下旬初(图像编号 105),棉花和草地的 T_s 快速增加而 EVI 较低且增加缓慢,此后至 6 月中旬末和下旬初(图像编号 169),T_s 增加速度相对变缓而 EVI 增加较快;棉花的 EVI 在早期低于草地而在后期又高于草地,但其 T_s 在此时期内始终高于草地,这主要与河北省棉花一般在 4 月中下旬播种有关,播种前地面以裸土为主和播种后较长时间内植株不能完全覆盖地表,背景裸露土壤的热特征使该时段内棉田的温度高于草地。对于多年生的苜蓿,虽然返青至开花(3—5 月上旬)影像特征与冬小麦相似,但 5 月之后苜蓿会不定期进行刈割(割其上部,下部保留生长),过 3 周左右的时间又可恢复全部覆盖,该生产管理措施使苜蓿自 5 月中下旬至 6 月底在 T_s-EVI 特征空间中表现为 EVI 降低(T_s 升高)—EVI 升高(T_s 降低)—EVI 降低(T_s 升高)的波动变化,这也是 T_s-EVI 时间序列中苜蓿区别于其他作物的主要特征。对于冬小麦而言,在 T_s-EVI 特征空间中,越冬后随着气温的不断升高,其 EVI 也由最初的 0.16 升高到最大值 0.59,此后逐渐降低到 0.15。因此,冬小麦在 2—6 月的 T_s-EVI 特征空间中表现出伴随着 T_s 的增加,EVI 先增加后降低的谱相是其区别于同期其他地物的最明显特征。

　　图 4.10 表明随着冬小麦返青后迅速生长,其 EVI 时间序列谱表现为自第 65 d 开始,EVI 明显的逐渐增大且在第 121 d 开始达到极大值,此后又逐渐降低,至 169 d 达到最低。冬小麦的 T_s 时间序列谱则表现为自第 57 d 开始,T_s 迅速升高,从第 89 d 开始又表现为一个缓慢的降低过程,从第 129 d 开始 T_s 又表现为快速升高。结合冬小麦的实际生长过程,在不考虑冬小麦干旱与肥力的前提下,可以认为冬小麦越冬后随着气温的快速升高,冬小麦生长地区的麦苗和裸露地面的共同作用使麦区的 T_s 迅速增加,良好的光热条件使冬小麦快速返青拔节,表现为 EVI 逐渐增加;随着冬小麦植株的不断生长和增大,从第 89 d(约 4 月上旬)开始冬小麦基本上可完全覆盖地表,虽然此时气温仍表现为不断升高,但是大面积冬小麦叶片的蒸腾

作用却可使麦区的 T_s 比裸露地的低;此后,随着冬小麦开花期和灌浆期的结束和成熟期的到来,冬小麦叶片的叶绿素逐渐减少,其 EVI 逐渐降低,冬小麦叶片的蒸腾作用不断减弱,造成其 T_s 又开始逐渐升高;至第 161 d(约 6 月中旬),冬小麦收获造成地面近于裸露,使 T_s 快速升高及 EVI 进一步降低到最小值。这进一步说明了冬小麦独特的 T_s-EVI 序列谱的变化特征是实现地物分类和冬小麦遥感提取的基础。

在一定时间序列的 T_s-EVI 特征空间中,不同地物的像对(EVI,T_s)变化轨迹存在较大的差异,这是采用 T_s-EVI 时间序列实现地物遥感分类的理论基础。特征空间中像对(EVI,T_s)位置的差异可以通过二者的比值关系进行表达,从而以一定特征值将 T_s-EVI 空间中数据点的二维特征转化为一维特征。因此,本研究在实现冬小麦识别过程中,对时间序列中的每一像对(EVI,T_s)采用耦合了 EVI 和 T_s 的方法,以 EVI/T_s 作为参数实现 T_s-EVI 的一维化处理,即 $WSVI = EVI/T_s$。

T_s-EVI 二维特征信息一维化处理的结果在一定程度上降低了地物遥感分类的难度和后续的数据计算量。与采用单幅遥感图像实现地物分类的方法相比,利用时间序列谱遥感数据进行地物分类的方法在体现地物时间序列变化特征的同时,必然也带来了遥感数据的“冗余”问题。因此,在遥感图像分类前必须进行有效信息的选择和提取。已有的研究表明主成分分析(Principal Component Analysis,PCA)是解决这类问题的理想方法之一。PCA 基于波段内方差产生的新图像序列,将多元数据投影到一个正交坐标系中产生的新变量(主成分),使图像按信息含量(或方差)由高到低排列,图像之间的相关性基本消除。对高维变量空间进行降维处理,导出少数几个主分量,用前几个主分量就可以表述原始数据中绝大多数信息含量,从而大大减少总的数据量并使图像信息得到增强,使图像更易于解译。利用主成分分析和非监督分类相结合实现时间序列图像的地表覆盖分类是目前较为常用且效果较好的分类方法,因此,本研究采用 2005 年 MODIS(编号 057—169)一维化处理后的 EVI/T_s 时间序列图像,运用协方差矩阵算法对图像进行主成分变化分析(图 4.11)。

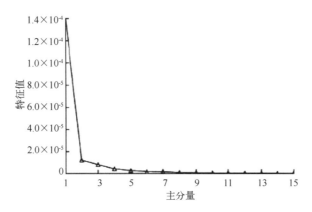

图 4.11　PCA 变换后各主分量特征值

PCA 处理结果表明:PCA 变换后的第 1 主分量 PC1 的信息贡献率为 80.08%,PC2、PC3 和 PC4 的信息贡献率分别为 6.91%、4.61% 和 2.45%,前 4 个主分量累积贡献率为 94.05%,完全可以用来反映整个时间序列的冬小麦分布信息。利用主成分分析的前 4 个主分量,采用非监督分类的 ISODATA 算法,指定初始最大分类为 20 类,最大迭代次数为 60 次,迭代次数大于分类数的 1 倍以上,形成 1 类所需的最少像元数为 1,设定循环收敛阈值为 0.998。在此基础上,对分类结果进行分类合并,最终分离提取出河北省 2005 年 2—6 月冬小麦分布结果(图 4.12)。结果检验表明冬小麦的实际分类精度为 91.20%。

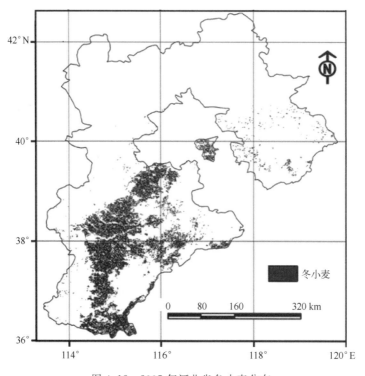

图 4.12　2005 年河北省冬小麦分布

(2)支持向量机法(SVM)提取冬小麦面积

1)研究区

选择地处我国中部偏东、黄河中下游的河南省为研究区。河南省的经纬度范围为:110°21′～116°39′E,31°23′～36°22′N,东西长约 580 km,南北约 550 km,处于我国地势的第二、第三阶梯的过渡地带,地形总体特征是西高东低,高低悬殊。河南省处于亚热带和暖温带地区,气候比较温和,并有明显的过渡性质,总的气候特点是冬季寒冷而少雨雪,春季干旱而多风沙,夏季炎热多雨,秋季晴和高爽。全省无霜期在 190～230 d 之间,大部分地区在200～220 d 之间,可以满足农作物一年两熟的要求。降水的地域变化较大,南部年降水量可达 1300 mm,北部不足 600 mm,黄淮之间包括豫西山地,年降水量 700～900 mm,黄河以北和豫西丘陵则在 600～700 mm 之间。山地、丘陵、平原(包括盆地)面积分别占河南全省面积的26.6%、17.7%、55.7%。黄淮两大水系贯穿其中,该研究区域土地覆盖类型多样,各种常规地貌类型齐全,有利于土地覆盖分类的研究。

a. 河南省农业种植结构

河南省是我国的农业大省,主要的土地利用类型为林地和耕地。林地类型主要为常绿针叶林、落叶阔叶林及混交林;种植制度多为一年两熟或两年三熟,主要有:以冬季(夏季)休闲为主的两年三熟制、烟叶集中产区的两年三熟制、一年两熟制及棉花、花生的一年一熟制。全省种植作物可分为粮食作物、经济作物和其他作物。粮食作物主要包括小麦、玉米、水稻、大豆、高粱等；经济作物主要是棉花、油料作物（花生、油菜、芝麻）、烟叶、麻类等；其他作物主要是蔬菜、瓜果类。

b. 河南省主要农作物的物候信息

河南省农业气象站记录的农作物物候信息如表 4.2 所示。

表 4.2　河南省各农业气象台站农作物物候信息

站台号	站名	作物（小数 1、2、3 分别代表上、中、下旬）		
53991	汤阴	冬小麦(10.2—5.2)	夏玉米(5.3—9.1)	
57071	孟津	冬小麦(10.2—5.3)	夏玉米(6.1—9.3)	
57075	汝州	冬小麦(10.3—5.3)	夏玉米(6.1—9.2)	
54900	濮阳	冬小麦(10.3—6.1)	夏玉米(6.2—9.1)	
57169	内乡	冬小麦(10.3—5.3)	夏玉米(6.1—9.1)	白地
57290	驻马店	冬小麦(11.1—5.1)	夏玉米(6.3—9.1)	白地
57083	郑州	冬小麦(10.2—5.3)	夏玉米(6.1—9.1)	其他作物(6.1—12.3)
57178	南阳	冬小麦(10.2—5.3)	夏玉米(6.2—10.1)	其他作物(7.1—12.3)
57067	卢氏	冬小麦(10.2—6.1)	夏玉米(6.2—9.3)	其他作物(6.2—12.3)
58005	商丘	冬小麦(10.2—5.3)	夏玉米(6.2—9.2)	其他作物(1.1—6.3)
57096	杞县	冬小麦(3.2—6.1)	夏玉米(6.3—7.1)	普通棉(4.3—7.3)
53986	新乡	冬小麦(10.2—6.2)	夏玉米(6.1—9.2)	普通棉(6.1—10.3)
57297	信阳	冬小麦(10.3—5.3)	一季稻(4.2—9.2)	
58208	固始	冬小麦(11.3—5.3)	一季稻(4.2—8.3)	花生(6.2—8.2)
57089	许昌	冬小麦(10.2—6.3)	烟草(3.1—8.2)	白地(8.3—10.1)

冬小麦的生长期为 10 月中下旬—6 月上旬；玉米的生长期为 6 月中旬—9 月下旬；棉花的作物物候记录不完全，但组合起来可以看出棉花的生长期为 4 月下旬—10 月下旬；大豆的生长期同玉米；水稻的生长期为 4 月中旬—9 月中旬；花生的物候记录也不完全，通过查询其他物候资料，确定花生的物候期为 4 月下旬—9 月中旬；油菜的物候期为 9 月上旬—次年的 5 月中旬。

c. 河南省部分经济作物的主要分布情况

河南省经济作物为棉花、花生、油菜。豫东、豫北及南阳盆地为河南省的棉花主产区，集中分布在开封、中牟、兰考、新郑、民权、杞县、宁陵、尉氏、南阳、唐河、新野、邓县、社旗、方城等县域。油菜主要分布在许昌、驻马店地区的铁路沿线。花生主要分布在长葛、淮阳、太康、淮滨、息县、正阳县等地。

2）数据及预处理

a. EVI 数据：EVI 称为增强型植被指数，其定义形式如下：

$$EVI = 2.5 \times \frac{\rho_{nir} - \rho_{red}}{L + \rho_{nir} + C_1\rho_{red} - C_2\rho_{blue}} \qquad (4.3)$$

这里 L 为土壤调节参数，取值为 1；C_1 为大气修正红光校正参数，取值为 6；C_2 为大气修正蓝光校正参数，取值为 7.5。

获得的 MODIS EVI 数据空间分辨率为 250 m，时间分辨率为 16 d，1 年共计 23 个时相。EVI 数据从 2004—2006 年，用于分类的为 2005 年的数据，经去云处理和数据平滑后得到 2005 年全年的 EVI 数据。

b. 其他辅助数据：1：100 万的《中国植被图集》、《河南省农业资源与农业区划地图集》、《河南农业地理》、《中国农业物候图集》、中国农作物生长发育状况资料数据集（中国气象科学数据共享服务网）、2005 年河南省的农业统计数据，MODIS 2005 年 500 m 分辨率的植被分类数据、2000 年全国土地覆盖分类矢量数据。通过这些数据及资料，了解河南省农作物的种植结构、分布情况及作物物候，以确定训练数据。

3）获取训练数据

a. 分类系统：土地覆盖的类型划分为如表 4.3 所示类别。

表 4.3　土地覆盖分类体系

地物编码	地物类别	地物编码	地物类别
1	水体	8	花生
2	建筑	9	油菜
3	小麦和玉米	10	落叶阔叶林
4	小麦和大豆	11	常绿针叶林
5	小麦和其他	12	混交林
6	水稻	13	草地
7	棉花	14	灌丛

b. 各类地物训练数据的时序特征曲线：对于非农作物的类别通过参考 2000 年植被分类数据及 MODIS 2005 年的河南省植被分类数据提取训练样区得到训练样本。而训练数据获取的难点在于农作物类别，为此，首先利用非监督分类法对 EVI 数据进行聚类，结合 2005 年主要农作物的种植面积（农业统计信息）、主要分布县、作物物候信息等确定训练样本区。各类地物训练数据的时序特征曲线见图 4.13。

4）分类结果

对处理后的 EVI 数据 3~10 时序进行标准主成分变换，对变换后的数据进行分类，得到夏熟农作物分类结果；对应 11~20 时序的变换数据，得到秋熟农作物的分类结果。由于缺乏真实的农作物种植分布数据，因此将农作物分类的结果与 2005 年的种植面积进行对比，得到面积精度如表 4.4 所示。

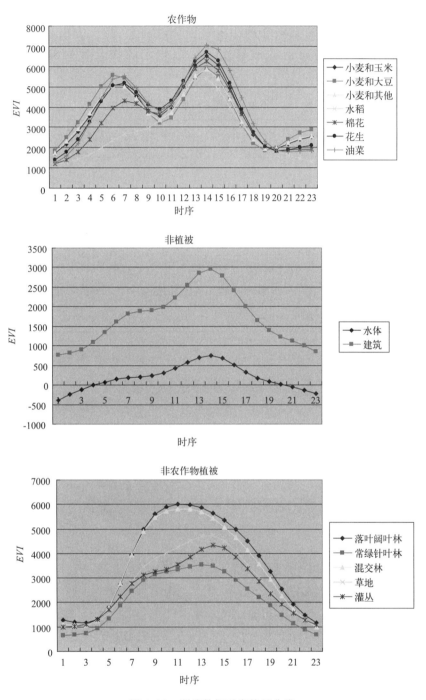

图 4.13　训练数据时序特征曲线

由表 4.4 夏熟及秋熟作物分类结果精度,小麦、玉米、大豆、棉花的面积精度都在 60%以上,而水稻、花生、油菜的面积精度则相对很低,其中油菜的分类像元数目 160000 左右,远远多于种植的像元数目 65000 左右,通过分类结果一定程度上可以说明:小麦、玉米、大豆、棉花的训练样本选择基本是可靠的,而水稻、花生、油菜的训练样本是否可靠,由于可能存在混分的情况而不能确定。对于油菜分类精度偏低的原因,一方面油菜同小麦的物候期近似,可能造成长势上同油菜相似的小麦被混分成油菜;另一方面,其种植规模较小,种植分布破碎程度较高,从而造成油菜 250 m 分辨率的像元数目偏少。分类结果见图 4.14。

表 4.4　不同成熟期农作物分类面积精度

农作物	种植面积($\times 10^3$ hm²)	熟制	像元数	分类像元数	面积精度(%)
小麦	4962.7	夏熟	794032	974669	81.47
油菜	407.8	夏熟	65248	163906	39.81
玉米	2508.3	秋熟	401328	497789	80.62
大豆	533.6	秋熟	85376	106064	80.49
水稻	511.1	秋熟	81776	158165	51.70
棉花	781.6	秋熟	125056	199852	62.57
花生	979.3	秋熟	156688	278529	56.26

对非植被的分类,限于 MODIS 数据的 250 m 像元空间分辨率,从图 4.14 中可以看出淮河等河流基本不可见;对城市的区分基本上可见地级市、大的县级市,而小的县市、城镇几乎不可见。对非农作物植被,由于缺乏真实有效的验证数据,无法对各类地物进行一一验证。

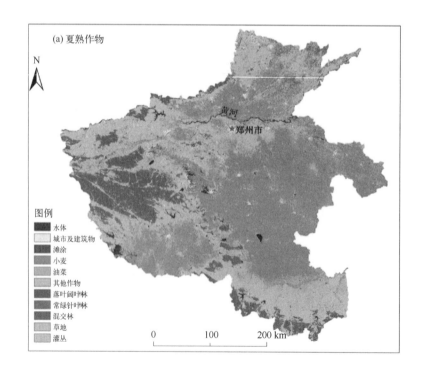

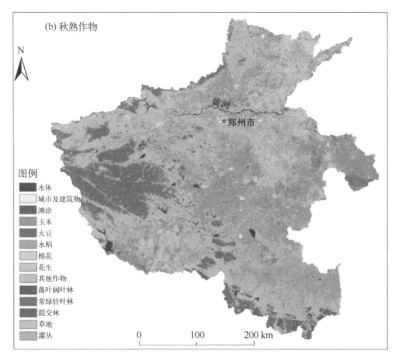

图 4.14　SVM 不同成熟期农作物分类图

　　将夏熟及秋熟的分类结果依据作物种植组合方式进行交集运算,假定交集获取的分类结果更可信。这样得到的农作物分类结果面积精度如表 4.5 所示。可见,以夏熟农作物的分类结果为基准,综合后的秋熟农作物面积分类结果精度均显著提高。综合分类结果如图 4.15。

表 4.5　夏熟和秋熟农作物综合后分类面积精度

农作物	种植面积($\times 10^3$ hm²)	像元数	分类像元数	面积精度(%)
小麦 & 玉米	2508.3	401328	380725	94.87
小麦 & 大豆	533.6	85376	91161	93.65
小麦 & 花生	979.3	156688	210974	74.27
小麦 & 棉花	781.6	125056	131340	95.21
水稻	511.1	81776	99209	82.43
油菜	407.8	65248	163906	39.81
小麦	4962.7	794032	974669	81.47

　　同参照分类数据的精度比较,因为 2000 年全国土地覆盖分类数据的分类体系同本研究分类系统不一致,所以分别将 2000 年对应类别的数据及本研究的河南省夏熟作物分类结果归并为耕地、林地、草地、水体、城市及建筑物等 5 类。然后对参照类别进行分层随机抽样得到混淆矩阵分析结果见表 4.6。

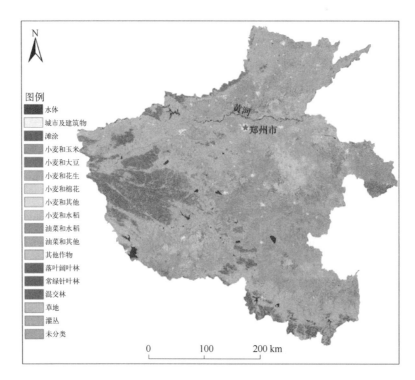

图 4.15　SVM 农作物综合分类结果

表 4.6　MODIS EVI 时间序列数据土地覆盖分类的混淆矩阵

类别	耕地	林地	草地	水体	城市及建筑物
耕地	90.31	9.65	24.94	36.99	17.15
林地	3.88	82.04	34.02	3.01	0.64
草地	3.61	7.45	37.95	2.01	1.86
水体	0.70	0.43	0.60	43.96	2.66
城市及建筑物	1.47	0.37	2.39	14.03	77.69
总数(%)	100	100	100	100	100
总体精度(%)			78.07		
Kappa 系数			0.6556		

由表 4.6 可见,分类的总体一致性为 78.07%,Kappa 系数为 0.6556,其中草地、水体的分类精度较低。对水体而言,不同时间水面位置有所变化,裸露河岸滩涂被开垦成耕地,是位置精度低的重要因素;对草地而言,被混分成耕地、林地是其精度低的主要原因。

另外,针对冬小麦播种面积,利用当年地市级小麦播种面积统计资料数据进行验证,计算误差(E)公式如下,按地级市划分,对比结果如表 4.7 所示。

$$E = (分类面积 - 统计面积) / 统计面积 \times 100\% \tag{4.4}$$

表 4.7　冬小麦分类面积与统计面积比较（SVM）（单位：$10^3\,hm^2$）

地区	统计面积	分类面积	误差 E
济源	19.80	15.56	-21%
三门峡	75.51	0.59	-99%
鹤壁	80.89	74.93	-7%
焦作	126.52	167.21	32%
漯河	131.80	223.56	70%
郑州	177.01	100.93	-43%
许昌	198.00	338.70	71%
濮阳	200.19	23.11	-88%
平顶山	200.96	323.96	61%
信阳	231.22	221.36	-4%
洛阳	233.61	94.92	-59%
开封	278.59	324.14	16%
安阳	280.89	93.79	-67%
新乡	309.33	418.53	35%
商丘	521.74	713.14	37%
南阳	601.61	754.88	25%
周口	608.92	1004.02	65%
驻马店	614.59	1128.00	84%

在各个市级行政区内，分类误差大于 50% 的有：三门峡、漯河、许昌、濮阳、平顶山、洛阳、安阳、周口、驻马店。根据统计面积和分类面积数据制作散点图（图 4.16），线性拟合方程斜率为 1.6794，由此可见，分类结果偏离比较大，除了与训练区选择的好坏有关外，也与大量混合像元的存在有很大关系。

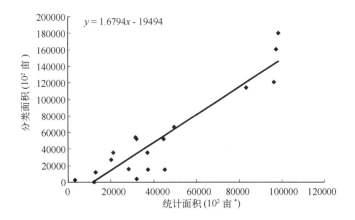

图 4.16　统计面积与分类面积散点图（SVM）

总之，基于 EVI 数据对河南省土地覆盖进行分类，对大类农作物的分类结果比较满意，但对部分经济作物的分类精度很低。造成精度低的原因主要有，一是依靠单一 EVI 数据，地物是否具有可分性；二是训练样本是否可靠；三是分类系统是否表达了研究区的所有地物类别。

---

* ：1 亩＝666.7m²。

研究中的训练样本是通过非监督分类的结果结合作物物候选取的,因此训练样本的精度很大程度上受到非监督分类的影响,同时,分类系统中未考虑到其他农作物(经济林、芝麻、高粱等)、其他地物(裸地、滩涂等)等类别,所以在一定程度上造成地物分类结果的偏多,造成分类精度偏低。所采用的分类器 SVM,对训练样本的交叉验证分类精度可以达到 90%,因此在训练样本精度保证的情况下,SVM 将会有很好的表现效果(刘新圣,2010)。

(3)混合像元分解模型提取冬小麦面积

目前,越来越多的作物种植信息提取研究的区域范围不断扩展。随着监测尺度的推演,具有多光谱、多时相和免费接收使用等优势的 MODIS 数据被广泛利用,但由于 MODIS 数据的空间分辨率较低,在一个像元内所包含的信息十分丰富,它既有作物,又有空地、道路、河流、村庄等,而且我国农作物布局多是几种作物插花种植,因此无法使用像元分类法来计算种植面积。所以为了提高作物种植分布遥感监测精度。利用混合像元分解法来提取作物面积的研究越来越多。

武永利等(2009)利用冬小麦返青期间的 MODIS 多光谱数据,采用传统的监督分类法和植被指数阈值方法研究冬小麦种植区域的分布情况,同时针对遥感像元多为混合像元的特点,重点将线性混合像元分解技术应用于冬小麦种植面积的分解计算研究。比较不同分类方法对冬小麦种植面积估算的精度分析表明,采用线性混合分解模型,绝大部分(98.45%)的均方根误差都小于 0.01,对比实际冬小麦种植面积数据,相对误差约 3%,明显优于传统遥感分类方法的精度。

为了突出研究区域冬小麦的信息,根据冬小麦的生育期和下垫面的植被生长特征来选择合适的监测时段十分关键。研究区冬小麦一般 10 月中下旬播种,10 月下旬—11 月上旬出苗,来年的 2 月中旬开始返青进入快速生长期,5 月下旬收获。3 月上、中旬冬小麦处于拔节期,此时林木和野草尚未泛绿,小麦已基本封垄,麦田的光谱特征已能明显地从土壤背景中突显出来,可以代表小麦种植面积。因此将返青到拔节期确定为研究区冬小麦遥感估测面积的最适宜时期,选择 2005 年的第 81、97、113、129、145 d 的合成数据集,重点采用第 113 d 的数据集提取冬小麦种植面积信息。

1)监督分类与非监督分类法

为了削弱监督分类中训练样区选择的主观性,本书中混合使用了非监督分类和监督分类来提高分类精度。首先对所用数据集提供的 4 个光谱通道数据进行 ISODATA 非监督分类,保留每一个类别,然后对照研究区域农业气象观测站资料并辅以区域土地利用现状图,合并部分类别。在此基础上选取训练样区,采用监督分类法得到研究区域的遥感分类图像。最终在 GIS 软件支持下将冬小麦种植信息提取出来(邹金秋,2007)。

2)植被指数阈值法

不同作物物候期的不同导致了反映作物生长的植被指数(NDVI)的差异。采用数据集中的 NDVI 数据,结合区域农业气象观测站冬小麦观测资料,对研究时段内主要的作物冬小麦 NDVI 设定阈值 a,在土地利用图件中的耕地中满足 NDVI$\geqslant a$ 的为冬小麦种植区。

3)混合像元分解法

利用线性光谱混合模型对冬小麦种植区进行提取。本研究各类端元选取采用 MNF 和

PPI 相结合的方法进行,首先将像元纯度指数计算引入端元的选择过程中,将端元的选择范围限定在数量很少的高纯度像元范围内,不仅考虑 MNF 变换后的第一、二主成分,且将第三主成分包括进来,在三维空间散点图中进行端元选择,与原始影像及农业气象站冬小麦种植信息实现交互判识检验,得到了①冬小麦、②以裸地为代表的裸土端元和③以河流水面、湖泊等低反射率的端元,提高冬小麦作为端元选择的准确性。不同端元光谱特征见图 4.17。

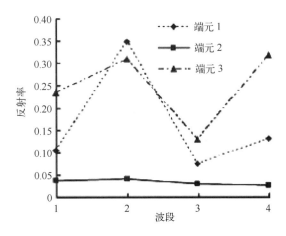

图 4.17　三种端元的特征光谱反射率

根据所选端元,利用线性混合像元分解模型在约束条件下进行求解,求得不同端元丰度(许文波,2007)。将 3 种方法提取的冬小麦种植面积情况与统计数据进行比较,研究区域冬小麦播种统计面积为 313.99×10^3 hm²,线性混合分解模型计算的播种面积为 329.39×10^3 hm²,相对误差为 4.9%;监督分类测算面积为 350.46×10^3 hm²,相对误差为 11.6%;植被指数阈值法测算面积为 342.06×10^3 hm²,相对误差为 8.9%。线性混合分解模型的精度要显著地优于另两种分类方法。

4)N-FINDR 法

该方法的研究区域为河南省,选用 MODIS 卫星资料为 2007—2008 年的 MOD13Q1(全球 250 m 分辨率植被指数 16 d 合成)产品,来源于国际科学数据服务平台(http://datamirror.csdb.cn)。该产品包括了 NDVI、EVI、蓝光波段反射率、红光波段反射率和近红外波段反射率等 12 个科学数据图层。

研究区域冬小麦一般 11 月出苗,此时与周围地物反差巨大,次年 3 月到 4 月为冬小麦拔节期,此时林木和野草刚刚泛绿,小麦已基本封行,麦田的光谱特征明显地从土壤背景中突显出来,5 月下旬收割。另外,玉米和水稻的生长期与冬小麦生长期没有太多重叠,油菜与冬小麦生长期相近,而油菜刚好在冬小麦拔节期开花,其红光波段光谱特性与小麦有较大差异(郝虑远,2013)。图 4.18 为河南省油菜开花期油菜与小麦的实测光谱曲线,其中红色矩形框表示 MODIS 红光波段范围,表明该时期两者在红光波段具有很大的光谱差异。

最终考虑到作物在近红外波段的反射特性,选择 2007 年第 321 d、2008 年第 81、145 d 三个时相的近红外波段数据和 2008 年第 81 d 的红光波段数据来提取研究区域冬小麦面积。

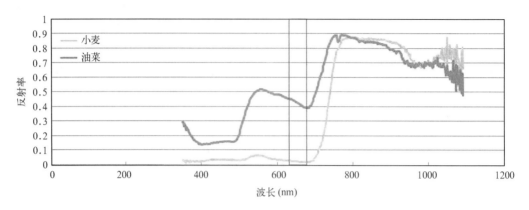

图 4.18　河南省 3 月底冬小麦和油菜光谱曲线

a. 端元提取结果

采用 N-FINDR 算法从每个省辖市图像中可提取出 5 个端元,根据端元的光谱特性,通过聚类分析将所有地级市的端元集合主要分为 5 类,即小麦、油菜、天然植被、水体和裸地,如图 4.19 所示,各类端元光谱反射率值为该类所有端元反射率的均值。其中,小麦类有 18 个端元,油菜类有 6 个端元,天然植被类有 14 个端元,水体类有 19 个端元,裸地类有 18 个端元。这 5 类端元可以代表河南省主要地物的光谱特征,因此,N-FINDR 算法是一种可行的直接从图像上寻找端元的方法。

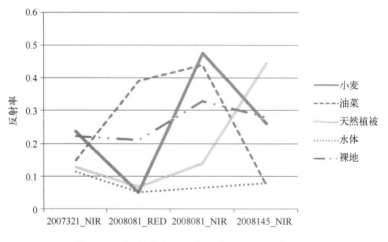

图 4.19　河南省主要端元类光谱反射率曲线图

河南省各省辖市的小麦端元光谱反射率曲线见图 4.20,各地区的冬小麦端元在光谱反射率上存在一定差异。造成这种光谱差异的原因很可能是:受各区域所处地理环境和遥感数据空间分辨率的影响,并非各个省辖市图像都能包含完全纯净的小麦像元,N-FINDR 算法只能从图像中提取部分纯净小麦像元,这与图像自身是否包含完全纯净像元有关。但从整体上看,各个地区提取的小麦端元均体现出了小麦的生理特征,能够为小麦面积提取奠定基础。

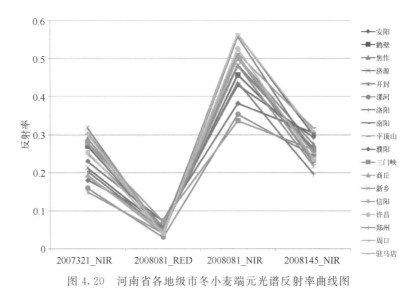

图 4.20　河南省各地级市冬小麦端元光谱反射率曲线图

b. 小麦面积提取结果

在利用 N-FINDR 算法自动提取出端元之后,将各端元光谱反射率值代入线性模型,用带有约束的最小二乘法求解,利用线性混合光谱模型分别对河南省各地级市的 MODIS 影像进行混合像元分解,提取河南省 2008 年冬小麦面积,如图 4.21 所示。丰度即某种地物在像元中所占的比例。丰度乘以像元的面积即为该地物的种植面积。通过混合像元分解方法提取 2008 年河南省冬小麦面积为 $4939.174 \times 10^3 \, hm^2$。

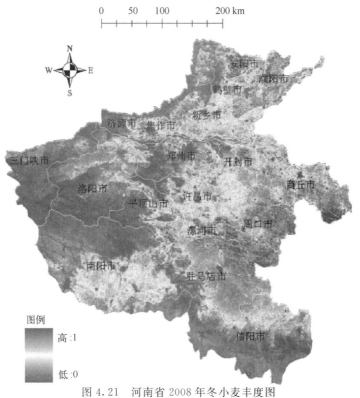

图 4.21　河南省 2008 年冬小麦丰度图

c. 精度检验

结合 2008 年河南省省辖市统计数据对混合像元分解结果进行精度检验,如图 4.22 和 4.23 所示。全省统计面积为 $5260 \times 10^3 \ hm^2$,总体精度达到了 93.9%。其中,有 8 个市的精度超过了 90%,有 6 个市的精度介于 80% 和 90% 之间,济源、鹤壁、郑州和许昌等 4 市精度低于 80%。受遥感数据自身限制,直接从图像上提取端元的方法得到的并不一定都是完全纯净像元,这与图像自身是否包含真正的纯净像元有关,另外,受地域复杂性的影响,各市提取的端元纯净程度也不相同,从而导致各市小麦提取精度存在一定程度的差异。

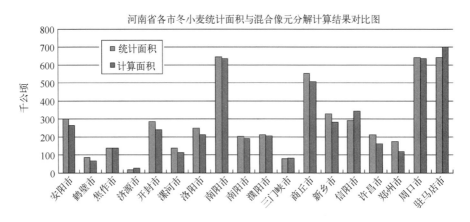

图 4.22 河南省各市冬小麦精度检验示意图

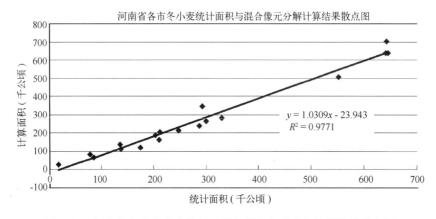

图 4.23 河南省各市冬小麦统计面积与混合像元分解计算结果散点图

结合 2007 年 TM 中高分辨率遥感数据对冬小麦种植区识别结果进行初步检验,如图 4.24 所示,小麦种植区分布大体一致。

从以上研究结果看,N-FINDR 算法是一种可行的直接从图像上寻找端元的方法,该算法提取的河南省各省辖市的小麦端元从整体上体现出了小麦的生理特征,基于 MODIS 遥感数据的混合像元分解技术可以有效地提取冬小麦面积。同时,分地区提取端元进行不仅能提高端元提取结果准确程度还能大大降低时间复杂度,但也需要注意,端元提取结果准确程度还与图像自身是否包含完全纯净像元有关。

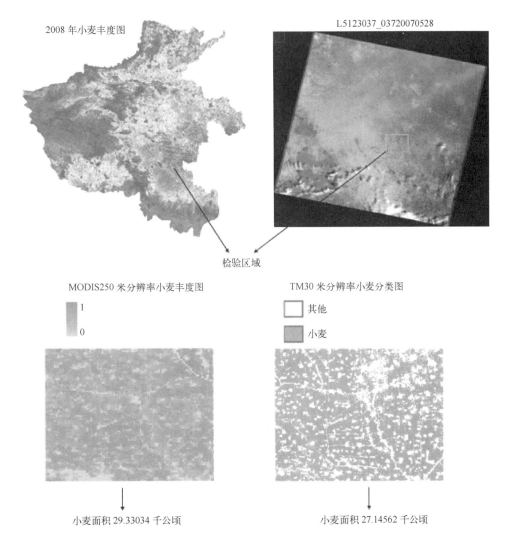

图 4.24　河南省冬小麦种植区识别结果的初步验证

采用 3 时相 4 波段的遥感数据 N-FINDR 算法提出的端元数目为 5,很可能这些端元并不足以完全代表整个河南省的光谱特征,进而影响了面积提取的精度。因此,选用更加合适时相和波段的遥感数据将有助于提高精度。

河南省各省辖市的小麦面积提取精度存在一定程度的差异,这与遥感数据自身限制和地域复杂性有关。考虑到冬小麦的种植区域分布在平原地区,而山区复杂的地面覆盖会在一定程度上干扰小麦端元的提取,因此,若结合其他数据如 DEM 或地面分类数据通过掩膜去除山区等非耕地区域,可以进一步提高小麦面积提取精度。

4.3.2　玉米种植面积遥感估算

4.3.2.1　决策树分类提取玉米种植面积

玉米是中国粮食作物中种植面积最大的,因此,精确估算玉米的种植面积尤为重要。马丽等(2009)通过高分辨率融合影像建立地块边界数据,以 TM 影像为核心数据源,结合 NDVI 及特征波段信息,借助耕地地块数据库,并根据野外样方实测工作结果,采用决策树方法对试验区进行分类。顾晓鹤等(2010)利用 MODIS 数据与 TM 数据时序插补,并根据决策树分类法对玉米的种植分布进行了提取,为玉米的遥感估产打下了基础。

山东省易与玉米识别相混淆的同期作物主要为棉花。采用决策树分类法分别对 TM 和 MODIS 影像覆盖区提取玉米种植空间分布信息。在 TM 影像覆盖区,根据野外 GPS 调查信息建立感兴趣区域,并对训练样本进行统计分析,发现在 TM 影像的第4、5波段,玉米的光谱特征值与棉花差异极为显著,因此选取 TM 影像的第4、5波段和 NDVI 作为特征向量,分别对 6 景 TM 影像建立决策树分类模型(TM 尺度决策树分类流程见图 4.25)。

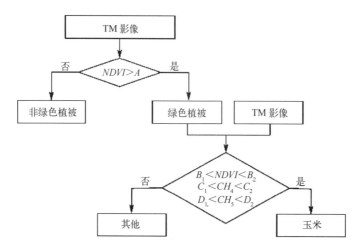

图 4.25　TM 覆盖区的玉米决策树分类

在各景 TM 影像上分别选取 30 个不同地物的样本地块,统计分析第 4 波段值(CH4)、第 5 波段值(CH5)和 NDVI 值,获得各景 TM 影像的决策树阈值(见表 4.8),分景提取 TM 尺度玉米种植分布。

表 4.8　各景 TM 影像的决策树模型阈值

TM 轨道号	A	B_1	B_2	C_1	C_2	D_1	D_2
123/034	0.24	0.54	0.65	95	118	81	97
123/035	0.24	0.54	0.65	95	118	81	97
120/034	0.24	0.41	0.56	98	115	77	98
121/034	0.14	0.30	0.45	92	107	81	101
120/035	0.25	0.47	0.58	101	128	86	101
122/034	0.03	0.13	0.39	121	150	79	101

针对 MODIS 覆盖区,在 TM 与 MODIS 重叠区域选取玉米、棉花、林地、非植被等地物样本,统计分析各类地物的 NDVI 时间序列变化特征,选用的特征向量分别为玉米出苗期、拔节期和乳熟期的 NDVI,构建决策树分类模型来提取 MODIS 覆盖区内的玉米空间分布,见图 4.26。

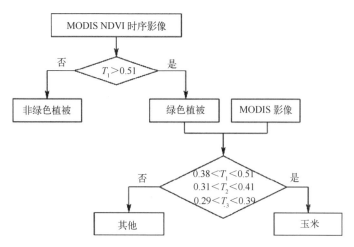

图 4.26　MODIS 资料覆盖区的玉米决策树分类

(T_1、T_2、T_3 分别为玉米拔节期、出苗期、乳熟期的 MODIS 影像的 NDVI)

将 TM 尺度和 MODIS 尺度的玉米分类结果进行空间叠加,可得到山东全省玉米种植空间分布。以国家统计局公布的山东省玉米产量作为参考值,对基于 MODIS 与 TM 时序插补的省域尺度玉米估产方法进行精度验证,得出玉米播种面积估测总体精度为 89.19%。

4.3.2.2　监督与非监督分类提取玉米面积

顾晓鹤等(2012)利用小波变换融合方法融合 MODIS 和 TM 数据获取 30 m 分辨率的 NDVI 时间序列信息,并利用最小距离分类法进行分类,获得了河南原阳县的玉米种植面积。

基于 30 m 分辨率的时间序列融合影像,提取原阳县主要秋季作物的 NDVI 标准生长曲线。通过野外定点大地块样本,在时间序列 NDVI 融合影像上选取玉米、水稻、花生、大豆纯地块样本,生成 4 种作物的标准生长曲线(图 4.27)。可以看出,各种秋季作物从播种到成熟变黄之前,随着作物物候期的更替,红光波段反射率因作物覆盖度和叶面积系数的增大而减小,近红外波段反射率反而逐渐增加,所以 4 种作物的 NDVI 时间序列曲线均存在波峰。对于玉米时序曲线来说,波峰出现在 7 月底 8 月初,正是玉米的灌浆期,此时玉米基本停止营养生长,完全进行生殖生长,NDVI 达到峰值。4 种作物在 NDVI 时间序列谱线上存在一定的差异。生长前期,玉米 NDVI 值与水稻,大豆极为接近,难以区分,而花生营养生长较好;生长后期,玉米和花生 NDVI 值下降较快,较水稻和大豆有很大差异。

从 4 种作物的时间序列曲线可发现,玉米在多个生育期均存在与其 NDVI 特征相近的作物。2008 年 6 月 25 日至 7 月 10 日,玉米与水稻、大豆生长状态相似,NDVI 值接近;2008 年 7 月 10 日至 9 月 28 日,玉米与其他 3 种作物 NDVI 值均接近,难以区分;2008 年 9 月 29 日至 10 月 14 日,玉米 NDVI 又与花生非常接近。2008 年 9 月 29 日至 10 月 14 日玉米虽然与花生难以区分,但是,花生在 6 月 25 日至 7 月 10 日间与玉米的差异很大,因此,可采用分层分类的方法提取玉米种植空间分布。基于以上分析,根据作物之间的物候差异和生长过程差异,采用最小距离分类法,利用在 6 月 25 日至 7 月 10 日花生的 NDVI 特征差异特征,提取花生空间分布;再利用 9 月 29 日至 10 月 14 日间的 NDVI 特征,提取玉米与花生总的空间分布;最后对以

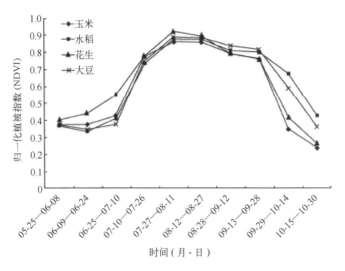

图 4.27　2008 年秋季作物 NDVI 时间序列曲线

上 2 个空间分布图取交集即为原阳县玉米的种植空间分布,可估算出玉米种植面积总量。在采用时序分析法提取玉米种植面积的同时,在野外定位样点数据支持下,采用最大似然监督分类的方法来提取玉米种植面积。以野外实测样本地块为准真值,对监督分类法和时序分析法进行精度评价,其中,监督分类法的玉米位置精度和总量精度分别为 62.89% 和 49.01%,而时序分析法的玉米种植面积估算精度有了较大提高,位置精度和总量精度则可达 78.76% 和88.57%(表 4.9)。

表 4.9　基于时序方法与监督分类方法提取玉米面积结果精度对比

方法	位置精度(%)	总量精度(%)
监督分类法	62.89	49.01
时序分析法	78.76	88.57

4.3.3　水稻种植面积遥感估算

水稻是世界主要粮食作物之一,水稻种植面积约占世界耕地面积的 15%。中国是水稻生产大国,其种植面积、长势和产量是国家粮食安全体系的重要组成部分。因此,准确及时地掌握水稻种植面积信息,可为国家和各级地方政府决策和宏观调控措施的制定提供科学依据(景元书,2013)。

利用遥感技术和方法进行水稻种植面积估算在国内外已有大量研究。由于水稻多生长在温暖湿润的多云多雨地区,对光学卫星数据的水稻面积监测带来极大困扰,而星载雷达卫星存在斑点噪声干扰,易受地形变化影响,且影像价格高昂,给区域水稻面积的业务化监测同样带来较大困难。当前,适宜区域水稻面积监测的数据源多采用 MODIS 传感器。该传感器提供了覆盖 $0.4 \sim 14.0\ \mu m$ 电磁波谱范围的 36 个波段数据,具有 250、500 和 1000 m 的 3 种空间分辨率。其中,MOD09A1 产品为 8 d 合成地表反射率数据,空间分辨率为 500 m。数据拥有

7 个波段,由 MODIS 1B 产品的 1～7 波段(从蓝波段至中红外波段)经过大气和气溶胶校正及卷云处理获得。另外还包括两个 QA(Quality Assurance)波段,分别标记光谱波段和地表反射率数据的质量和状态。

4.3.3.1　相似性指数法提取水稻面积

杨沈斌等(2012)利用时序 MODIS 产品数据 MOD09A1 提取河南省水稻种植分布。依据河南省水稻生产布局特点,结合从影像中提取的时序 EVI 和 LSWI(Land Surface Water Content Index)数据,以及水稻相似性指数提取研究区域水稻种植分布。

(1)研究区概况

河南省位于黄河中下游,地跨黄、淮、汉水 3 大流域,处于亚热带向暖温带过渡地带,年平均气温 12～15℃,年降水量 600～1000 mm,是典型的稻麦两熟区。为保障水稻生产用水,河南省水稻种植坚持"以水定稻"的原则,在沿黄和沿淮地区、大型水库灌区和低洼易涝地区种植水稻。2007 年以来,河南省水稻种植面积约 60×10^4 hm^2,约占全省粮食作物面积的 5.6%,主要分布在豫北和豫南两大稻区。豫北稻区包括沿黄河中下游两岸的新乡、濮阳、开封和郑州等地,种植常规粳稻,生长期从 5 月上旬至 10 月中旬。豫南稻区则主要包括信阳、南阳和驻马店市,以杂交籼稻为主,生长期从 4 下旬至 9 月中旬。两稻区水稻种植多以小麦水稻、油菜水稻轮作为主。在水稻生长季内还种有玉米、棉花、大豆和花生等农作物。

(2)实验数据

从 USGS EROS 数据中心获取了 2009 年覆盖河南省的 46 景 8 d 合成 MODIS 地表反射率产品(MOD09A1)数据,空间分辨率为 500 m。

从中国资源卫星应用中心获取了 2 景处在 2009 年水稻生长初期的 HJ-1A CCD2 影像。根据影像头文件信息,对影像进行了辐射定标。同时以 2005 年 Landsat TM 卫星数据为参照,对 HJ-1A CCD2 数据进行了几何精校正。两景影像分别覆盖豫北和豫南稻区,对本研究分类结果的验证提供了重要的参考。

通过设置采样样区,获取了研究区 2009 年 60 个水稻差分 GPS 样方数据,并结合 Google Earth 高清影像和 HJ-1A CCD2 数据,额外提取了 40 处水稻样方。样方主要分布在沿黄河中下游两岸的连片水稻种植区和豫南信阳、驻马店等水稻种植区。豫北稻区样方大小为 500 m×500 m,豫南稻区样方大多为 300 m×300 m。从河南省统计年鉴获取了 2009 年各市主要农作物播种面积,并根据实地调查,记录了豫北和豫南稻区水稻生长发育期的基本情况(表 4.10)。从表 4.10 可以看出,豫北稻区水稻生育期较豫南稻区平均推迟约 10～20 d。

表 4.10　2009 年豫北和豫南稻区水稻发育期概况(月.日)

稻区	播种期	移栽期	抽穗期	收割期
豫北稻区	05.01—05.12	06.15—06.25	08.10—08.25	09.30—10.20
豫南稻区	04.20—04.30	05.25—05.31	08.04—08.15	09.15—09.30

(3)研究方法

在水稻生长早期,稻田需要保持一定深度的水层,与同期其他农田(玉米、大豆、花生和棉花等)相比,具有较高的地表含水量,有利于 MOD09A1 中的短红外数据对稻田的识别(郑长春等,2009)。另外,8 d 合成的 MOD09A1 数据能够反映水稻生长规律,有助于通过比较其他农作物与水稻的生长特征曲线来提高稻田识别能力。依据上述特点,选择对地表水分含量变化敏感的 LSWI 指数和能够抑制大气、土壤背景对植被信息影响的 EVI 指数,作为提取区域稻田分布的重要指标(Xiao 等,2005)。为此,建立水稻面积提取流程(图 4.28)。

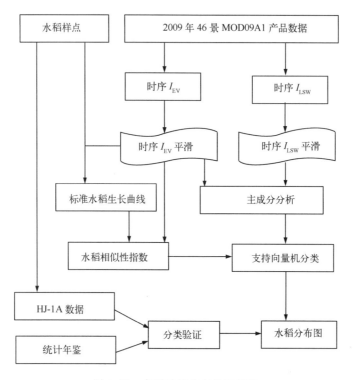

图 4.28　水稻种植分布提取流程

　　首先,利用 MOD09A1 数据建立时序 EVI 和 LSWI。为降低云的影响,分别采用 Savitz-ky-Golay 滤波算法(Eklundh and Jonsson,2009)和邻近最大值插值法(Peng 等,2011)重建时序数据。随后根据水稻物候期,选择水稻移栽至成熟的时序 EVI 和 LSWI 数据,分别进行主成分分析,并选择前 3 个波段作为水稻面积提取的特征波段。再根据水稻样方,利用重建的时序 EVI 建立标准水稻生长曲线,计算研究区每个像元的时序 EVI 与水稻生长曲线的相似性指数,作为水稻分类的另一个特征波段(顾晓鹤等,2008)。水稻面积提取采用 SVM 分类算法。参考水稻样方及相似性指数图,建立水稻训练样本,从特征波段组合中提取水稻种植面积。最后,结合 HJ-1A CCD2 影像及河南省统计年鉴对提取结果进行验证。

　　然而,河南省豫北和豫南稻区水稻物候期差异较大,为提高面积提取精度,分别对两大稻区按照流程提取水稻面积。同时,参考 2005—2009 年河南省统计年鉴,将常年无水稻种植地区排除,确定参与分类的豫北稻区包括濮阳、安阳、新乡、焦作、开封、郑州、洛阳、平顶山、周口和商丘市;豫南稻区包括南阳、驻马店和信阳市。为此,分别建立豫北和豫南稻区标准水稻 EVI 生长曲线。值得提出的是,尽管平顶山、周口及商丘市处于河南省中部,但其水稻物候期与豫北地区水稻物候期相近。

（4）时序 EVI 和 LSWI 指数的重建

由于云层和恶劣大气条件对 MOD09A1 数据的影响,使得时序 EVI 和 LSWI 数据存在一定的噪声,需要进行去云处理并估算缺损值。为此,针对时序 EVI 数据,选择 Savitzky-Golay 滤波算法。该方法既能够有效地抑制噪声,又能够保持水稻 EVI 时序变化规律,已被广泛用于水稻时序指数的平滑重建(Jonsson 和 Eklundh,2002)。在滤波时,根据 MOD09A1 产品提供的 QA 波段生成二值数据(受云污染的像元值为 0,否则为 1)作为滤波权重。另外,设置滤波窗口大小为 4,平滑多项式的幂次数为 2。然而,时序 LSWI 数据具有较大的波动性,主要反映地表含水量的变化。为处理云的影响,参考 Peng 等(2011)的方法,采用邻近最大值插值法估算受云影响的 LSWI 数据。其中,滤波窗口设置为 4。时序数据的重建结果如图 4.29 所示。可见,EVI 和 LSWI 时序数据得到了较好的平滑重建。

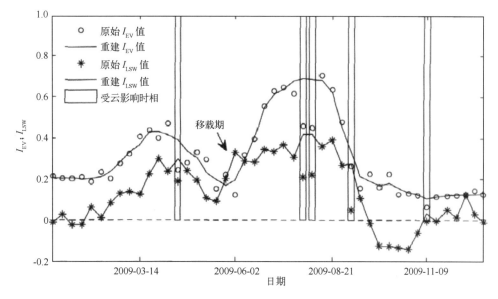

图 4.29　某像元 EVI 和 LSWI 时序数据重建

（5）水稻 EVI 指数生长线及相似性指数

时序 EVI 指数能够有效地反映水稻生长规律,一般在水稻抽穗期达到最大值。考虑到水稻生长规律的相似性,即水稻生育期相近、生长状态相似,采用水稻生长曲线相似性原理,建立基于时序 EVI 数据的标准水稻生长曲线,计算每个像元在水稻生长期的时序 EVI 与标准水稻生长曲线的相似性指数来提高识别水稻的能力(顾晓鹤等,2008)。由于豫北稻区与豫南稻区水稻生育期差异较大,分别建立两区域的标准水稻生长曲线。其中,豫北稻区标准水稻生长曲线从时序 22 至 38,豫南稻区为时序 19 至 35。根据获取的水稻样方数据,取各时相水稻 EVI 指数的平均值,建立的曲线如图 4.30a 所示。相似性指数的计算公式如下:

$$S_{index} = \sum_{i=1}^{n} | p'_i - p_i | \tag{4.5}$$

式中:S_{index} 为相似性指数;p'_i 为像元第 i 时序的 EVI 值;p_i 为标准水稻生长曲线对应第 i 时序的 EVI 值。计算后的水稻相似性指数如图 4.30b 所示。图中像元的 S_{index} 越小,则表明该

像元 *EVI* 的时序特征越接近标准水稻生长曲线。据统计,图中水稻样方区域的相似性指数平均值为 1.16,最大值为 2.26,最小值为 0.32,标准差为 0.47。图中黄色区域表示水稻的可能性越高。

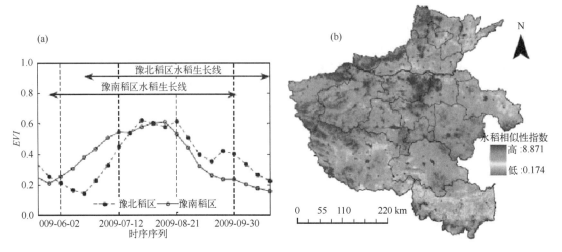

图 4.30　豫北和豫南稻区 *EVI* 时序水稻生长线(a)和研究区水稻的相似性指数(b)

(6)影响分类

采用 SVM 算法提取水稻种植面积。该算法是一种建立在统计学习理论基础之上的机器学习方法,在解决小样本、非线性和高维模式识别中具有明显的优势(Mountrakis 等,2011)。结合重建的时序 EVI 和 LSWI 数据,以及水稻相似性指数,对多波段影像进行分类。然而,为减少水稻与其他农作物在时序数据中的相关性,采用主成分分析方法分别对时序 EVI 和 LSWI 数据进行特征变换。取各自结果的前 3 个波段作为特征波段参与到影像分类中。另外,根据获取的地面水稻样方和水稻相似性指数图,提取水稻训练区。在 ENVI 4.7 中选用 SVM 分类方法对影像进行分类。其中,选用径向基核函数,gamma 值取 0.143,惩罚参数为 150,其他参数为默认值。

(7)提取结果

将豫北和豫南稻区水稻分类结果进行必要的分类后处理(包括筛选和集聚),并将分类图镶嵌后输出为矢量数据格式,获取了河南省水稻种植分布(图 4.31)。从图中可以看出,豫北稻区水稻主要分布在沿黄河中下游两岸,为引黄河水灌溉的沿黄稻区。其中,水稻种植面积较大的地区有濮阳、新乡和开封市,呈现集中种植的分布特征,水稻面积约占整个豫北稻区水稻种植面积的 87.23%。相比上述三个地区,郑州、洛阳、平顶山、周口和商丘市水稻种植多分散在水库、河流沿岸,呈现小片集中的分布特征。例如,平顶山水稻集中分布在白龟山水库南岸及沙河沿岸少部分地区;周口水稻主要分布在贾鲁河沿岸,而郑州市水稻主要分散在黄河的南岸地区。

豫南稻区水稻多种植在沿淮河及其支流两岸和水库周边。其中,信阳水稻种植面积最大,约占豫南稻区水稻面积的 92.3%,集中分布在沿淮及其支流两岸和低洼易涝地区。南阳水稻面积约占豫南稻区面积的 5.16%,主要分布在鸭河口水库和丹江口水库周边、唐河与夹河两

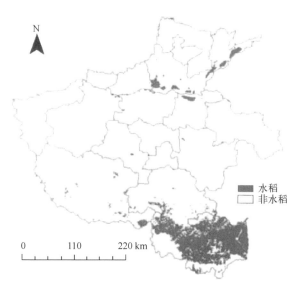

图 4.31　基于 SVM 算法提取的河南省水稻分布图

岸部分地区和桐柏县。驻马店水稻则主要集中分布在薄山水库周边,以及小洪河和汝河两岸部分地区。

从上述水稻种植分布的情况可以看出,河南省充分利用各地区水资源的分布特点种植水稻,在豫北地区形成多个集中连片的水稻种植区,而在豫南稻区的沿淮区域形成范围广、面积大的水稻种植区。

（8）精度验证

图 4.32 以对数形式比较了河南省各地水稻统计面积与 MODIS 获取的水稻面积。可以看出,两者吻合较好,确定系数达到 0.981,均方根误差为 $5.63 \times 10^3 \, \text{hm}^2$,平均相对误差达到 6.56%。大部分地区提取的水稻面积相对误差在 $-21\% \sim 17\%$ 之间,但提取的信阳水稻面积 $(550.54 \times 10^3 \, \text{hm}^2)$ 与统计面积 $(440.1 \times 10^3 \, \text{hm}^2)$ 相对误差达到 79.94%;开封、安阳水稻面积相对误差分别为 65.79% 和 -78.21%。由此可见,对于个别水稻种植区,利用 MODIS 时序影像提取水稻面积的精度还不够理想。

为了进一步检验 MODIS 时序影像提取水稻面积的有效性,利用获取的两景 HJ-1A CCD2 数据对获取的水稻分布图进行验证。首先,根据水稻样方资料对 HJ-1A 影像进行目视判读和监督分类,获取影像中无云区域的水稻种植分布;然后,对水稻分类图进行矢量化,并与 MODIS 提取的相应区域水稻分布图进行比较,如图 4.33 所示。图 4.33a 显示了 7 月 3 日新乡—濮阳地区水稻种植的情况。该时期豫北稻区处在水稻返青期。图像中暗色区域为灌水后集中连片的稻田,具有明显区别于其他地物的颜色、纹理和空间分布特征。图 4.33b 和图 4.33c 分别显示了基于 HJ-1A 和 MODIS 提取的水稻分布图。可以看出,提取的水稻空间分布特征与实际水稻分布吻合较好。以 HJ-1A 水稻分布图为基准,MODIS 提取的该区域水稻面积相对误差为 38.4%。

图 4.33d 显示了信阳市息县地区假彩色合成图。豫南稻区水稻移栽期较早,该地区水稻

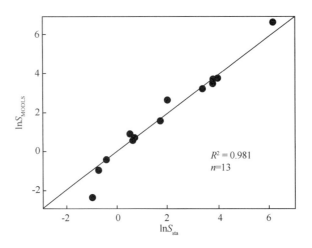

图 4.32　河南省各地区 2009 年水稻统计面积与 MODIS 提取面积的比较

在 7 月 3 日处于分蘖旺期。因此,在影像中稻田呈现深红色,与花生(亮蓝色)和棉花地(粉红色)颜色差异明显。比较图 4.33e 和 4.33f 中水稻分类图,可以看出,从 MODIS 提取的水稻分布与 HJ-1A 水稻分布大体一致,但影像南部地区存在一定的差别,即 MODIS 对该地区小片面积的水稻识别能力有限。以 HJ-1A 数据中提取的水稻面积为标准,MODIS 提取的水稻面积相对误差为 8.18%。

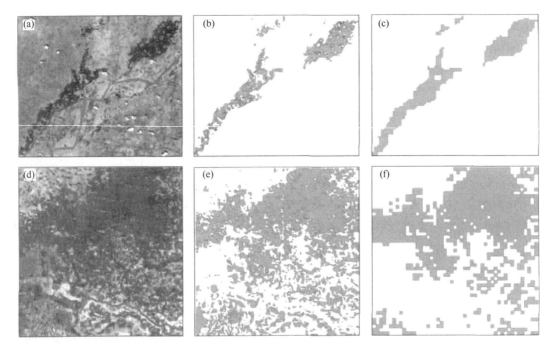

图 4.33　新乡—濮阳(区Ⅰ) 和信阳(区Ⅱ) 部分区域水稻分类图验证
(a、b、c 分别是区Ⅰ的 HJ-1A 假彩色合成(R:4;G:3;B:2)、HJ-1A 水稻分类图和 MODIS 水稻分类图;
d、e、f 分别是区Ⅱ的 HJ-1A 假彩色合成(R:4;G:3;B:2)、HJ-1A 水稻分类图和 MODIS 水稻分类图)

4.3.3.2　线性混合像元分解法提取水稻面积

李根等(2014)利用线性混合像元分解模型提取水稻面积,取得了很好的结果精度。以江苏省为例,利用 2009—2011 年连续 3 年的 MODIS 8 d 合成地表反射率数据(MODIS09A1),计算了归一化差值植被指数(NDVI)、增强型植被指数(EVI)和陆表水指数(LSWI)。结合水稻在不同生长发育期 EVI 的时间序列变化特征,确定了水稻面积提取的关键生育期。根据水稻移栽期稻田土壤含水量高的特征,利用 NDVI、EVI 和 LSWI 3 种指数构建判别条件,确定可能种植水稻的区域。利用线性光谱混合像元分解模型对包含水稻的混合像元进行分解,得出江苏省 3 年水稻种植空间分布图。最后,选取研究区内的水稻典型样区,利用与 MODIS 同时期较高分辨率的环境小卫星 HJ-1 CCD(30 m)数据提取水稻种植面积和空间分布,以此作为参考数据进行精度验证,同时利用统计部门的江苏省水稻种植面积统计数据对江苏省水稻面积进行验证,两种方法验证后得出误差均在 10% 以内。研究表明,采用 MODIS09A1 数据结合线性光谱混合模型可以更高精度地提取大范围的水稻种植面积。

(1)研究区概况

江苏省(116°18′～121°57′E,30°45′～35°20′N)属亚热带和暖温带过渡地带,具有明显的季风气候特征。全省面积约 10.26 万 km²,其中耕地面积 490.2 万 hm²,占全国的 3.97%。年日照时数 2000～2600 h,年平均气温 13～16℃,无霜期 200～240 d,年均降雨量 800～1200 mm。光热条件较好,对喜温和中温作物的生长较适合。农业种植制度主要为冬小麦(或油菜)与水稻轮作。

选择了镇江市新民洲区作为水稻特征提取与面积提取精度评价的样区,其经纬度范围为:119.25°～119.45°E,32.10°～32.25°N。

(2)研究数据

1)MODIS 数据

采用 MODIS 的 8 d 反射率合成产品数据(MOD09A1),来自美国国家航空航天局网站(http://www.modis-land.gsfc.nasa.gov)。MOD09A1 数据的时间范围为 2009—2011 年 6 月 01 日至 8 月 31 日的地表反射率数据,空间分辨率 500 m,时间分辨率为 8 d,包含红、绿、蓝、近红外和短波红外等 7 个波段。

2)环境减灾小卫星数据(HJ-1)

根据天气条件、影像质量和样区水稻物候特征,选取了 2009 年 7 月 31 日、2010 年 8 月 21 日和 2011 年 8 月 9 日的 3 期 HJ-1 CCD 数据。HJ-1 卫星的空间分辨率为 30 m,它与 Landsat TM 数据的波段光谱特性相似,数据易获取,所以选用 HJ-1 CCD 数据进行水稻种植信息提取研究具有一定优势。

3)地面测量和统计数据

地面统计数据主要作为水稻识别的先验知识和精度评价的标准。本研究采用江苏省统计局提供的江苏省统计年鉴中近 3 年主要农作物物候历和水稻种植面积等统计数据(江苏省统计局,2010—2011 年;江苏省地方志编纂委员会,2009 年)。物候历作为先验知识,用于水稻特征提取中 HJ-1 卫星数据日期的选择,地面测量数据为运用 FieldSpec 3 光谱仪在样区所测得的水稻生育期内各时间段的光谱曲线,用于进行混合像元分解时的波谱参考数据。水稻种植面积统计数据用于遥感识别结果的精度验证。

(3)研究方法

利用水稻特有的移栽期地表水分指数(LSWI)与增强型植被指数(EVI)的变化特征来实现水稻的提取。首先利用长时间序列的 MODIS-EVI 的变化特征,通过水稻在 MODIS 影像上移栽期 LSWI 与 EVI 的变化特征实现对江苏省水稻的识别和提取。再根据线性光谱混合像元分解模型对所提取的水稻像元进行混合像元分解提纯,得到水稻丰度图。然后在江苏省水稻物候历的支持下,在江苏省选择 1 个具有地理代表性的县市作为样区,利用样区多时相 HJ-1 CCD 数据进行水稻种植面积提取,得到较高分辨率的水稻种植信息分布图,作为 MODIS 水稻种植面积提取的精度验证参考。最后利用样区 HJ 卫星水稻种植面积分布图和江苏省统计局水稻种植面积统计数据对识别结果进行精度评价。技术流程见图 4.34。

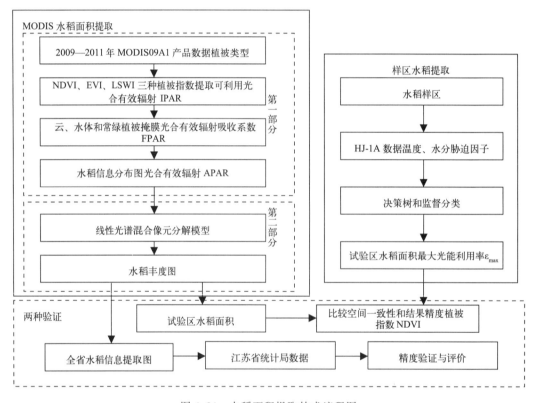

图 4.34　水稻面积提取技术流程图

(4)数据预处理与植被指数计算

江苏省地跨两景图像(H27V05、H28V05),下载产品需要进行拼接,并对拼接后的图像进行投影和坐标系转换。将原始投影方式为等面积正弦曲线投影(sinusoidal projection)的 MODIS 数据转换成 ALBERS 等积投影,使所有数据在相同的投影坐标系下。利用江苏省省界矢量图层作为掩膜,裁切经过镶嵌和投影转换后的图像,得到覆盖江苏省的 MODIS 图像。

利用 MODIS 数据的 3 种植被指数,进行水稻信息提取。这 3 种植被指数包括归一化差值植被指数(NDVI)、增强型植被指数(EVI)和陆表水指数(LSWI),主要利用植被在蓝光波段(ρ_{blue}，459~479 nm)、红光波段(ρ_{red}，620~670 nm)、近红外波段(ρ_{nir}，841~876 nm)、短波红外波段(ρ_{swir}，1628~1652 nm)的反射率计算得到。

它们的计算公式如下(Huete 等，1997，Xiao 等，2005)：

$$NDVI = \frac{\rho_{nir} - \rho_{red}}{\rho_{nir} + \rho_{red}} \tag{4.6}$$

$$EVI = 2.5 \times \frac{\rho_{nir} - \rho_{red}}{\rho_{nir} + 6 \times \rho_{red} - 7.5 \times \rho_{blue} + 1} \tag{4.7}$$

$$LSWI = \frac{\rho_{nir} - \rho_{swir}}{\rho_{nir} + \rho_{swir}} \tag{4.8}$$

其中，ρ 为反射率。

NDVI 在植被覆盖监测上应用比较广泛。与 NDVI 相比，EVI 对土壤背景和气溶胶的影响较不敏感，而且在植被覆盖度高的地区不容易饱和(Huete 等，2002)。当土壤湿度高时，使用 EVI 指数更合适(Sakamoto 等，2005)。且水稻在生长最旺盛时期的叶面积指数很高，故 EVI 比 NDVI 更适合对水稻进行监测。因此，研究选取 EVI 作为识别水稻生长发育期的依据，确定提取水稻的关键期。水稻的多数生长期内，稻田的反射光谱是陆地表面水体和水稻秧苗及其他地物的混合光谱(Xiao 等，2005)。因此还需要构建对水体较为敏感的植被指数。LSWI 利用对土壤湿度和植被水分敏感的短波红外波段，可以监测土壤湿度变化。

(5)水稻特征提取

根据水稻的生理特性，农田为了便于插秧，在水稻移栽前需要对稻田进行灌水，此时稻田的土壤含水量很高。因此，在水稻移栽期从遥感图像中根据此时稻田含水量高的特点可将水稻鉴别提取出来并能很好地与其他作物区分。

图 4.35 是江苏省范围内耕地的 EVI 时间序列变化曲线，其中横坐标为 MODIS09A1 数据获取时间，纵坐标为 EVI 的值。对于江苏省而言，5 月底 6 月初水稻开始进行移栽，此时水稻田 EVI 处于一个低谷。在水稻的移栽期，由于水稻田中需要灌溉大量的水，因此此时水稻田的 EVI 处于最低值。稻田在水稻移栽后秧苗会迅速返青，此时稻田中的 EVI 值将略微增加。水稻在之后的 1 至 2 周时间根系和叶系将开始生长并进入分蘖期，此时稻田的 EVI 值由于水稻分蘖数量增加而快速增加。水稻在 8 月初左右将从营养生长开始转入生殖生长，植株内的养分逐渐转入到籽粒中，植株的生物量逐渐下降，此时 EVI 达到最大值，对应着水稻的抽穗期(Sakamoto 等，2005)。抽穗期以后，水稻叶片逐步衰老直至死亡，此时水稻田 EVI 数值开始慢慢下降。

(6)水稻的识别

根据研究区影像和研究区的水稻种植特点，通过监测对土壤和植被水分含量较为敏感的 LSWI 指数和对土壤背景不敏感的 EVI 指数的变化来作为水稻识别和提取的重要依据。在研究区域内提取水稻种植面积信息由于部分地区水稻移栽日期的不同会造成一定困难。通过分析研究区多时相 MODIS 8 d 合成地表反射率数据中 EVI 和 LSWI 指数的变化特征，得出在水稻生长发育期内，EVI 通常都大于 LSWI。只有在移栽期，稻田水分含量高，像元的反射光谱表现为 EVI 小于 LSWI(Xiao 等，2005)。因此，根据研究当某个移栽期水稻像元中符合 $EVI \leqslant (LSWI + 0.05)$ 这一特征，则该像元就可能为水稻像元(Xiao 等，2005)。江苏省范围

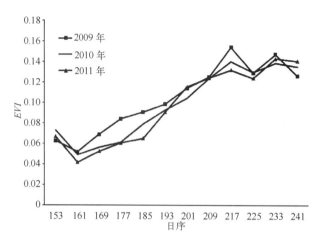

图 4.35　江苏省 2009—2011 年耕地范围内的 EVI 时间序列变化曲线

内水稻的移栽期集中在 6 月份,因此可以利用 5 月底至 7 月初的数据,提取符合 $EVI \leqslant$ $(LSWI + 0.05)$ 的像元。这是第一个条件函数。

为了确保水稻种植信息提取的准确性,需要识别并剔除云、常绿植被和水体等非水稻像元。尽管 MODIS09A1 产品数据已经经过了严格的去云和去阴影的处理,然而,研究区在水稻生长发育的时期多云且影像中仍然存在大量由于云覆盖而残留的对信息提取影响较大的噪声。根据所获数据经过阈值选取确定,将第三波段蓝光波段的反射率 $\geqslant 0.2$ 作为识别云的标准将少量的云噪声剔除。由于常绿植被的 NDVI 值能终年稳定且较高,而水稻的 NDVI 值在其移栽期会突然变低。通过阈值选取将在所有 MODIS8 d 地表反射率数据中 NDVI 均大于 0.7 的像元认为是常绿植被并剔除。

为了进一步对以上区域中可能为水体或其他容易混分的像元进行剔除和选取,研究采用了另一个条件函数。在移栽期后 40 d 左右时间里,EVI 值需超过 EVI 最大值的一半(Xiao 等,2005)。据此,本研究采用移栽期后 5 个 8 d MODIS 合成数据的 EVI 值超过 EVI 最大值的一半作为第二个条件函数,提取出可能为水稻的像元区域。

(7)线性光谱混合像元分解

采用最小噪声分离变换(Minimum Noise Fraction-MNF)对用以上方法判断的可能为水稻的遥感图像像元做出处理,将主成分数据和噪声数据进行分离,分离后的各个波段间相互独立。其中绝大部分的有效信息集中在前 3 个波段。故分别做出 MNF 变换后各波段的 2 维散点图,并根据 2D 散点图的交互显示来选择端元,利用散点图中的各拐角位置作为参考端元,结合区域特点和先验知识,参考实测端元水稻光谱数据(图 4.36)进行目视解译判读,可以看出研究区为水稻、其他作物植被和城镇用地 3 种主要地物类型。

考虑到利用 MNF 方法对端元成分进行确定的精度不高并且比较随意。所以引用了纯净像元指数(Pixel Purity Index,PPI)作为对遥感图像中高纯度的像元进一步确定的指标。PPI 指数即为图像中每个像元作为极值点的频度,PPI 指数越高意味着像元的纯度也越高。在多次对比试验之后,选择了最为合适的一种阈值和迭代次数组合对遥感图像像元进行分析,得出在结果图像中高亮显示的相对纯净像元。把绝大部分不纯净的点从原始图像中去除,可以极

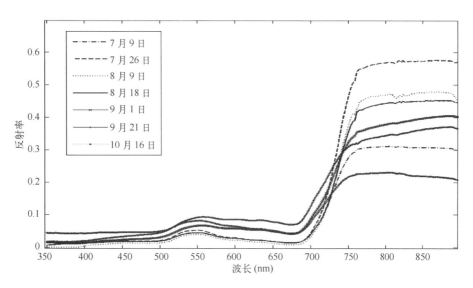

图 4.36 实测水稻端元反射率参考值

大地缩小了端元组分的选择范围。

把 PPI 图的结果做 N-维散度分析,选择 MNF 图像的前三个波段,出现 N-维散点图。通过对 N-维散点图的旋转和对比,结合之前得到的 2D 散点图,将在三维多面体各个顶端边缘处对应选择的 3 组点集作为端元的组成成分,提取出各端元组分的平均波谱曲线,并与参考值比较进行波谱分析。利用线性混合光谱模型(LSMM)对遥感影像像元进行混合像元分解,得出各类地物端元的丰度图(图 4.37)。

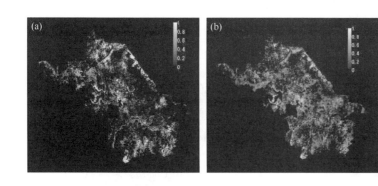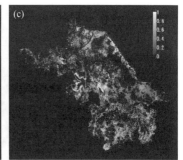

图 4.37 水稻丰度图

(a. 2009 年;b. 2010 年;c. 2011 年)

(8)结果验证

1)与样区环境卫星数据提取的水稻信息对比

根据样区的较高分辨率 HJ-1 数据通过监督分类中的最大似然法分类来提取水稻信息,得到样区水稻种植面积分布图。再以较高分辨率 HJ-1 卫星数据提取的样区水稻种植面积为基础,对比低分辨率 MODIS 数据中样区水稻的空间匹配度。2010 年的对比结果见图 4.38。

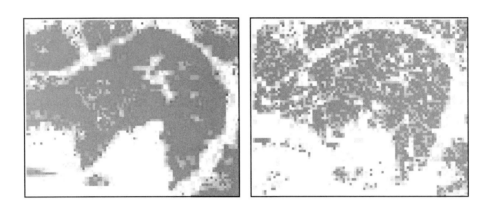

图 4.38　2010 年样区水稻分类图验证

由于所选 MODIS 数据为 500 m 分辨率,HJ-1CCD 数据为 30 m 分辨率,根据上述水稻种植面积提取方法提取之后,经过对 MODIS 数据进行线性光谱混合像元分解的处理,可以看出两种数据在空间匹配度上大致一致。再对 HJ-1 数据的水稻分类信息进行面积提取,得到 2009—2011 年分别为 152.81 km², 165.18 km², 157.77 km², 以 HJ-1 卫星数据所提取的水稻面积为基准对比 MODIS 数据所提取的水稻面积,得出 MODIS 数据所提取水稻面积的精度分别为 96%、89%、94%。

2)与江苏省统计数据对比

利用 MODIS 数据提取的江苏省全省水稻面积结果见图 4.39,与江苏省统计局统计的江苏省 2009—2011 年水稻种植面积相比误差分别为 3%、10%、6%。

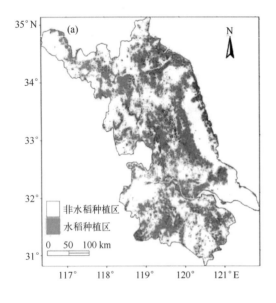

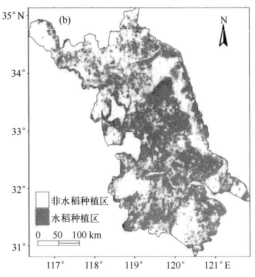

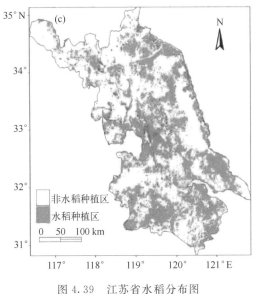

图 4.39　江苏省水稻分布图

(a. 2009 年；b. 2010 年；c. 2011 年)

4.3.3.3　利用 FastICA 技术提取水稻面积

耿利宁(2014)利用独立成分分析(FastICA)对水稻面积进行了初步提取。以长江中下游苏、皖、赣 3 省为研究区域，基于 2010 年 MODIS 数据，使用 FastICA 算法分解混合像元提取水稻面积。重构陆地水分指数 LSWI(Land Surface Water Content Index)、增强型植被指数 EVI(Enhanced Vegetation Index)、归一化植被指数 NDVI(Normalized Difference Vegetation Index)的时序数据以减少云等噪声的影响；在土地覆盖类型数据(Land Cover Type)获得耕地数据基础上，利用水稻移栽期间水田像元的陆地水分指数 LSWI，EVI 之间特有的关系，获取水田像元；依据不同地区水稻物候期，建立不同的水稻标准生长曲线，不同地区进行相似性指数的计算，获得各地区以相似性指数为特征的单波段影像即含水稻像元的影像；在此基础上，使用 ICA(独立成分分析)中的 FastICA 算法对不同地区含水稻影像的 NDVI 曲线进行独立成分分析，分离水稻 NDVI 曲线计算丰度，获取水稻丰度图。

(1)研究区概况

江苏、安徽、江西 3 省隶属长江中下游水稻生态区。其中，江西全省和江苏、安徽的南部地区属于江南丘陵双季稻种植区，而江苏和安徽北部地区属于华北单季稻区。但随着近十多年来的城市化和劳动力转移，江苏和安徽大部分地区仅种植一季中稻和晚稻，江西一季稻面积则逐年攀升。

江苏省主要种植一季水稻，生长季一般从 6 月中旬到 11 月中旬，2010 年总种植面积达 223.4×10^4 hm²，总产量达 180.7×10^8 kg。安徽省水稻种植集中在长江淮河流域，多为一季稻，沿淮地区水稻生长季从 6 月上旬到 10 月下旬，沿江地区生长季从 6 月上旬到 9 月下旬或 10 月上旬，两地区总种植面积达 164×10^4 hm²，总产量达 128.2×10^8 kg。江西省水稻种植集中在中北部地区。该地区土壤肥沃，主要种植双季水稻。其中，早稻生长期从 4 月下旬到

7月下旬,晚稻生长期从7月下旬到11月上旬,早稻种植面积为$140×10^4$ hm²,晚稻为$141×10^4$ hm²。该省还种植一季中稻或晚稻,但种植面积相对较小,约$40×10^4$ hm²,生长期从6月上旬到10月上旬。该省2010年单双季水稻总产量达$170×10^8$ kg。

(2)实验数据

利用覆盖整个研究区的2010年46景8 d合成地表反射率(MOD09A1)和1景(2009年)土地利用类型(MCD12Q1)MODIS产品数据。MOD09A1数据经过大气校正、气溶胶校正及卷云处理,空间分辨率为500 m,包含7个波段。MCD12Q1数据包含16个类别的土地覆盖类型,选用其中的Croplands和Cropland/Natural Vegetation Mosaic土地类型从影像中提取耕地像元。

利用已有的研究区水稻和同期作物(玉米、大豆和棉花)GPS样方资料,结合Google Earth和6景覆盖研究区域的Landsat TM数据(2005年1景、2006年1景、2007年2景和2010年2景)、3景2010年覆盖研究区域的HJ1A-CCD1影像,空间分辨率为30 m,从研究区内额外建立了150个水稻样方数据。样方数据中江苏60个、安徽50个和江西40个(江西30个早稻样方中有20个样方为双季早晚稻)。

另外,获取了2010年江苏省、安徽省、江西省统计年鉴数据,提取了3省水稻种植面积数据。从各省近10年农业气象观测站获取了各观测点水稻生育期资料。表4.11给出了各省观测到的主要水稻生长期最早至最晚日期的基本情况。

表4.11 各省主要水稻生长期基本情况

稻区	播种期	移栽期	抽穗期	成熟期
江苏单季稻	5.3—5.21	6.3—6.23	8.11—9.3	9.21—10.24
皖北单季稻	4.24—5.9	6.1—6.18	8.13—8.29	9.16—10.24
皖南单季稻	4.11—4.28	5.27—6.5	8.6—8.12	9.6—9.30
江西早稻	3.22—3.29	4.12—5.2	6.14—6.29	7.7—7.25
江西中稻	4.28—5.15	5.25—6.11	7.10—7.24	9.21—10.8
江西晚稻	6.18—7.9	7.16—7.27	9.3—9.25	10.6—11.3

(3)水稻面积提取方案

首先结合水稻移栽前后LSWI和NDVI变化规律和相似性指数提取水稻像元(顾晓鹤等,2008;杨沈斌等,2012;景元书等,2013)。选用LSWI、NDVI在耕地类型像元基础上提取满足LSWI$+T≥$NDVI的水田像元;在此基础上,通过样方获取的参考NDVI时相曲线,进行相似性指数计算,获取相似性指数影像,结合样方得出符合水稻的相似性指数范围提取水稻像元;然后,获取水稻像元的NDVI数据,再利用FastICA算法分解NDVI数据,获取水稻丰度提取水稻面积,具体流程见图4.40。

(4)植被指数的计算与滤波重构

利用公式计算出陆地水分指数LSWI和归一化植被指数NDVI的数值,由于研究区水稻生长季多云雾雨天气,需要对MODIS数据进行去云滤波和噪声抑制处理。为此,对LSWI时序曲线采用LMF(基于局部最大滤波算法)进行滤波和噪声抑制,对NDVI时序曲线采用TIMESAT程序中的Savitzky-Golay算法进行去云滤波和平滑。两种算法都是在给定时相窗

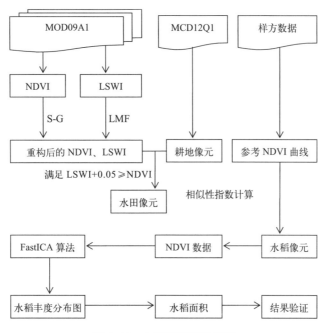

图 4.40　水稻面积提取流程

口内进行的滤波算法,利用窗口范围内数值的平均值或者线性组合替换缺失或者不良数据。LMF 方法采用局部平均值平滑,滤波窗口设定为 4;S-G 方法针对 NDVI 的窗口大小为 3,平滑多项式幂次数为 2。原始数据与滤波重构后的数据对比见图 4.41。从图中可以看出,NDVI与 LSWI 数据都得到了较好的平滑并保留了原始的变化特性。

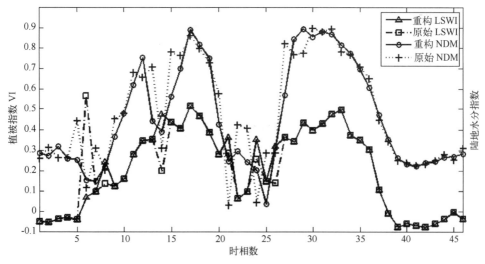

图 4.41　NDVI 和 LSWI 时相曲线滤波前后对比

(5)水稻参考生长曲线的建立与相似性指数的计算

根据样方数据中的纯像元样方获取各区的 NDVI 时相曲线,求多个样方的平均值,得到能代表该区的水稻参考 NDVI 时相曲线(图 4.42)。其中,江苏省用一条参考曲线代表,安徽

农作物生长动态监测与定量评价

省皖北皖南各用一条参考曲线代表,而江西省用三条参考曲线代表早、中、晚三种水稻。通过与表 4.11 的对比可以发现,选取的参考 NDVI 时相曲线符合真实的水稻物候期。

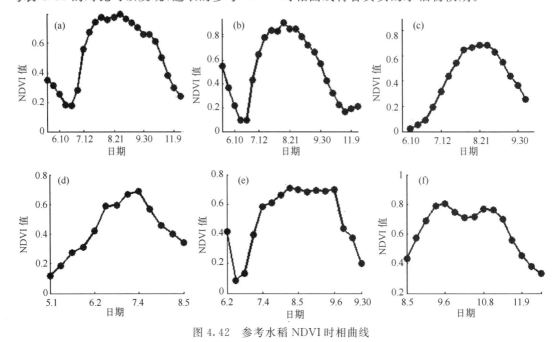

图 4.42　参考水稻 NDVI 时相曲线

(图 a、b、c、d、e、f 分别对应江苏省、安徽省北部、安徽省南部的单季稻和江西省早稻、中稻、晚稻)

利用相似性算法公式计算相似性指数,相似性指数值越小表明与水稻生长曲线越相似,是水稻像元的可能性越大。由于研究区域较大,大区域水稻生长季的开始和结束时间不尽相同,这就使得一些原本含有水稻的像元由于与参考 NDVI 时相曲线时间横轴上的差异,相似性指数值过大而被当作非水稻。为了避免这一不同种植日期带来的干扰,对参考 NDVI 时相曲线的时间跨度进行了前后各一个 8 d 即一个时相的滑动(图 4.43,以江苏为例),多次进行相似性指数计算。计算后的相似性指数如图 4.44 所示。

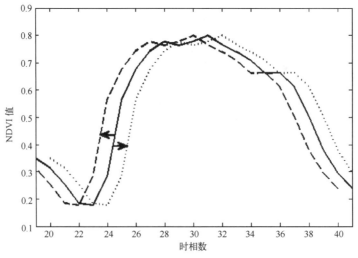

图 4.43　滑动 NDVI 时相曲线的时间序列

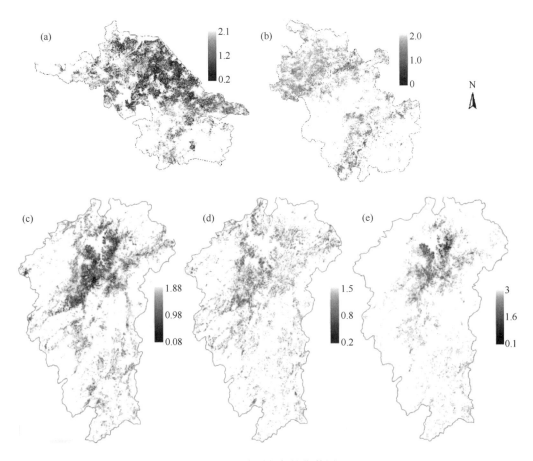

图 4.44　水稻相似性指数图

(a、b、c、d、e 分别对应江苏省、安徽省的单季稻和江西省早稻、中稻、晚稻)

（6）基于 FastICA 算法的水稻像元分解

FastICA 算法是基于负熵的快速不动点算法。它以负熵的近似（近似估计一维负熵）作为目标函数，使用不动点迭代法寻找非高斯性最大值，该算法采用牛顿迭代算法对观测变量 X 的大量采样进行批处理，每次从观测信号中分解出一个独立分量，是 ICA 的一种快速算法（Hyvärinen & Oja，独立成分分析），已在很多领域得到了应用（李富强等，2011；粘永健等，2010；Ozdogan，2010）。

在进行 FastICA 算法之前，需要对数据进行预处理来简化 ICA 问题。预处理主要是中心化和白化。设定输入的数据 X 是观测得到的 NDVI 数据，为一个 $T \times N$ 的矩阵，行为组成图像的各个像元，列为每个像元中整个时期不同时相 NDVI 的值。中心化即为零平均，X 中每列数值减去每列的平均量，使 X 成为零平均变量。白化则是使其各个分量互不相关，且各自的方差等于 1，使得 X 的协方差矩阵等于单位矩阵。预处理公式：

$$Z(X) = \frac{X - \overline{X}}{\sqrt{\dfrac{(X - \overline{X})^2}{n}}} \tag{4.9}$$

通常 FastICA 算法需要的输入数据是以像元个数作为信号个数,像元的时序数作为样本个数,而在水稻面积提取的应用中,不同作物的时间生长序列可能并不符合 ICA 分析中提及的统计独立,因此需要对原始数据进行转置,使得像元时序数作为信号个数,像元个数作为样本个数,这是一种特别的 FastICA 算法(Ozdogan 等,2010)。得出的结果中,A 中第 i 列代表第 i 个独立成分的时间序列,IC 中第 i 行代表该独立成分信号在整个图像中的强弱分布。一般而言,结果中独立成分的排列顺序符合高斯性从强至弱的规律(Wang 等,2006)。

FastICA 算法在独立成分个数很多的情况下,无法使分解得到的所有独立成分完全的独立,丰度计算的误差也就很大。而本研究在水稻像元基础上进行的 FastICA 算法等于间接地对原始数据进行了降维,减少了误差。

引入一个在降维过程中使用的表征独立成分个数的特征量 VD(Virtual Dimensionality)。针对江苏地区,通过改变 VD 的大小,选取 VD=8 时,独立成分个数占总变量的 95.12%,分解得出的 NDVI 时相曲线中,符合水稻生长特性的有两条曲线(图 4.45a)。由于 FastICA 算法在计算之前要做零均值处理,所以分解得出的曲线也都是零均值的,分解得到的曲线是从实际曲线中分解出来能代表一定区域的曲线。从图中可以看出,两条曲线代表的生长季符合水稻生长季,NDVI1 较 NDVI2 略长;二者峰值相近,在时间横轴上有所偏移,NDVI1 曲线 9 月份出现明显下凹。同样的,安徽地区取 $VD=7$,占总变量 94.14%,共分解出 4 条曲线符合水稻生长特性的曲线(图 4.45b)。4 条曲线同样符合水稻生长季,峰值相近,其中 NDVI3 在 9 月份出现明显下凹且较其余 3 条曲线生长季较长。江西地区早稻取 $VD=6$,占总变量 90.26%,中稻取 $VD=8$,占总变量 92.5%,晚稻取 $VD=6$,占总变量 92.77%;早、中、晚稻各分解出一条 NDVI 曲线(图 4.45c)。3 条曲线峰值相近,在时间横轴上,早稻的曲线结束后晚稻的曲线开始增长,中稻的曲线位于早晚稻之间,符合江西地区早、中、晚稻的生长季,其中代表晚稻的曲线 9 月份出现明显下凹。

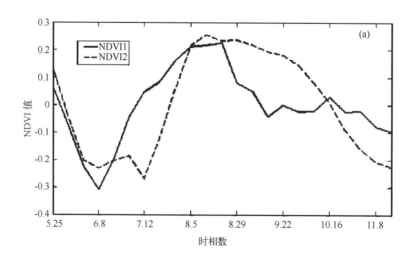

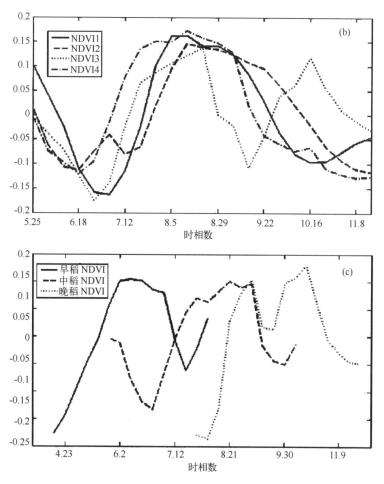

图 4.45　FastICA 提取的 NDVI 时相曲线

（a、b、c 分别对应江苏省、安徽省、江西省）

在盲源分析中，由于地物类型众多，给分析带来了很大的困难，特别是研究区域过大时，所含地物的类型很多，VD 个数较难确定。而 VD 的大小与丰度计算误差有密切的联系。水稻种植情况、水稻生长状况和稻田土壤特征在空间上都存在一定差异，给确定 VD 数带来了困难，这同样使得我们不可能"完全分解"不同条件下的水稻像元，但我们却能"尽可能"的去分解不同条件下的水稻像元。以江苏地区为例，当分别取 $VD=8$、$VD=9$ 时，分解得到符合水稻生长特性的曲线都为 2 条（如图 4.46 所示），并且前后两次分解得到的两条曲线之间差异很小，这就证明，取 $VD=8$ 时，得到的符合水稻生长特性的独立成分已经尽可能地被分解。

使用 FastICA 算法分解得到各地区不同的 NDVI 时相曲线后，获取符合水稻生长特性曲线对应的 IC 矩阵中的行数据，即曲线代表的水稻成分在不同像元的信号强度值（IC 值），选取其中的最大值和最小值，进行丰度计算，公式如下：

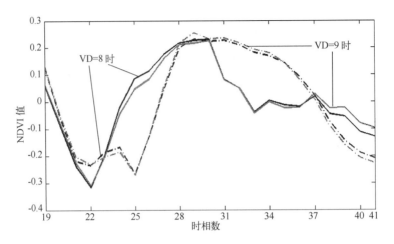

图 4.46　$VD = 8$、9 时分解得到的 $NDVI$ 时相曲线

$$\alpha_{IC_i} = \frac{\mid IC_i(r)\mid - \min_r\mid IC_i(r)\mid}{\max_r\mid IC_i(r)\mid - \min_r\mid IC_i(r)\mid} \tag{4.10}$$

式中，α_{IC_i} 代表第 r 像元中第 i 个独立成分的丰度大小，$\mid IC_i(r)\mid$ 代表 r 像元中 IC 矩阵中第 i 个独立成分的信号强度绝对值，而 $\min_r\mid IC_i(r)\mid$、$\max_r\mid IC_i(r)\mid$ 分别代表整个图像中第 i 个独立成分所占的最小强度（某像元中无该独立成分）以及最大强度（某像元是含该独立成分的端元）。$\min_r\mid IC_i(r)\mid$、$\max_r\mid IC_i(r)\mid$ 分别取 $\mid IC_i(r)\mid$ 中的最小值和最大值（若图像中无该成分的端元，按此计算将带来误差），这其实是一个标准化 $\mid IC_i(r)\mid$ 的过程。

计算获取每个像元对应的丰度值，绘制代表该曲线的丰度图，3 省的水稻丰度见图 4.47。

（7）结果验证

在获得对应的水稻丰度图后，通过叠加计算各个丰度图中每个像元的丰度值，进行水稻面积的提取，不同曲线之间采用多次丰度计算结果的相加。对计算结果，分别结合 2010 年统计年鉴资料和 30 个覆盖 3 省的样方资料进行了对比验证，与统计年鉴的对比结果如表 4.12 所示，与样方对比结果如图 4.48 所示。

表 4.12　提取的水稻面积与统计面积比较

稻区	FastICA（hm²）	统计年鉴（hm²）	相对误差（±%）
江苏一季稻	192.9×10^4	223.4×10^4	13.6
安徽一季稻	144.2×10^4	164×10^4	12.1
江西早稻	61.7×10^4	140×10^4	55.0
江西中稻	24.0×10^4	40×10^4	40.0
江西晚稻	69.7×10^4	141×10^4	50.5

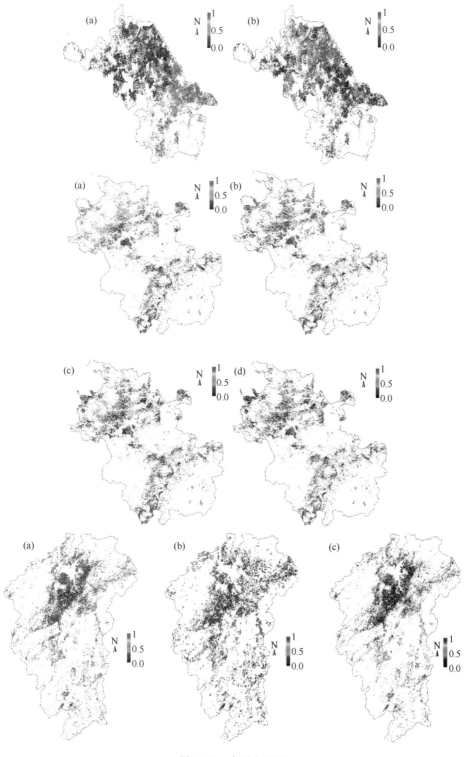

图 4.47　水稻丰度图

（上部 a、b 为江苏省，中部 a、b、c、d 为安徽省，下部 a、b、c 为江西省；

各省 a、b、c、d 分别按序对应图 4.45 中各省不同曲线）

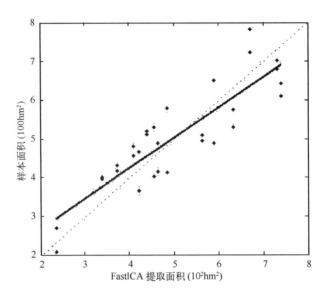

图 4.48 样方面积与 FastICA 提取面积的比较

从表 4.12 可见,提取的江苏一季稻面积约为 192.9×10^4 hm²,与统计面积相对误差为 13.6%;安徽地区水稻提取面积为 144.2×10^4 hm²,误差百分比为 12.1%;江西地区出提取面积分别为早稻 61.7×10^4 hm²,中稻 24×10^4 hm²,晚稻 69.7×10^4 hm²,误差过大,平均在 51.5%左右。从图 4.48 可见,FastICA 提取的面积与样方面积平均相对误差在 15%以内,散点与趋势线的确定系数为 0.79。

第5章 农作物生长动态区域模拟

作物生长模型以环境气象条件为驱动变量动态模拟作物生长发育及产量形成,是进行作物生长定量评价的有效工具。然而,不同的作物模型因其描述的作物生长过程、遗传特性及生态类型等的不同而表现各异。同时,单点尺度的作物模型应用于大范围尺度时也会因变量的空间变异和参数的普适性等问题而需要进行升尺度的区域应用技术研究。卫星遥感是监测大范围植被生长状况的有效手段,但它只能反映作物群体表面的瞬间物理状况,缺乏对作物生长的机理性描述。作物生长模型和遥感技术互有所长、各有不足,且形成很强的互补性,两者结合有助于大范围作物生长区域模拟。本章介绍不同作物生长模型在相关区域的适应性分析及模型与遥感信息结合进行区域尺度模拟的方法。

5.1 作物生长模型的适应性分析

5.1.1 WOFOST 玉米模型在华北区域的适应性分析

5.1.1.1 WOFOST 模型简介

WOFOST 模型是世界粮食研究中心、瓦赫宁根农业大学和瓦赫宁根农业生物研究中心联合研制的作物生长通用模型(Van Diepen 等,1989;Supit 等,1994)(图 5.1)。

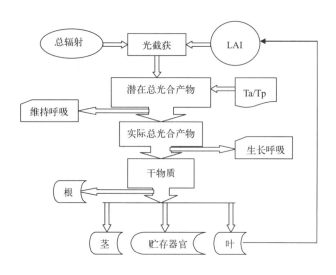

图 5.1 WOFOST 模型的作物生长过程示意图

它以逐日步长模拟气象和其他环境因子(土壤和水肥)影响下的作物生长过程。通过吸收的太阳辐射和单叶片的光合性能计算得到作物的日潜在同化产物,部分同化产物消耗于维持呼吸,剩下的被转化为结构干物质,在转化过程中又有一些干物质被用于生长呼吸作用。模型同时考虑了作物发育过程中叶片生理衰老对叶片枯死速率的影响,最终产生的干物质在根、茎、叶和贮存器官中进行分配,分配系数随发育阶段而不同。各器官的总干物重通过对每日的同化产物进行积分得到。模型由气象、作物和土壤等三个模块构成。气象模块用于输入和处理气象数据并驱动作物模块,作物模块描述作物对各种环境因子的动态响应。根据气象和作物模块的计算可以得出作物潜在生产力,再利用土壤模块考虑土壤养分与水分的运移计算作物水分胁迫生产力。通过改变相应参数可以应用于不同作物种类或品种。在过去的20多年里,WOFOST已经在许多国家和地区的多个领域得到广泛应用。如作物产量风险分析、影响作物生长的决定性因子和气候变化对农业生产的影响等。但 WOFOST 模型通过系统分析的方法对作物的生长发育过程进行了简化,产生了许多关于作物遗传特性或品种生态类型的参数。遗传特性是在一定的气候、地理和栽培制度长期驯化下形成的。要准确模拟作物生长发育过程就必须确定能够适应当地条件的相关模型参数。

5.1.1.2 WOFOST 玉米模型的单点参数校准

WOFOST 模型中作物的生长过程与发育进程密切相关,因此准确模拟发育期非常重要。模型中作物的发育参数主要为完成不同发育阶段所需的有效积温,包括出苗到抽雄(T_{SUM1})和抽雄到成熟(T_{SUM2})的有效积温。玉米发育下限温度一般为 8℃,发育上限温度为 35℃。利用华北各农业气象站点多年夏玉米发育期及其对应温度数据可以获得各站点的发育参数。

WOFOST 模型的生长参数主要包括 CO_2 同化、维持呼吸、生长呼吸、干物质分配、叶片增长、根生长、器官死亡和水分利用等方面的参数。这些参数直接影响夏玉米的生物量积累和产量形成,但生物量对不同参数的敏感程度不同,因此需根据生长参数的生物学意义和敏感性制定不同的校准方案。一般情况下,对于不敏感的生长参数或敏感性较高但取值变化范围较小的生长参数,可以根据文献或模型默认值确定;对于敏感性较高且取值范围变化较大或与品种有关的生长参数,先根据试验资料计算或查阅文献获得参数可能的取值范围,再利用"试错法"做适当调整。依据以上方案并利用华北农业气象试验站数据计算可以获得 WOFOST 模型生长参数的取值。部分参数如比叶面积(S_{LA})、叶片光合作用最大速率(A_{MAX})、分配系数(F_L、T_S、F_O)随发育进程(DVS)变化的取值如表 5.1 所示。

表 5.1 华北夏玉米 WOFOST 模型生长参数

DVS	$S_{LA}(hm^2 \cdot kg^{-1})$	$A_{max}(kg \cdot hm^{-2} \cdot h^{-1})$	$F_L(kg \cdot kg^{-1})$	$F_S(kg \cdot kg^{-1})$	$F_O(kg \cdot kg^{-1})$
0.00	0.0027	70.00	0.67	0.33	0.00
0.28	0.0022	70.00	0.67	0.33	0.00
0.78	0.0013	70.00	0.21	0.79	0.00
0.84	0.00129	70.00	0.15	0.85	0.00
1.12	0.00127	70.00	0.01	0.39	0.60
1.15	0.00127	70.00	0.00	0.00	1.00

续表

DVS	$S_{LA}(hm^2 \cdot kg^{-1})$	$A_{max}(kg \cdot hm^{-2} \cdot h^{-1})$	$F_L(kg \cdot kg^{-1})$	$F_S(kg \cdot kg^{-1})$	$F_O(kg \cdot kg^{-1})$
1.25	0.00126	70.00	0.00	0.00	1.00
1.44	0.00125	64.68	0.00	0.00	1.00
1.50	0.00124	63.00	0.00	0.00	1.00
1.75	0.00122	49.00	0.00	0.00	1.00
1.86	0.00121	36.68	0.00	0.00	1.00
2.00	0.0012	21.00	0.00	0.00	1.00

5.1.1.3　WOFOST 玉米模型的区域化

作物模型中的一些参数如品种发育、土壤等参数与气候、土壤的地理分布有一定关联。为了实现作物模型的区域应用,需要根据参数的空间异质性,确定不同地区的模型参数。

WOFOST 模型中发育参数用积温(T_{SUM})表示,考虑到温度空间分布的地理属性特征及作物发育特性形成的气候生态差异,利用华北地区农业气象站点多年夏玉米的发育期和气象数据,计算了各站点多年平均发育参数(T_{SUM}),然后根据其空间分布特征,结合地形地势,并参照我国玉米气候生态区划结果,确定发育参数的分区(图 5.2),以各分区内站点参数值的平均作为该区的夏玉米发育参数 T_{SUM1}(出苗到抽雄期间的积温)和 T_{SUM2}(抽雄到成熟期间的积温),见表 5.2。对一些生长参数,如最大光合速率(A_{MAX})、比叶面积(S_{LA})和分配系数(F)等,由于没有明显的空间变化规律,且观测点有限,可以以多个观测点多年平均值代表区域参数。

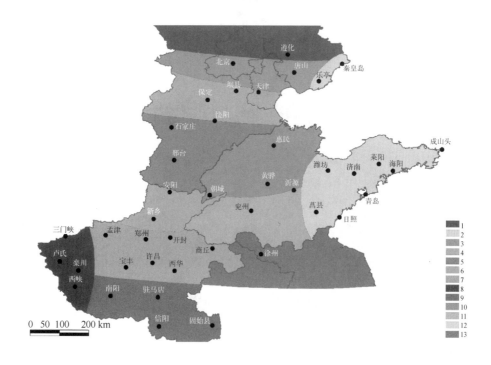

图 5.2　华北夏玉米发育参数分区图

表 5.2　华北夏玉米各分区发育参数取值

分区代码	T_{SUM1}(℃·d)	T_{SUM2}(℃·d)	分区代码	T_{SUM1}(℃·d)	T_{SUM2}(℃·d)
1	877.8	718.8	8	879.4	713.8
2	706.2	669.2	9	914.5	844.5
3	907.6	710.4	10	945.2	739.5
4	919.8	715.6	11	841.6	689.2
5	945.0	795.6	12	814.0	748.1
6	988.4	822.3	13	979.9	799.6
7	930.3	766.5			

　　WOFOST 模型中的土壤参数主要包括水文常数、饱和导水率及渗透速率等土壤物理特性参数。这些参数的取值主要依赖于土壤质地和结构。由于缺乏详细的实测数据,利用土壤类型与土壤质地的对应关系,将 1∶400 万的中国土壤类型图转换为土壤质地图。华北地区共有 8 个土壤分区(图 5.3),分别是粗砂土区、粉土区、粉黏土区、壤土区、砂粉土区、砂壤土区、细砂土区、黏土区。根据同一土壤质地内的土壤水文常数相对一致的原理,以同一质地上代表站点的实测水文常数平均值作为该区域的土壤参数(表 5.3)。

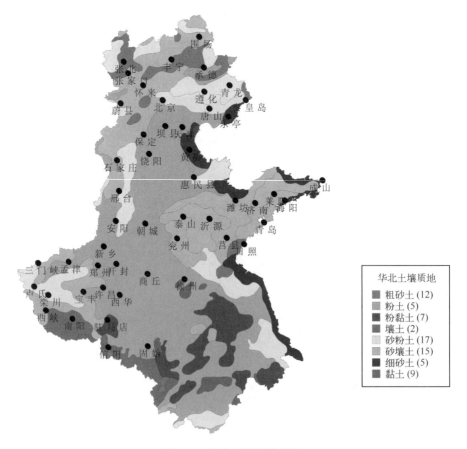

图 5.3　华北土壤参数分区

表 5.3　华北地区不同质地的土壤参数取值

土壤质地	凋萎湿度（cm³·cm⁻³）	田间持水量（cm³·cm⁻³）	饱和含水量（cm³·cm⁻³）	饱和导水率（cm·d⁻¹）
粗砂土	0.0001	0.060	0.395	1120
细砂土	0.0652	0.315	0.500	50
砂粉土	0.0829	0.308	0.452	12
粉土	0.0830	0.337	0.508	6.5
砂壤土	0.0662	0.308	0.483	16.5
壤土	0.1060	0.332	0.463	5
粉黏土	0.1070	0.344	0.483	1.5
黏土	0.2400	0.380	0.450	0.22

5.1.1.4　WOFOST 玉米模型的模拟检验

在 WOFOST 模型单点校准和区域参数确定的基础上,利用实测出苗期为模拟初始日期,以对应代表站点的逐日气象数据驱动 WOFOST 模型模拟夏玉米生长发育过程,与实际观测数据进行对比分析,以检验模型的适应性。评价方式可以利用模拟与实测结果的 1∶1 图、决定系数、回归方程、平均绝对误差及平均相对误差。

首先检验 WOFOST 模型的站点发育参数,包括回代(建立发育参数的年代)和外推(独立样本)检验。图 5.4 是 WOFOST 模型模拟华北地区夏玉米发育期与实测值的 1∶1 图。可以看出,回代检验中,出苗到抽雄天数的决定系数(R^2)为 0.48,平均绝对误差为 2.6 d,抽雄到成熟天数的 R^2 为 0.27,平均绝对误差为 7.6 d,两者的平均相对误差分别为 1.39% 和 −4.86%,模拟结果较好。而外推检验中,出苗到抽雄天数的决定系数 R^2 为 0.22,抽雄到成熟天数的 R^2 为 0.23,两者的平均绝对误差分别为 3.4 d 和 6.6 d,平均相对误差分别为 1.9% 和 4.52%。模拟效果稍差于回代检验,这可能是因为发育参数的调整未能考虑品种变化的缘故,可在今后研究中予以考虑。回代检验和外推检验时平均相对误差均小于 5%,出苗到抽雄天数的模拟效果好于抽雄到成熟天数的模拟效果。

之后进行 WOFOST 模型分区发育参数的检验。结果表明,发育参数区域化后,回代检验中出苗到抽雄天数的决定系数(R^2)为 0.40,平均绝对误差为 3.6 d,抽雄到成熟天数的决定系数(R^2)为 0.21,平均绝对误差为 8.6 d,两者平均相对误差分别为 2.37% 和 4.61%。在外推检验中出苗到抽雄天数的决定系数(R^2)为 0.2,抽雄到成熟天数的决定系数(R^2)为 0.15,两者平均绝对误差分别为 4.2 d 和 7.1 d,平均相对误差分别为 2.40% 和 4.69%。可以看出回代检验效果仍好于外推检验。同时与使用站点参数的检验结果比较(图 5.4)发现,发育参数区域化后模拟效果稍变差。但总体来看,通过参数调整的 WOFOST 模型模拟结果基本能够体现华北夏玉米主要发育期的变化状况。

WOFOST 模型生长参数的检验也包括回代和外推检验。图 5.5 为 WOFOST 模型模拟2009 年河北固城潜在生产条件下夏玉米生长的回代检验。可以看出,模拟效果总体较好,能够反映夏玉米各器官干重的积累过程。模拟叶重、茎重与实测值非常接近,仅模拟穗重稍偏低,模拟叶面积指数略偏高。

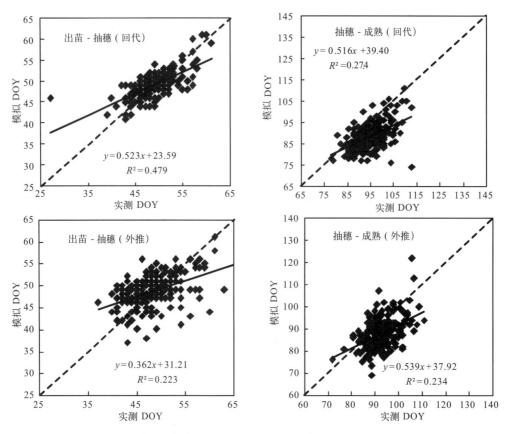

图 5.4　基于单点发育参数的 WOFOST 模拟发育进程与实测结果 1：1 图

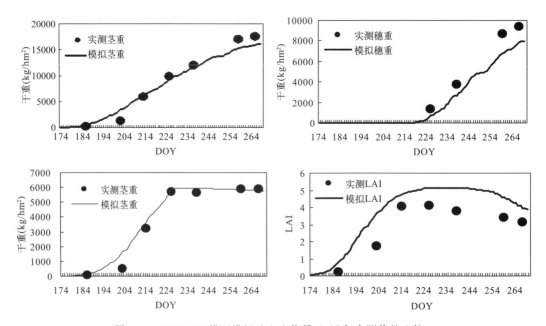

图 5.5　WOFOST 模型模拟地上生物量、LAI 与实测值的比较

利用固城站 2009 年夏玉米田间试验中水分控制小区的观测数据对 WOFOST 模型进行外推检验。结果发现,模拟各器官干重和 LAI 与实测结果的相关系数在 0.84 以上。只是模拟总重、茎重稍偏高,而模拟贮存器官干重在后期偏低(图 5.6)。这与玉米发育后期模拟的光合产物偏低、分配系数变异较大所致。对不同水分控制小区分别进行单独检验发现,在水分条件较好时,WOFOST 模型模拟茎、贮存器官及地上总干重均与实测值符合较好,而水分条件较差时,模型模拟结果偏高。这是因为 WOFOST 模型对水分胁迫和分配的描述不够精确所致,也是模型需要改进之处。

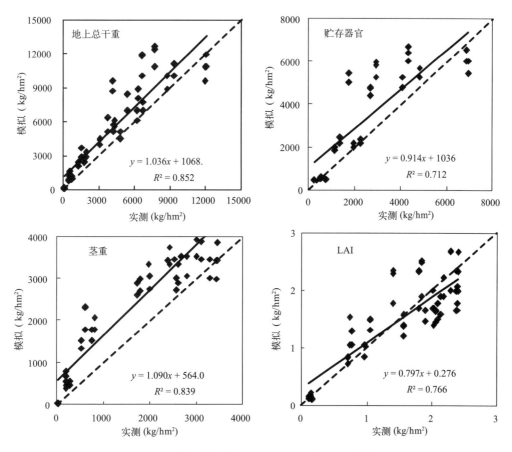

图 5.6　WOFOST 模型模拟华北夏玉米生物量与实测值的比较

5.1.2　ORYZA2000 水稻模型在江淮区域的适应性分析

基于 2010—2011 年安徽宣城两个水稻品种 3 个播期生长发育观测资料、当地气象及土壤资料,采用 ORYZA2000 模型,对安徽地区水稻生育期、叶面积指数、生物量及产量等指标进行模拟试验。以研究不同品种、播期对水稻生长发育及产量的影响,并检验模型在安徽地区的适应性,为进一步提高安徽水稻培育和田间管理水平及实现模型区域化提供科学依据。

5.1.2.1　试验设计

试验于 2010—2011 年在安徽省宣城市农业气象试验站($30°56'$N,$118°45'$E,海拔 31.2 m)

进行。宣城市位于皖南山区与长江中下游平原的过渡地带,属亚热带季风气候,夏季高温多雨,冬季温和少雨,利于水稻生长。采用3个播期、两个品种裂区区组设计处理方案。主区为播种期:早播(05.05),中播(05.15),晚播(05.25);副区为两个品种:南粳44(早熟晚粳优质稻)、两优6326(宣城农科所选育的高产、优质、抗倒两系杂交水稻)。表5.4为田间处理及代码。小区面积20 m²,重复之间留50~100 cm宽走道,南北向种植,密度等其他田间管理同当地常规高产大田水平,株距为20 cm×20 cm。处理考虑模型潜在生产模式,即排除水、肥胁迫,精确管理,及时控制病虫害等。

表5.4　田间处理及代码

品种	播期(月.日)	处理代码	
		2010 年	2011 年
南粳 44	05.05	NJ1-10	NJ1-11
	05.15	NJ2-10	NJ2-11
	05.25	NJ3-10	NJ3-11
两优 6326	05.05	LY1-10	LY1-11
	05.15	LY2-10	LY2-11
	05.25	LY3-10	LY3-11

处理中记录各发育期的日期,同时每隔5~7 d进行一次观测,观测项目包括植株高度、各器官生物量的鲜重与干重、叶面积指数和密度等。密度观测在主要发育期进行,查看基本苗、分蘖数和有效茎数。收获期在长势均匀处取植株5株进行考种,主要加测株高、有效穗数、每穗总粒数及千粒重。

同期日最高气温(℃)、日最低气温(℃)、降水量(mm)、水汽压(kPa)、平均风速(m/s)和日照时数(h)资料由宣城气象站提供。

5.1.2.2　ORYZA2000 水稻模型

ORYZA2000 水稻模型是 ORYZA 系列模型的最新版本。它是对早期 ORYZA 系列模型 ORYZA1、ORYZA·W、和 ORYZA·N 的集成和发展。作为一个生理生态模型,ORYZA2000 模型分为3种模式:潜在模式、水分胁迫模式和氮胁迫模式。其中,潜在模式不考虑水、肥对模型的影响,即水、肥供应充足。在潜在模式下,ORYZA2000 模型可以定量、动态地描述水稻产量形成和生育期发育速率。

任何模型在应用前都必须经过一系列的调参与检验,首先是检验模型运行的输出结果在逻辑上是否正确,其次是利用试验数据校正模型中的参数,最后是验证模型。模型运行需要按照格式先建立天气数据文件、处理数据文件和作物文件,并需要决定这些文件的参数。

根据不同品种和播期建立6个模型运行文件。以2010年数据为校准数据进行调参。需要调整的参数包括发育速率、比叶面积、干物质分配系数、叶片相对生长速率、叶片死亡率、茎同化转移系数及最大粒重等。

利用观测的不同生育日期,通过模型中的 DRATE.EXE 计算发育速率。修改作物文件中的发育速率项,然后运行模型中的 PARAM.EXE 文件,在 PARAM.OUT 里查看干物质分配系数、叶片相对死亡率、比叶面积等参数,然后修改作物文件中的相关数据,最后运行模型。

5.1.2.3 模型检验指标

模型的检验评价包括两部分,模型校准和模型检验。本研究以 2010 年数据作为校准数据,以 2011 年数据作为检验数据,比较模拟结果与实测结果作为模型检验评价的基础。利用数据作图,将图形演示与数理统计结合评价模型的表现。

选择国际通用的指标体系(高金成,1993;金善宝,1991),首先通过作图比较模拟与实测的吻合程度,比较作物生物量、叶面积指数(LAI)及籽粒产量的变化,此为定性评价。然后对模拟数据和实测数据进行统计评价,包括模拟与实测数据的平均值;模拟与实测数据的线性回归系数(α)、截距(β)、决定系数(R^2);Student's-t 检验值($P(t^*)$);均方根误差($RMSE$)和归一化均方根误差($NRMSE$)等的计算。其中:

$$RMSE = \sqrt{\frac{1}{n} \sum_{i=1}^{n} (Y_i - X_i)^2} \tag{5.1}$$

$$NRMSE = \frac{100\sqrt{\frac{1}{n} \sum_{i=1}^{n} (Y_i - X_i)^2}}{\frac{1}{n} \sum X_i}\% \tag{5.2}$$

式中,n 表示样本数,Y_i 与 X_i 分别表示模拟值与实测值。均方根误差($RMSE$)和归一化均方根误差($NRMSE$)反映了模拟误差的大小,模拟值均值与实测值均值的差异反映了总体模拟效果。当线性回归系数(α)=1、截距(β)=0、决定系数(R^2)=1 时,模拟效果最好。Student's-t 检验值($P(t^*)$)>0.05 时,模拟值与实测值之间的差异不显著。利用 $NRMSE$ 值可与文献中的数据或标准进行比较(金善宝,1992)。

5.1.2.4 生育期发育速率

利用 2010 年试验数据运行模型,得到不同处理的发育速率,其结果见表 5.5。由表可见,同一品种的营养生长期参数和生殖生长期参数随播期的推后呈增大趋势,而穗分化期参数随播期的推后呈减小趋势。不同品种之间比较,两优 6326 的大部分生育期发育速率要稍高于南粳 44。结果表明,第三播期两优 6326 的基本营养阶段发育速率(DVRJ)及生殖生长阶段发育速率(DVRR)最大而第三播期南粳 44 的穗分化阶段发育速率(DVRP)最小。不同品种间营养生长期参数与生殖生长期参数变化较大。

表 5.5 不同生育期的发育速率(2010 年校准数据,℃·d⁻¹)

处理代码	DVRJ	DVRI	DVRP	DVRR
NJ 1-10	0.000751	0.000758	0.000810	0.001911
NJ 2-10	0.000767	0.000758	0.000646	0.002003
NJ 3-10	0.000781	0.000758	0.000587	0.001952
LY1-10	0.000746	0.000758	0.000874	0.001608
LY2-10	0.000868	0.000758	0.000751	0.002011
LY3-10	0.000933	0.000758	0.000753	0.002052

注:DVRJ,DVRI,DVRP,DVRR 分别是基本营养阶段、光敏感阶段、穗分化阶段及生殖生长阶段的发育速率.

5.1.2.5 生育期的模拟验证

利用 2010 年试验数据对模型的发育参数调试以后,利用 2011 年试验数据进行模拟验证。同一品种播种越早出苗越早、发育越快、移栽后至各生育期的长度越短;但显然,由于播种越早出苗越慢,出苗至各个生育期的长度越长。两品种相比略有差异,南粳 44 的发育期均比两优6326 长。模拟结果与实际结果对比显示,各处理的实测值均比模拟值小约 2~7 d。

各处理模拟结果的具体统计评价见表 5.6。由表可见,各处理模拟生育期与实测生育期间的 $RMSE$ 值均较小,波动范围也较小。t 检验结果表明两者之间差异均不显著。R^2 值反映了模拟生育期与实测生育期数据的拟合情况,其中最小值为 0.89,说明生育期模拟与实测结果拟合程度较好。$NRMSE$ 在 3.4%~7.5% 范围内波动,说明模拟结果与实测结果差异较小。其中误差最小的是模型对生理成熟期的模拟,移栽后与出苗后模拟的 $NRMSE$ 分别为4.3% 和 3.4%。图 5.7 为模拟生育期与实测生育期天数对比图,从图上可以看出,幼穗分化、抽穗开花和生理成熟各组的散点大部分落在 1∶1 线周围而未超过正负标准差线,表明模拟效果较好,而幼穗分化期和抽穗开花期的模拟效果较差。

表 5.6　ORYZA2000 生育期模拟结果的统计评价(2011 年检验数据)

生育期变量	N	$X_{mea}(SD)$	$X_{sim}(SD)$	$P(t^*)$	α	β	R^2	$RMSE$	$NRMSE$(%)
移栽—幼穗分化	6	43(3.7)	40(3.6)	0.084	0.96	−1.50	0.96	3.24	7.5
移栽—抽穗开花	6	70(6.8)	67(4.8)	0.213	0.70	18.50	0.95	3.54	5.1
移栽—生理成熟	6	111(6.1)	106(5.2)	0.102	0.82	15.41	0.95	4.74	4.3
出苗—幼穗分化	6	72(3.5)	69(3.5)	0.076	0.98	−2.01	0.96	3.24	4.5
出苗—抽穗开花	6	98(5.4)	95(3.7)	0.159	0.64	32.37	0.89	3.54	3.6
出苗—生理成熟	6	139(5.6)	135(4.5)	0.078	0.79	24.71	0.94	4.74	3.4

注:N 为样本数;X_{mea} 为实测值的平均值(d);X_{sim} 为模拟值的平均值(d);SD 为标准差(d);$P(t^*)$ 为 t 检验;α 为模拟值和实测值的线性回归率,β 为截距;R^2 为决定系数;$RMSE$ 为模拟值与实测值的均方根误差(d),$NRMSE$ 为归一化均方根误差。

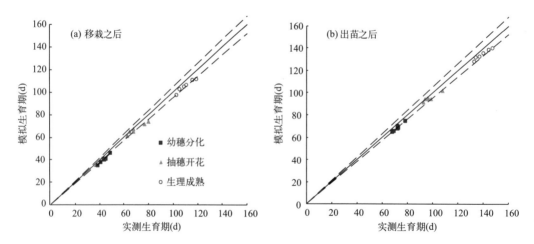

图 5.7　模拟生育期与实测生育期天数对比(2010 年数据)

(注:实线为 1∶1 线,虚线为正负标准差线(±SD))

5.1.2.6　叶面积指数(LAI)的模拟验证

利用 2010 年、2011 年不同播期不同品种资料对叶面积指数模拟性能进行验证。图 5.8
为模拟叶面积指数与实测叶面积指数的比较。

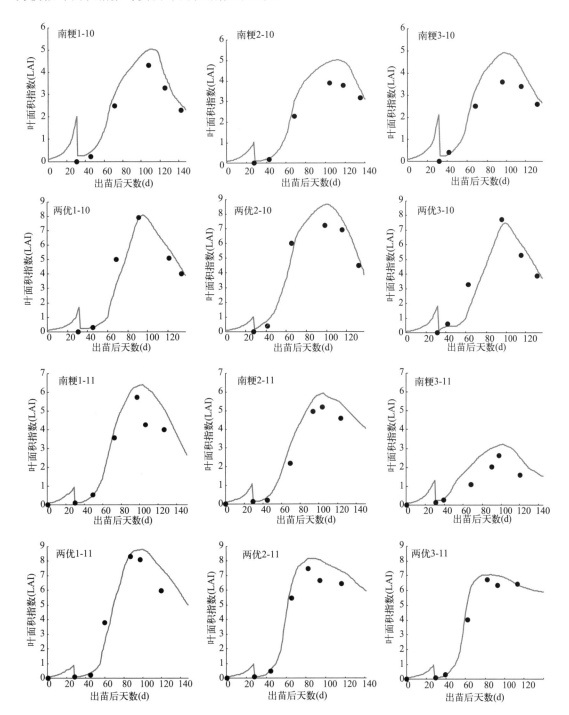

图 5.8　2010—2011 年数据模拟叶面积指数与实测叶面积指数结果对比

(注：·代表不同阶段的叶面积指数实测值(±SD))

由图 5.8 可见,早播的 LAI 模拟效果要好于中播、晚播的模拟效果,而中播、晚播的实测与模拟结果表现出模拟值相对偏大。表明模拟的叶面积指数动态变化与实测值趋势一致,模型能较好地反映水稻叶面积指数变化动态。而由于模型是在潜在生产模式下运行,所以叶面积指数模拟值要大于实测值。2010 年和 2011 年叶面积指数模拟值与实测值均值相接近,t 检验结果表明,二者无显著性差异。模拟值与实测值回归决定系数 R^2 值分别为 0.93 和 0.97,回归效果极显著。2010 年和 2011 年叶面积指数均方根误差(RMSE)分别为 0.715 和 0.736,归一化均方根误差(NRMSE)为 24% 和 26%(表 5.7)。结果表明模型能较好地模拟 2010 年和 2011 年叶面积指数的变化,模拟结果较为合理。

表 5.7　校准数据与检验数据生物量、LAI 和产量实测值与模拟值的统计评价

数据	作物变量(kg/hm²)	N	X_{mea}(SD)	X_{sim}(SD)	$P(t^*)$	α	β	R^2	RMSE	NRMSE(%)
校准数据	地上总生物量	42	6165(6907)	6899(7287)	0.32	1.05	418	0.99	1010	16
	绿叶生物量	42	1198(1218)	1418(1295)	0.21	1.05	161	0.97	307	25
	茎生物量	42	2601(2766)	2949(2965)	0.29	1.07	179	0.99	456	17
	穗生物量	24	4140(4350)	4426(4339)	0.41	0.98	361	0.97	804	19
	叶面积指数	36	2.96(2.43)	3.23(2.58)	0.33	1.02	0.199	0.93	0.715	24
	最后总生物量	6	14633(4370)	15517(4483)	0.37	1.02	549	0.99	941	6
	产量	6	8658(3157)	8971(3414)	0.44	1.08	−374	0.99	432	5
检验数据	地上总生物量	48	7088(7374)	8229(8205)	0.24	1.11	377	0.99	1157	22
	绿叶生物量	48	1649(1495)	1897(1585)	0.22	1.05	163	0.98	326	20
	茎生物量	48	3170(3071)	3572(3319)	0.27	1.07	186	0.98	670	21
	穗生物量	24	4539(4640)	5519(4751)	0.24	1.02	908	0.98	1143	25
	叶面积指数	42	2.87(2.83)	3.32(3.13)	0.24	1.09	0.197	0.97	0.736	26
	最后总生物量	6	16938(4688)	19081(5146)	0.23	1.08	741	0.97	2306	13
	产量	6	9601(3059)	10821(3219)	0.26	1.03	897	0.96	1342	14

5.1.2.7　生物量积累的模拟验证

利用 2010 年、2011 年的试验资料对水稻地上部分总生物量及各器官生物量的模拟性能进行验证。模拟的地上部总生物量及各器官生物量动态变化与实测值趋势一致,模型能较好地反映水稻生物量变化动态。图 5.9 显示 2010—2011 年模拟生物量与实测生物量结果对比情况。由图可以看出模型对作物叶、茎、穗及地上总生物量的模拟值与实测值的动态变化相一致。模型对茎、穗及地上总生物量模拟结果比较好。由统计分析结果(表 5.7)可知,地上部总生物量及各器官生物量的模拟值与实测值较为接近,t 检验结果在 0.21~0.44 间变动,二者无显著差异。线性回归系数(α)变化范围为 0.982~1.108,均接近于 1;截距(β)大于 0,表明模拟值要大于实测值,其原因是模型在早中期生长阶段的过高估计。但 2010 年产量数据的 β 为 −374,表明模拟产量低于实际产量。决定系数 R^2 在 0.96~0.99,表明模型对样本数据的拟合程度很高。2010 年绿叶生物量的 NRMSE 较大,为 25%,而同年地上总生物量的 NRMSE 较小,为 16%。2010 年生育期末期的地上总生物量和产量的 NRMSE 分别为 6% 和 5%。2011

年绿叶生物量、地上总生物量、茎生物量的 $NRMSE$ 分别为 20％、22％ 和 21％；而穗的 $NRMSE$ 为 25％。2011 年生育期末期的地上总生物量和产量的 $NRMSE$ 分别为 13％ 和 14％。相对于 2010 年校准数据，2011 年检验数据各变量的 $NRMSE$（除了绿叶生物量）均偏大。利用独立的验证资料对模型定标参数进行检验，表明各生物量的模拟误差均在合理范围内，生物量总体模拟性能良好。

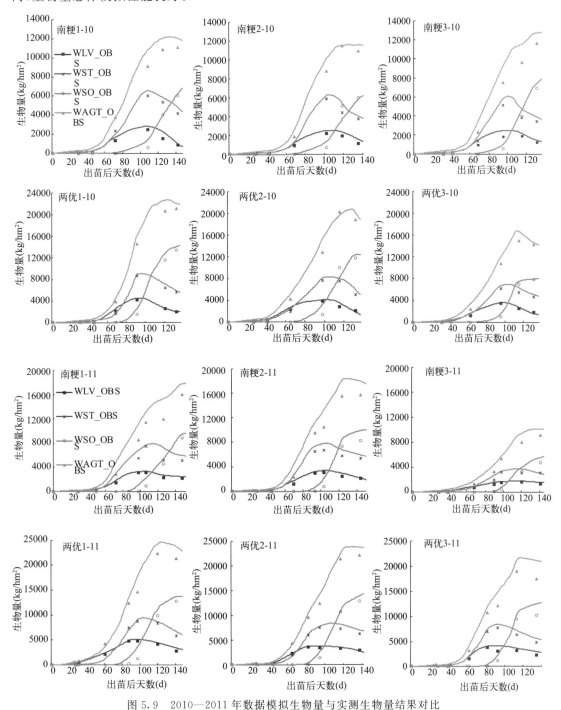

图 5.9　2010—2011 年数据模拟生物量与实测生物量结果对比

图 5.10 为生育期末期地上总生物量与产量实测值与模拟值的结果对比。由图可以看出，2010 年校准数据及 2011 年检验数据，其生育期末期的地上总生物量及产量点均分布于 1∶1 线周围，并且位于 1∶1 线之上，表明模拟值均大于实测值。

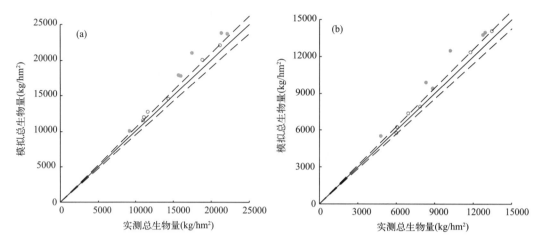

图 5.10　生育期末期地上总生物量（a）与产量（b）实测值与模拟值结果对比

（注：空心点为 2010 年校准数据结果，实心点位 2011 年检验数据结果）

图 5.11 为 2011 年检验数据各作物变量实测值与模拟值的对比，由图可以看出，模型对绿叶生物量、茎生物量及地上总生物量模拟较好，数据点分布在 1∶1 线与正负标准差线周围。而对穗生物量的模拟效果次之，模拟值大于实测值。对叶面积指数的模拟，在叶面积指数大于 2 后，模拟值要大于实测值。

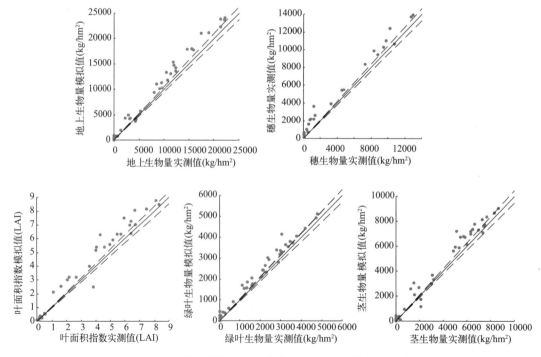

图 5.11　2011 年检验数据叶面积指数、生物量实测值与模拟值的对比

5.1.2.8　ORYZA2000 水稻模型适应性小结

生育期:不同播期(05.05,05.15,05.25)处理下得到生育期长度的模拟值小于实测值,表现为 2～7 d 的低估。两个品种间也略有差异,南粳 44 的发育期比两优 6326 长。统计评价结果表明,各个生育期长度的 NRMSE 在 3.4%～7.5%,说明模拟结果与实测结果差异较小。

发育速率:对不同品种进行比较,两优 6326 的大部分生育期发育速率要稍高于南粳 44。第三播期两优 6326 营养生长期发育速率(DVRJ)及生殖生长期发育速率(DVRR)最大而第三播期南粳 44 的穗分化期发育速率(DVRP)最小。反映了安徽地区不同品种水稻的生物学特性,是模型本地化的重要参数值。

叶面积指数及生物量:2010 年和 2011 年两组数据各项指标的 NRMSE 为地上总生物量为 16%～22%,绿叶生物量为 20%～25%,茎生物量为 17%～21%,穗生物量为 19%～25%,叶面积指数为 24%～26%。最后总生物量及产量的 NRMSE 分别为 6%～13% 和 5%～14%。总体上,模型具有较好的模拟精度及较强的适应性,能够应用于安徽水稻生产,可为进一步应用模型开展模型区域化及结合遥感技术研究提供科学依据和理论基础。

5.1.3　WheatSM 小麦模型在华北区域的适应性分析

5.1.3.1　WheatSM 模型简介

小麦生长发育模拟模型 WheatSM(WHEAT growth and development Simulation Model)是由中国农业大学开发,在大量的田间实验和大范围的有关研究资料研究分析基础上,建立的我国适于大面积范围应用的自主版权的一个作物模型。

WheatSM 模型按照小麦生理生态学及农业气象学原理构建了小麦发育期、叶龄动态、光合生产与产量形成及同化物分配等模拟模块,并将各个子模块进行有机结合成小麦生长发育模拟模型,该模型具有精度高,机理性强,适应性好等特点,可适用于不同类型的小麦品种(强冬性、冬性、半冬性和春性)。该模型既考虑光合作用、呼吸消耗和同化物分配等生理过程,又考虑冬小麦的春化作用和光周期作用,同时,充分考虑 CO_2、气温及水分对小麦光合生产的影响,WheatSM 具有较好的机理性,以日为步长,具有较高的时间分辨率。可以广泛应用于确定小麦适宜播期、预测生育期、作物生长分析、预测产量及气候变化影响评价等,是农业科学研究及生产管理决策支持的有效工具(冯利平,1995;冯利平等,1997)。

WheatSM 模型在华北地区已获得了较好的应用。孙宁等(2005)针对我国华北冬麦区气候年际变异性大的特点,以 WheatSM 及 APSIM-Wheat 模型为基础,评估了华北平原冬小麦生产的气候风险;同时,孙宁等(2002,2006)还对小麦生长发育模拟模型(WheatSM)在华北冬麦区的适用性进行了验证,结果表明该模型对冬小麦生育期及产量的模拟有较高模拟精度,模拟值与实测值拟合良好,且适用性较好。

(1)WheatSM 的基本原理

WheatSM 模型以土壤物理学性质、养分和水分等为初始条件,以逐日的气温、太阳辐射、日长等气象要素为驱动变量,以小麦发育期为"时标"(time scale)控制系统的运行及控制子程序与有关参数的调用。该模型将小麦整个生长发育过程划分为 4 个生育阶段,即:

第一阶段:播种—出苗期;

第二阶段:出苗—拔节期(包括春化阶段和光照阶段);

第三阶段:拔节—抽穗期;

第四阶段:抽穗—成熟期。

WheatSM 的运行需在 Microsoft Access 数据库下建立天气数据库、作物资料数据库和土壤资料数据库。其中,天气数据库是模型运行的主要输入部分,包括逐年逐日、常年逐日、逐年逐月、常年逐月各表。每个表中所需气象数据项为:最高气温、最低气温、平均气温、降水量、日照时数等;土壤资料数据库包括土壤类型、质地、典型土壤的分层田间持水量、凋萎系数、容重、土壤水分动态、土壤养分状况(有机质含量、全氮、速效氮、速效磷、速效钾等);作物资料数据库包括品种名称、品种类型、播种期、生育进程、产量、栽培措施数据、试点经纬度、海拔高度等。

模型输出各生育期起止日期、生物产量、经济产量、公顷穗数、穗粒数、千粒重等,以及总生物量、根系重、茎鞘重、叶片重、穗部重等作物要素信息。

(2)WheatSM 模型的构建

1)小麦发育期模拟模型(WDSM)

小麦生育期对决定小麦潜在产量很重要。在小麦育种,生产管理及生理生态研究中,都需要对小麦发育期进行预测。通过对影响小麦发育的环境因子分析,建立的小麦发育期模拟模型(WDSM),较之以往的模型,其生物学意义明确,模拟精度高,适应类型多及适应性强,同时便于实际使用和与计算机应用,为解决小麦发育进程的模拟和预测提供了一个较好的方法。

模型采用生育时期指数 DSI(Development Stage Index)将小麦生育期量化为播种期 0.0,出苗期 1.0,三叶期 1.1,分蘖期 1.2,越冬期 1.3,返青期 1.4,拔节期 2.0,孕穗期 2.1,抽穗期 3.0,开花期 3.1,乳熟期 4.0,蜡熟期 4.1 和完熟期 4.2。考虑遗传特性与环境因子(温度、日长)对小麦发育进程的影响,构建析因指数形式的小麦发育期动态模拟模型为:

$$\frac{\mathrm{d}M_i}{\mathrm{d}t} = \frac{1}{D_i} = \mathrm{e}^{k_i} \times (TE_i)^{p_i} \times (PE_i)^{q_i} \times f(EC) \tag{5.3}$$

式中,D_i 为小麦生育阶段日数;

M_i 为生育阶段内发育进程,生育完成时 $M_i = 1$;

$\mathrm{d}M_i/\mathrm{d}t$ 为生育阶段内发育速度;

$f(EC)$ 为肥料、播种深度等可控栽培措施因子影响函数,表达为各因子影响函数的乘积;

k_i 为基本发育系数,由品种自身遗传特性决定;

TE_i 为温度效应因子,反映温度对小麦发育的非线性影响;

p_i 为温度反应特性遗传系数(简称温度系数),反映该品种该生育阶段内对温度反应的敏感性;

PE_i 为光周期效应因子;

q_i 为光周期反应特性遗传系数(简称光周期系数),反映该品种该生育阶段内对光周期反应的敏感性。

其中 TE 确定式为:

$$TE = \frac{T_i - T_{bi}}{T_{oi} - T_{bi}} \quad \begin{cases} T_i < T_{bi} & (T_i = T_{bi}) \\ T_i > T_{oi} & (T_i = T_{oi}) \end{cases} \tag{5.4}$$

光周期效应因子 PE 确定式为：

$$PE = \frac{PL_i - PL_{bi}}{PL_{oi} - PL_{bi}} \begin{cases} PL_i < PL_{bi} & (PL_i = PL_{bi}) \\ PL_i > PL_{oi} & (PL_i = PL_{oi}) \end{cases} \tag{5.5}$$

式(5.4)～(5.5)中，T_i 为第 i 生育阶段内平均气温(℃)；

T_{bi} 为该生育阶段内生长下限温度；

T_{oi} 为该生育阶段内小麦生长最适温度；

PL_i 为生育阶段内平均光长(h)，PL_{oi} 为生育阶段内最适光长；

PL_{bi} 为生育阶段内临界光长。

小麦播种—出苗期(阶段Ⅰ)基本模型可表述为：

$$\frac{\mathrm{d}M_i}{\mathrm{d}t} = \frac{1}{D_1} = \mathrm{e}^{k_1} \times (TE_1)^{p_1} \times f(DEP) \tag{5.6}$$

式中，$f(DEP)$ 为播种深度影响函数；

TE_1 由式(5.4)确定，且取 $T_{o1} = 20℃$，$T_{b1} = 1℃$；

$f(DEP)$ 由下式确定：

$$f(DEP) = 1.5299\, \mathrm{e}^{-0.0978\,DEP} \quad (R = 0.9922, n = 17) \tag{5.7}$$

式中，DEP 为播种深度(cm)，为模型的 1 个输入值(模型中缺省值为 3)。

小麦出苗—拔节期(阶段Ⅱ)基本模型，小麦春化作用期间每日获得的春化程度用春化效应因子(VE，春化日/d)表示，其值为 0～1。冬型、半冬型小麦春化效应因子(VE)表达式为：

$$VE = \begin{cases} (VT + 4)/7 & -4 < VT \leqslant 3℃ \\ 1.0 & 3 < VT \leqslant 7℃ \\ (18 - VT)/11 & 7 < VT < 18℃ \\ 0 & VT \leqslant -4℃, VT \geqslant 18℃ \end{cases} \tag{5.8}$$

春型小麦春化效应因子(V E)则为：

$$VE = \begin{cases} VT/5 & 0 < VT \leqslant 5℃ \\ 1.0 & 5 < VT \leqslant 18℃ \\ (30 - VT)/12 & 18 < VT < 30℃ \\ 0 & VT \leqslant 0℃, VT \geqslant 30℃ \end{cases} \tag{5.9}$$

式(5.8)表示，春化阶段温度在 $-4 \sim 3℃$ 时，春化效应随温度的升高而增大；温度在 $3 \sim 7℃$ 时，最适合春化作用进行，春化效应最大($VE = 1$)；温度在 $7 \sim 18℃$ 时，春化效应随温度的升高而减小；温度低于 $-4℃$ 或高于 $18℃$ 时，不进行春化效应，春化效应为零。式(5.9)类同。

式中，VT 为春化期间的日均温度。小麦春化效应因子(VE)累积值称最短累计春化日(Accumulated Vernal Days，AVD)或春化量，并认为当某品种小麦春化效应因子累计达最短累计春化日时，即完成小麦春化反应，该日期称为小麦理论春化反应结束日(简称春化日)。不同类型小麦品种其最短累计春化日不同，模型将出苗—理论春化反应结束日作为小麦春化阶段，其发育模型为：

$$\frac{\mathrm{d}M_{21}}{\mathrm{d}t} = \frac{1}{D_{21}} = \mathrm{e}^{k_{21}} \times (VE)^{p_{21}} \tag{5.10}$$

式中,k_{21},p_{21}为模型参数,p_{21}为春化反应特性遗传系数(简称春化系数),AVD 或系数 k_{21} 及 p_{21} 反映小麦品种对春化反应的敏感性。光照阶段温度效应因子(TE)由式(5.4)确定,取 $T_{o22}=20℃$,$T_{b22}=3℃$,光周期效应因子(PE)由式(5.5)计算,光长(PL)包括曙暮光在内,取 $PL_b=8\ h$,$PL_o=18\ h$,该阶段发育模型为:

$$\frac{dM_{22}}{dt}=\frac{1}{D_{22}}=e^{k_{22}}\times(TE)^{p_{22}}\times(PE)^{q_2} \tag{5.11}$$

小麦拔节—抽穗期(阶段Ⅲ)基本模型为:

$$\frac{dM_3}{dt}=\frac{1}{D_3}=e^{k_3}\times(TE_3)^{p_3} \tag{5.12}$$

式中,TE_3 由式(5.4)确定,且取 $T_{o3}=20℃$,$T_{b3}=3℃$

小麦抽穗—成熟期(阶段Ⅳ)基本模型为:

$$\frac{dM_4}{dt}=\frac{1}{D_4}=e^{k_4}\times(TE_4)^{p_{43}} \tag{5.13}$$

式中,TE_4 由式(5.4)确定,且取 $T_{o4}=22℃$,$T_{b4}=9℃$

2)小麦光合生产模拟模型(WPSM)

小麦群体光合生产动态模拟模型综合考虑了小麦群体叶面积动态、光能截获及光合作用、呼吸消耗、同化物向各器官分配等主要生理过程及 CO_2、温度、水分和 N 素等因子的影响。光合生产模型中单叶光合作用强度采用门司、佐伯法计算。群体光合作用日总量(PGd,CO_2,$g/m^2\cdot d$)公式为:

$$PG_d=\int_1^{DL}PG\times dDL=\frac{P_{max}\times DL}{k}\times\ln\left[\frac{P_{max}+a\times k\times(1-\alpha)\times S\times 0.47}{P_{max}+a\times k\times(1-\alpha)\times S\times 0.47\times\exp(-k\times LAI)}\right]$$
$$\tag{5.14}$$

式中,α 为麦田群体反射率(%),取 $\alpha=8\%$;参数 a(CO_2,g/MJ)为光合作用曲线初始斜率,其变化较小,取 $a=15$(CO_2,g/MJ);参数 P_{max}(CO_2,$g/m^2\cdot h$)为光饱和点下最大光合作用强度,k 为消光系数,S 为每小时平均辐射量,为逐日太阳总辐射 Q 与日长 DL 之比,即 $S=Q/DL$。呼吸作用模型考虑了光呼吸、暗呼吸及温度对呼吸作用的影响。小麦群体叶面积通过分配给叶片干物质量和比叶重计算,模型中考虑了开花后叶片衰老状况。小麦作物日净光合产物量(CO_2,$g/m^2\cdot d$)为日总光合强度与呼吸消耗之差。由 CO_2 同化量转换为干物质量应乘以比例系数 λ($\lambda=0.682$)和由葡萄糖合成各类植株干物质的转换系数 β。

3)小麦产量形成模拟模型(WYSM)

小麦产量形成模拟模型分别考虑抽穗前后光合生产对产量的贡献,用抽穗前后期的干物质积累量 $YD(be)$、$YD(ae)$ 分别乘以不同转移率求出经济产量。其形式为:

$$YD=YD(be)+YD(ae) \tag{5.15}$$

$$YD=\left[\sum_{d=1}^{de}T_{r1}\times M(d)+\sum_{d=de+1}^{D}T_{r2}\times M(d)\right]\times\eta(D>de) \tag{5.16}$$

式中,YD 为小麦经济产量,de 为至抽穗期天数,D 为全生育期天数,η 为单位换算系数,T_{r1} 为抽穗前茎鞘储存物向籽粒的转移率,T_{r2} 为抽穗后光合产物向籽粒的转移率,T_{r1}、T_{r2} 可由试验资料求得。

4）土壤水分动态模型（WATMOD）

麦田土壤水分动态模型综合考虑了降水量、灌水量、麦田潜在和实际蒸散量、水分径流和作物对降水截留量等过程，可模拟麦田 $0\sim100$ cm 土层土壤水分变化动态。采用简化土壤水分平衡模式，某层第 $(t+1)$ 天土壤含水量 $[W(t+1)]$ 可表示为：

$$W(t+1) = W(t) + P(t) + I(t) - ETA(t) - RU(t) - C(t) \tag{5.17}$$

式中，$W(t)$ 为第 t 天土壤初始含水量（mm），$P(t)$ 为第 t 天降水量（mm），$I(t)$ 为第 t 天灌溉量（mm），$ETA(t)$ 为第 t 天实际蒸散量（mm），$RU(t)$ 为第 t 天径流量（mm），$C(t)$ 为第 t 天作物对降水截流量（mm）。模型中潜在蒸散的计算采用 Priestley-Taylor 模型。

5）气象数据处理

小麦模型模拟步长为 1 d，输入天气数据为日太阳辐射、日最高气温、日最低气温和日降水量。模型中还需进行必要的气象数据处理如日平均气温取最高气温和最低气温平均值，无辐射观测站点太阳总辐射量以日照时数计算等。逐日日长计算式为：

$$DL = 2\cos^{-1}(-\tan\varphi \times \tan\delta)/15 \tag{5.18}$$

式中，DL 为日长（h），φ 为所在地点纬度，δ 为太阳赤纬，由下式求得：

$$\delta = 23.5\sin\{360°[(t+284)/365]\} \tag{5.19}$$

式中，t 为日序，指由 1 月 1 日开始计全年天数所排次序。用埃斯特棱姆（Angstron）公式由某地日照时数计算出该地太阳辐射总量，表达式为：

$$Q(t) = Q_0(t) \times (a + b \times S(t)/DL) \tag{5.20}$$

式中，$Q(t)$ 为模拟第 t 天太阳总辐射（MJ/m² · d），$Q_0(t)$ 为该日天文辐射量（MJ/m² · d），$S(t)$ 为该日日照时数（h），DL 为该日日长（h），a、b 为模型参数并根据气候区域取值，计算精度要求较低时一般取 $a = 0.23$、$b = 0.48$，精度要求较高时，a、b 值须根据文献或实际资料计算确定。

（3）模型输出

模型输出可以是图形、数据表和区域 GIS 形式显示，结果可打印或保存为文件。输出内容包括模拟日期、生育天数、总生物量、地上部生物量、叶重、根重、穗重、叶面积系数和经济产量等，区域结果包括省市名称、分区名称、地名、成熟期、全生育期和产量等，并将运行结果保存文件中。

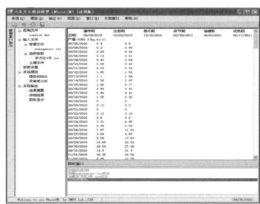

图 5.12　小麦作物模拟系统主界面图

5.1.3.2 WheatSM 模型在华北区域的适应性分析

（1）作物与管理数据

采用华北地区三个大田试验站点 2008—2010 年的作物观测数据，站点为北京上庄（116.47°E，39.80°N，海拔 44 m）、河北曲周（114.92°E，36.78°N，31.3 m）、河南周口（114.62°E，33.62°N，海拔 47.6 m）。当地气象条件适宜小麦生长，土地肥力中等。观测数据包括物候期（播种期、出苗期、分蘖期、返青期、起身期、拔节期、孕穗期、抽穗期、开花期、灌浆期、成熟期）、叶面积指数、器官生物量以及实测产量数据等。试验处理设播种期、品种和密度处理，采用裂区区组设计，4 次重复，播种期为主区，品种为副区，密度为副副区。播种期包括三个处理：早播（SE）、中播（SM）和晚播（SL）。其中，中播（SM）处理为当地适宜播种期，早播比中播提前 10 d，晚播比中播延后 10 d。品种包括农大 211、邯郸 6172 和偃展 4110 三个不同特性的品种，其中农大 211 适宜在北京种植，邯郸 6172 适宜在河北种植，偃展 4110 适宜在河南种植。密度处理包括三个水平：低密度（DL）、中密度（DM）和高密度（DH），其中，低密度为基本苗 10 万株/hm²，中密度为基本苗 20 万株/hm²，高密度为基本苗 30 万株/hm²。试验中小麦南北向种植，各小区面积 60 m²，小区间 1 m 隔离。其他试验管理同当地常规高产大田水平。

（2）气象数据

2008—2010 年各个观测站点逐日气象数据以及逐小时气象数据，包括太阳辐射量（MJ/m²）或日照时数（h）、最高温度（℃）、最低温度（℃）、平均相对湿度（%）、平均风速（m/s）和降水量（mm）。

（3）模型参数确定与检验方法

选用国际上通用的指标体系进行模型适应性检验和评价（莫志鸿，2011）。首先，通过图形直观地判断模拟值与实测值之间的吻合程度，对模型进行定性的总体评价（孙宁，2006）。其次，选择统计指标进行定量化评价，统计指标包括模拟结果与实测结果的平均值，两者之间的线性回归系数（α）、截距（β）、确定系数（R^2），标准差 SD；Student's-t 检验值（$P(t^*)$）；均方根误差（$RMSE$）、归一化均方根误差（$NRMSE$）。

1）决定系数 R^2：反映模拟值与实测值之间的拟合程度，计算方法如公式（5.21）所示。

$$r = \frac{\sum\left[(X_i - \overline{X})(Y_i - \overline{Y})\right]}{\sqrt{\sum\left[(X_i - \overline{X})^2(Y_i - \overline{Y})^2\right]}} \qquad R^2 = r^2 \qquad (5.21)$$

式中，X_i、Y_i 分别为第 i 个样本的模拟值与实测值；$\overline{X}$、$\overline{Y}$ 分别为 X_i 与 Y_i 的平均值。

2）均方根误差（RMSE）和归一化均方根误差（NRMSE）的计算公式如下：

$$RMSE = \sqrt{\frac{\sum (X_i - Y_i)^2}{n}} \qquad (5.22)$$

$$NRMSE = \frac{RMSE}{\overline{Y}} \times 100\% \qquad (5.23)$$

式中，Y_i 和 X_i 分别为模拟值和实测值，$\overline{X}$ 为实测数据平均值，n 为样本数。

3)标准差 SD:是评价观测值离散情况的度量,计算方法如下:

$$SD = \sqrt{\frac{\sum (X_i - Y_i)^2}{n-1}} \tag{5.24}$$

式中,n 为样本个数。

4)斜率 α 和截距 β 等参数

当 $\alpha \rightarrow 1$ 和 $\beta \rightarrow 1$ 时,认为模型的模拟值与实测值一致性较好。模拟误差的大小可有均方根误差($RMSE$)与归一化均方根误差($NRMSE$)反映,总体模拟效果由模拟值均值与实测值均值的差异反映。当线性回归系数(α)越接近近于 1,截距(β)越接近近于 0,并且确定系数(R^2)越大时,吻合度就越高。Student's-t 检验值($P(t*)$)大于 0.05 时,模拟值与实测值之间的差异不显著。

5)WheatSM 模型参数校准

利用 2008—2010 年华北地区三个代表点(北京上庄、河北曲周、河南周口)和中国农业大学试验站小麦田间观测数据进行模型作物参数调试,获得不同品种各发育阶段的生育期参数(基本发育系数 k、温度系数 p、光周期系数 q)和产量参数(光合作用参数 $PMAX$、经济系数 HI、比叶面积 SLC)。表 5.8 分别列出各个品种生育期参数。由表 5.8 可见,发育期参数中,不同品种间的生育期参数差别较大。

表 5.8　不同品种的生育期参数

品种	k1	p1	k21	p21	k22	p22	q2	k3	p3	k4	p4
邯 6172	−2.00	1.00	−3.68	1.10	−2.75	0.95	0.01	−2.79	0.80	−3.40	2.24
农大 211	−2.30	1.20	−3.25	1.21	−3.25	0.48	0.01	−2.80	1.55	−3.57	1.80
偃展 4110	−1.90	2.00	−2.30	1.02	−0.03	0.64	2.80	−2.91	0.78	−3.70	0.59

(4)WheatSM 模型模拟与验证

1)生育期模拟与验证

利用河北曲周、北京上庄、河南周口三个试验点 2008—2009 年和 2009—2010 年田间试验数据对模型进行参数调试与验证。采用当地适宜的小麦品种邯郸 6172、农大 211 和偃展 4110,对不同处理下的小麦发育进程进行模拟。将 2008—2009 年中密度(当地适宜密度)处理下不同播期的观测结果进行参数调试,确定三个地点、三个品种的参数,并将调试的品种参数模拟 2009—2010 年三个不同品种的小麦发育进程,对该品种参数进行验证。

表 5.9~表 5.11 为 2008—2009 年和 2009—2010 年适宜密度(中密度)下不同播期处理的模拟值与实测值结果,数值代表各生育期相对于播种日期的日数。由 3 个表可以看出,生育期的观测值与模拟值之间的平均误差在 2~3 d 左右,模拟结果较好。其中,曲周邯郸 6172 品种的出苗期、抽穗期、成熟期模拟效果较好,平均误差 2 d,而拔节期的平均误差在 3~4 d。其主要原因是越冬期至拔节期小麦存在光照阶段,光照长度对小麦生长的影响

较大。上庄农大 211 品种的出苗期、拔节期模拟效果较好,平均误差在 2 d 以内,而抽穗期与成熟期的模拟的误差较大。周口偃展 4110 品种的出苗期、成熟期模拟较好(虽然偃展 2009—2010 年成熟期田间观测值缺值,但是从其他生育期模拟来看,模拟效果较好),拔节期与抽穗期均出现 5 d 以上的较大误差,拔节期误差主要是因为存在光照阶段,光照长度对小麦生长影响较大,造成偏差;抽穗期误差主要是因为温度影响,但不同处理下的抽穗期差别较大,所以模型算法还需要进一步调整。

表 5.9　曲周邯 6172 品种 2008—2009 年和 2009—2010 年不同播期处理下生育期实测值与模拟结果

年份	处理	取值	出苗期(d)	拔节期(d)	抽穗期(d)	成熟期(d)
2008	早播	实测	7	169	192	234
		模拟	6	175	195	233
	中播	实测	8	160	183	224
		模拟	8	165	185	224
	晚播	实测	12	155	174	215
		模拟	9	155	175	213
2009	早播	实测	7	191	212	248
		模拟	7	190	211	247
	中播	实测	9	181	202	238
		模拟	7	180	202	236
	晚播	实测	11	171	194	229
		模拟	11	170	192	226

表 5.10　上庄农大 211 品种 2008—2009 年和 2009—2010 年不同播期处理下生育期实测值与模拟结果

年份	处理	取值	出苗期(d)	拔节期(d)	抽穗期(d)	成熟期(d)
2008	早播	实测	7	182	207	244
		模拟	9	179	202	240
	中播	实测	9	172	197	238
		模拟	11	171	194	232
	晚播	实测	17	162	187	229
		模拟	19	163	186	223
2009	早播	实测	7	198	219	252
		模拟	9	201	222	259
	中播	实测	15	191	212	243
		模拟	11	191	212	249
	晚播	实测	18	182	203	234
		模拟	16	181	203	239

表 5.11　周口偃展 4110 品种 2008—2009 年和 2009—2010 年不同播期处理下生育期实测值与模拟结果

年份	处理	取值	出苗期(d)	拔节期(d)	抽穗期(d)	成熟期(d)
2008	早播	实测	6	144	180	229
		模拟	6	150	180	228
	中播	实测	7	138	174	220
		模拟	9	146	173	220
	晚播	实测	8	138	167	212
		模拟	9	137	164	212
2009	早播	实测	8	159	190	—
		模拟	9	162	190	—
	中播	实测	8	156	186	—
		模拟	8	155	183	—
	晚播	实测	13	157	181	—
		模拟	13	147	174	—

注:周口偃展 4110 大田试验成熟期缺值

由图 5.13 可以看出,三个品种在不同处理下的生育期观测值与模拟值之比接近 1∶1 线,线性回归决定系数 R^2 达到 0.997,归一化均方根误差($NRMSE$)为 2.2%,表明 WheatSM 模型对华北地区小麦生育期的模拟精度较高。

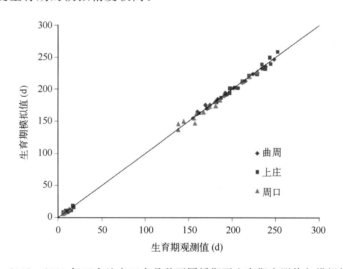

图 5.13　2008—2010 年三个地点三个品种不同播期下生育期实测值与模拟值的比较

2)生物量模拟与验证

经过参数校准后模型能反映华北地区小麦各器官生物量积累变化动态,模拟值与实测值吻合。以三个品种的茎生物量模拟效果为例,其模拟值与实测值的比较结果见图 5.14。由统计结果可知,茎生物量的模拟值均值与实测值均值较为接近,t 检验值均大于 0.05,表明模拟值与实测值无显著性差异。模拟值与实测值回归系数变化范围为 0.605~1.225,均接近于 1,回归系数 R^2 为 0.747~0.908,茎生物量模拟效果较好。

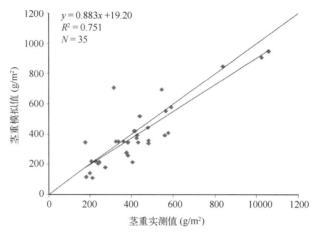

图 5.14　日尺度下 2008—2009 年和 2009—2010 年三个品种的茎重模拟值与实测值比较

3）产量模拟与验证

表 5.12 为 2008—2009 年和 2009—2010 年三个小麦品种（邯郸 6172、农大 211、偃展 4110）在不同播期处理下的产量模拟和实测结果,模拟产量结果的平均值为 4733.445 kg/hm²,实测产量平均值为 5164.773 kg/hm²,二者差距较小。对模拟值与实测值进行统计检验,归一化均方根误差（$NRMSE$）为 17.20%,模拟值与实测值符合度较好;决定系数 R^2 为 0.615,模拟值与实测值一致性较好;t 检验结果为 0.25034＞0.05,表明模拟值与实测值无显著差异。图 5.15 为 2008—2009 年和 2009—2010 年三个品种不同生育期产量模拟值与实测值的比较,可以看出,散点均匀分布在 1∶1 线两侧,表明 WheatSM 小麦模型模拟产量性能较好。

表 5.12　2008—2009 年和 2009—2010 年三个品种不同播期处理下产量模拟值和实测值

品种	年份	处理	模拟值（kg/hm²）	实测值（kg/hm²）	差值（kg/hm²）
邯郸 6172	2009—2010 年	早播	7144.93	6790.00	354.93
		中播	5611.24	5695.00	−83.76
		晚播	3443.86	4383.75	−939.89
农大 211	2009—2010 年	早播	4801.13	5086.37	−285.24
		中播	3664.92	4526.37	−861.45
		晚播	2654.41	3654.29	−999.88
	2008—2009 年	早播	5465.09	4869.71	595.38
		中播	4933.17	4018.86	914.31
		晚播	3883.29	3840.00	43.29
偃展 4110	2009—2010 年	早播	6202.08	6808.17	−606.09
		中播	5517.44	6356.11	−838.67
		晚播	4120.54	6479.23	−2358.69
	2008—2009 年	早播	6309.45	6183.50	125.95
		中播	6254.06	7328.00	−1073.94
		晚播	5729.51	6617.00	−887.49

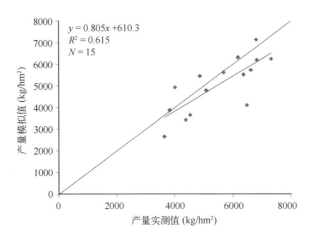

图 5.15　2008—2009 年和 2009—2010 年三个品种不同播期处理下产量实测值与模拟值比较

5.1.3.3　小结

通过华北三个农业气象站 2008—2010 年小麦田间观测资料及当地的逐日气象资料，对小麦生长模型 WheatSM 进行调参并确定了华北地区小麦品种的参数，进行了生育期、地上生物量及产量等的模拟验证与适应性评价。三个品种的生育期、生物量以及最终产量的模拟值与实测值一致性较好，模型能较为准确地模拟华北地区小麦的生长发育及产量形成过程。总体上，WheatSM 模型具有较好的模拟精度及较强的适应性，能够用于华北小麦生产，可为进一步应用模型展开资源利用分析、生产管理支持及气候变化影响研究提供依据。由于农业系统内在的复杂性和作物模型自身算法偏差，WheatSM 模型尚不能完全反映所有的过程与关系，模拟与实测结果仍有一定偏差，因而，作物模型本身有待进一步的改进与完善。

5.2　基于遥感数据的作物生长区域模拟

5.2.1　基于遥感数据的华北夏玉米生长模拟

作物生长模型和遥感信息的结合可以通过同化的方法开展。同化是利用一种所谓"优化算法"对模型中与作物生长发育和产量形成密切相关的、较难获得的参数或状态变量初值进行不断调整，以使模型状态变量模拟结果与观测值间的差距达到最小。同化的一般流程为：首先利用 Price 优化算法进行 WOFOST 模型状态变量对不同参数或变量初值的敏感性分析。如果参数优化获取的模型敏感参数的拟合度（QT 值）保持不变（＝常数）或大于一定指标（＞QT_h），则定义状态变量对该参数不敏感；如果 QT 不断变化并小于一定指标（≤QT_h），则定义状态变量对该参数敏感。QT_h 根据参数与状态变量生物学关系的密切程度确定。然后开展观测数据对敏感参数的约束性分析。在敏感参数中通过参数优化结果与相应 QT 值间的关系确定可约束参数。如果最优值等于参数所允许的最大值（V_{max}）或最小值(V_{min}),则表明优化过程无法达到局部最优,定义为不可约束参数;如果最优值在 V_{max} 和 V_{min} 之间,则表明可以达到局部最优,定义为可约束参数。最后利用观测数据对可约束参数进行组合优化,从而获取各参数的最优值。并利用其他观测数据验证和评价优化结果。

本节先介绍利用地面观测数据初步确定 WOFOST 模型待优化参数的方法,然后阐述遥感数据与 WOFOST 模型的同化方法,最后开展基于遥感数据的华北夏玉米区域生长模拟。

5.2.1.1 数据模型同化中待优化参数的确定方法

首先通过 WOFOST 模型参数的敏感性分析初步确定同化中所需的待优化参数,然后考察地面实测作物生长发育数据对模型不同参数和变量初值的约束能力,进一步遴选待优化参数。为开展遥感信息与玉米生长模型的同化奠定基础。

(1) WOFOST 模型的敏感性分析

通过 WOFOST 模型中状态变量对参数或变量初值的敏感性分析,确定敏感参数。一般的敏感性分析方法是在模型其他参数不变的条件下,根据某一参数增加或降低一定数量时模型模拟状态变量的变化百分率辨别参数对相应状态变量的敏感程度,但这种方法没有考虑到实测数据和参数的生物学可能范围。而利用 Price 优化算法进行敏感性分析,一则考虑了参数的生物学可能范围,再则与实测数据相关,使得敏感性分析结果更具实用性。

Price 算法即"控制随机查找算法"(Price,1979)。它通过比较模型模拟值与观测值的符合程度选择模型最优参数,是一种全局优化算法。模型模拟值与观测值之间的差异由拟合优度(goodness of fit)确定:

$$QT(i) = {}^{IQT}\sqrt{\sum_{k=1}^{n} \mid (d_{ik} - m_{ik}) \mid {}^{IQT} / n} \qquad (IQT = 1,2) \qquad (5.25)$$

式中,d_{ik}、m_{ik} 分别为实测值和模拟值,i 为状态变量,一般为叶面积指数(LAI)、地上部总干重(TAGP)、贮存器官干重(WSO)和土壤水分含量(SM)等。k 为第 i 个状态变量的第 k 个值。n 为观测次数,$IQT=1$ 时 QT' 为绝对残差和,$IQT=2$ 时 QT' 为残差平方和的平方根。如果考虑多种状态变量,则 QT 取 $QT'(i)$ 的最大值:

$$QT = \max(QT'(i), i = 1,2,\cdots,n) \qquad (5.26)$$

Price 算法在参数的生物学范围内随机取值并依次运行作物生长模型,如果模型输出结果与实测值更接近(QT 值更小)则用新的参数值代替原值,经不断重复迭代直至所设定次数或达到 QT 值的预定界限值为止。利用 Price 算法进行模型参数敏感性分析时,以 QT 值为衡量指标,QT 值越小说明调整该参数可以使模型模拟值与实测值越接近,状态变量对该参数越敏感。

利用河北固城站 2009 年和河南郑州站 2010 年夏玉米水分试验数据开展 WOFOST 模型参数的敏感性分析,获得了 LAI、WSO 和 TAGP 等状态变量的敏感参数。表 5.13 和 5.14 分别列举了固城在潜在和水分胁迫生产水平下 WOFOST 模型敏感参数的拟合度(QT 值)。郑州 WOFOST 模型的敏感参数与固城相同,只是多数敏感参数的 QT 值高于固城的相应值,敏感参数的排序略有差异。

表 5.13　固城潜在生产水平下 WOFOST 模型敏感参数的拟合度(*QT* 值)

参数	LAI	WSO	TAGP
T_{DWI}	0.35	1295.89	1142.58
S_{LA1}	0.37	1291.53	980.39
A_{MAX1}	0.37	1293.18	1029.72
E_{FF2}	0.41	—	1075.47
S_{LA2}	0.47	805.91	909.88
A_{MAX2}	0.66	1265.34	1008.89
E_{FF1}	0.96	—	1075.38
S_{PAN}	1.00	1278.54	980.71
R_{MO}	—	1019.33	910.88
A_{MAX4}	—	1043.29	929.49
A_{MAX5}	—	1117.89	972.11
R_{DRS3}	—	1205.73	—
R_{ML}	—	1208.80	960.28
A_{MAX3}	—	1216.73	—
S_{LA3}	—	1271.46	1056.22

表 5.14　固城水分胁迫生产水平下 WOFOST 模型敏感参数的拟合度(*QT* 值)

参数	LAI	WSO	TAGP	SM
R_{RI}	0.25	322.81	268.69	4.43
S_{LA1}	0.29	305.24	269.21	3.89
A_{MAX1}	0.29	808.56	439.72	4.26
W_{AV}	0.29	305.41	245.65	4.68
S_{MLIM}	0.31	313.93	249.74	4.32
T_{DWI}	0.31	1542.93	251.96	4.05
S_{LA2}	0.31	1568.69	1597.23	3.91
R_{DI}	0.32	—	1732.18	4.58
E_{FF2}	0.34	1088.23	1437.47	—
A_{MAX2}	0.34	1009.37	1088.11	4.65
C_{FET1}	0.56	1474.08	2236.67	4.58
S_{PAN}	0.64	532.05	1130.70	4.67
E_{FF1}	0.79	1426.45	2340.61	—
C_{FET2}	0.90	1288.60	—	4.38
A_{MAX3}	—	1336.32	2646.97	—
A_{MAX4}	—	1413.26	2690.93	—
R_{MO}	—	1476.14	—	—
S_{LA3}	—	1704.76	2856.13	4.67

(2)观测数据对 WOFOST 模型参数的约束性分析

有关待优化参数的选择一般根据参数的敏感性分析或经验直接确定(马玉平等,2005;陈劲松等,2010;Raymond E. E,2007),但这一方法忽略了观测数据对敏感参数的约束能力。约束性体现了观测数据对模型参数或变量初值的控制能力,即观测数据能否使模型参数或变量初值在其生物学可能范围内找到最优值。一些参数尽管敏感,但未必能够被观测数据所约束,同时不同的观测数据对敏感参数的约束能力也存在差异。因此,针对不同观测数据找到相应的可约束参数作为待优化参数,将可能使数据同化获得最优结果。本小节介绍利用 Price 算法在潜在和水分胁迫生产水平下进行不同观测数据对作物生长模型参数或变量初值的约束性分析方法。

　　针对固城潜在生产水平下 LAI、WSO 和 TAGP 为外部同化数据时的敏感参数(表 5.13)逐一分析。图 5.16 为同化 LAI 观测数据序列时 QT 值随参数或状态变量初值的变化情况。可以看出,QT 值随参数取值的变化主要有两种分布型。其一是"抛物线"或"V"型,QT 值随参数值的变化有拐点,最小值出现在中间区域,表明数据同化过程中可以在参数允许范围中找

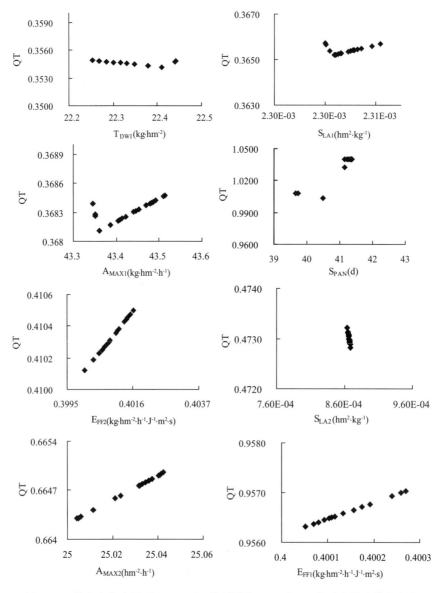

图 5.16　潜在生产水平下 WOFOST 模型同化 LAI 时 QT 值随参数取值的变化

到最优值,观测数据能够控制此类参数,为可约束参数。如 T_{DWI}、S_{LA1}、A_{MAX1} 和 S_{PAN} 等,最优值分别为 22.4 kg·hm^{-2}、0.0023 hm^2·kg^{-1}、43.4 kg·hm^{-2}·h^{-1} 和 40.5 d。其二为"直线"型,QT 值随参数取值的变化呈线性分布,最小 QT 值出现在直线的某一端,且参数范围调整后仍然保持不变,为不可约束参数。如 E_{FF2}、A_{MAX2} 和 E_{FF1} 等,最优值出现在所允许范围的最小处,即 0.4 kg·hm^{-2}·h^{-1}·J^{-1}·m^2·s、25 kg·hm^{-2}·h^{-1} 和 0.4 kg·hm^{-2}·h^{-1}·J^{-1}·m^2·s,而 S_{LA2} 的 QT 值随着参数取值增大而迅速减小,最优值为 0.0009 hm^2·kg^{-1}。

约束性分析表明,潜在生产水平下,LAI、WSO 和 TAGP 的可约束参数基本相同,主要包括 T_{DWI}、S_{LA1}、A_{MAX1}、S_{PAN},而 TAGP 的可约束参数还包括 S_{LA2}。同样分析可得到水分胁迫生产水平下不同观测数据在模型中的可约束参数(表 5.15)。

表 5.15　水分胁迫生产水平下不同观测数据在 WOFOST 模型中的可约束参数

状态变量	可约束参数						
LAI	W_{AV}	A_{MAX1}	S_{LA1}	R_{RI}	S_{MLIM}	T_{DWI}	S_{PAN}
WSO	W_{AV}	S_{LA1}	S_{MLIM}	S_{LA2}	S_{PAN}	R_{RI}	
TAGP	W_{AV}	S_{LA1}	R_{RI}	S_{MLIM}	T_{DWI}		
SM	W_{AV}	R_{RI}	S_{MLIM}	T_{DWI}	S_{PAN}		

同样利用郑州 2010 年水分试验数据进行约束性分析,结果发现,WSO 和 TAGP 的可约束参数与固城的结果基本相同,仅 LAI 的可约束参数中缺少参数 A_{MAX1}。水分胁迫生产水平下,各观测变量的可约束参数多数与固城的结果相同,仅个别观测变量的可约束参数存在差别。例如,LAI 观测序列的可约束参数有所减少,A_{MAX1} 和 R_{RI} 不再被约束。WSO 观测序列的可约束参数增加了 T_{DWI},而 S_{LA2} 变为不可约束参数。

5.2.1.2　基于遥感数据同化的华北夏玉米生长模拟

不同状态变量的可约束参数确定为遥感观测数据与 WOFOST 模型同化过程中待优化参数的选择提供了依据。下面通过 Price 算法在田间尺度上进行实际水分条件下遥感反演 LAI 与作物生长模型的同化,实现待优化参数的估计并对估计结果进行检验。

(1)遥感反演 LAI 的订正

卫星遥感数据反映的是面信息,是地表要素混合像元的复合结果。而地面实际观测数据代表某一单点信息,相对于遥感影像而言是纯像元,两者存在空间尺度上的差异。如果开展站点尺度上的作物生长模型与格点尺度的遥感数据的同化,则模型模拟结果将部分反映格点尺度的信息,但目前无格点尺度的观测数据进行验证。基于以上考虑,首先将遥感数据进行站点尺度上的订正,以便同化后可用站点上的观测数据进行验证。研究结果可为区域尺度上遥感数据与作物生长模型同化提供依据。

通过分析固城 2009 年和 2010 年实测夏玉米 LAI 与对应格点遥感反演 LAI(1 km×1 km)随时间的变化趋势(图 5.17),结果发现两者在时间变化趋势上基本一致,但在数量上存在明显差别。因此可以利用站点数据对遥感 LAI 进行订正。

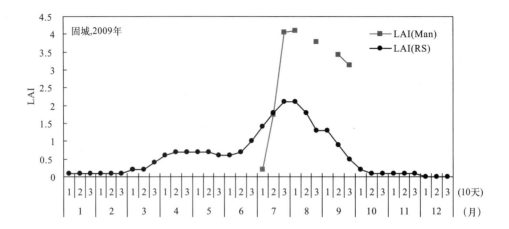

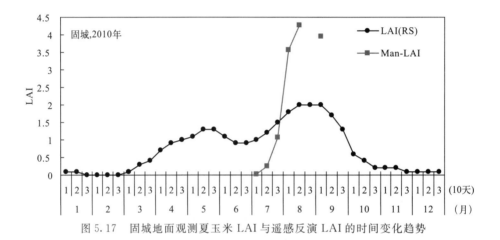

图 5.17　固城地面观测夏玉米 LAI 与遥感反演 LAI 的时间变化趋势

从图 5.17 还可以看出,2009 年固城实测夏玉米 LAI 在达到最大值后还有明显下降过程。进行地面观测 LAI 和遥感反演 LAI 的相关分析发现,最大值前后两者的相关关系明显不一致,因此以此为节点分段进行订正。2010 年的地面观测 LAI 在达到最大值后无明显下降过程,因此无须分段订正。

不同年份遥感 LAI 的线性订正关系,如图 5.18 所示。以图 5.18 中建立的线性订正关系为依据,对遥感反演 LAI 订正后获得站点尺度上的 LAI。

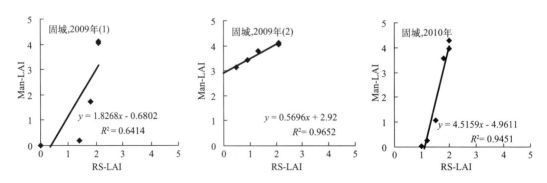

图 5.18　固城地面实测 LAI 与遥感反演 LAI 的相关关系

图 5.19 为 2009、2010 年订正后遥感反演 LAI 与地面观测 LAI 的 1∶1 图。可以看出,两者间的决定系数均在 0.96 以上,经过订正,遥感反演 LAI 接近实测 LAI。

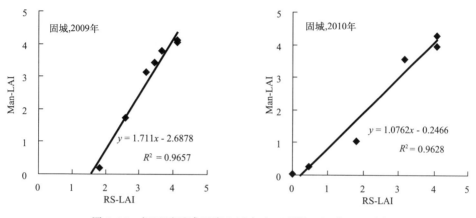

图 5.19　订正后遥感反演 LAI 与人工观测 LAI 的 1∶1 图

(2)遥感反演 LAI 与 WOFOST 模型的同化方法

前面研究中已经通过 Price 算法分别获得不同状态变量的可约束参数。其中水分胁迫生产水平下,状态变量 LAI 一共包含 7 个可约束参数(表 5.16),可见需要调整的可约束参数较多。鉴于模型参数调整时,只有当待优化参数个数尽量少,并且在相应生物学范围之内取值才可能取得满意效果。因此,针对可约束参数的敏感性,对待优化参数进一步筛选,从中选取敏感性最强的前 3、4、5、6、7 个参数分别优化,并和实测值进行比较,从中选择同化效果最好和待优化参数尽量少的参数组合为待优化参数。

表 5.16　水分胁迫生产水平下 Price 算法同化 LAI 时的可约束参数

状态变量	可约束参数(敏感性从左到右逐渐减小)						
LAI	R_{RI}	S_{LA1}	A_{MAX1}	W_{AV}	S_{MLIM}	T_{DWI}	S_{PAN}

图 5.20 为 WOFOST 模型调整不同参数个数完成同化遥感反演 LAI 后模拟各器官生物量的均方根误差。可以看出,调整敏感性最强的前 3 个参数后模拟 WSO 和 TAGP 的误差最大;调整前 4 个和 5 个参数后模拟 WSO 和 LAI 的均方根误差几乎相同,均较小,但调整前 5 个参数后模拟 TAGP 时的误差稍大;而调整前 6 个和 7 个参数后,虽然模拟 TAGP 的误差稍低,但在调整前 5 个参数组合中模拟 LAI 误差最大。综合来看,调整前 4 个敏感性最强的可约束参数后各器官的模拟值更接近实测值,由此确定此组合参数为待优化参数(R_{RI}、S_{LA1}、A_{MAX1}、W_{AV})。

开展遥感反演 LAI 数据与作物生长模型同化实现待优化参数的估计,利用 2009 年和 2010 年夏玉米试验对照处理(自然降水)LAI、WLV、WST、WSO 和 TAGP 等观测数据对同化效果进行检验(图 5.21)。可以看出,2009 年各器官模拟值与实测值的拟合度总体较高,决定系数 R^2 均在 0.92 以上。其中 LAI、WLV 和 WST 在作物生长前期的模拟值均高于实测值,而在中后期的模拟值低于实测值,同时 WSO 和 TAGP 等器官模拟值在全生育期内均有不同程度的偏低。2010 年各器官模拟值与实测值的决定系数 R^2 均在 0.89 以上,其中 LAI、WLV 和

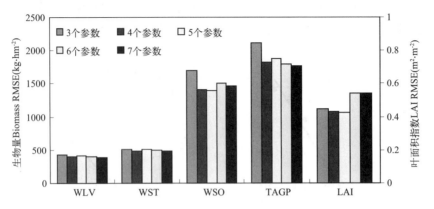

图 5.20　WOFOST 调整不同参数个数实现同化遥感反演 LAI 后模拟各器官生物量的均方根误差

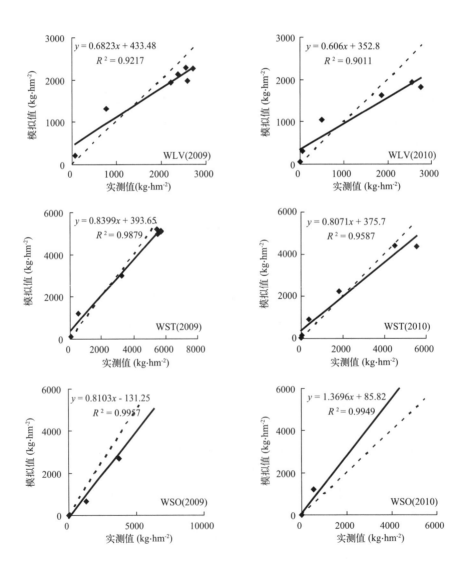

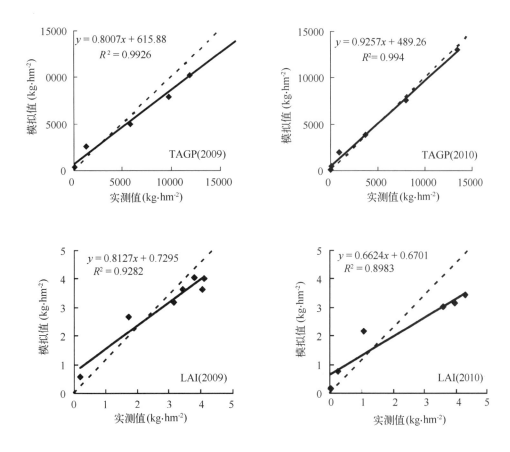

图 5.21　遥感反演 LAI 与作物生长模型的同化后模拟玉米生长量与实际观测结果的 1：1 图

WST 与 2009 年相同,在作物生长前期模拟值均高于实测值,而在中后期则模拟值低于实测值,WSO 的模拟值在全生育期内均高于实测值。而 TAGP 的模拟值与实测值间吻合较好。总的来说,根据可约束参数的敏感性和优化效果确定了遥感反演 LAI 与作物生长模型同化时的待优化参数,并获得了比较好的模拟效果,在单点尺度上实现了遥感反演 LAI 与作物生长模型同化。

(3)基于遥感数据的华北夏玉米区域生长模拟个例

根据站点尺度上遥感信息与作物生长模型同化的方法,在区域尺度上利用遥感反演格点 LAI 优化 R_{RI}、S_{LAI}、A_{MAXI} 和 W_{AV} 等参数,然后模拟区域玉米生长发育状况。

图 5.22 是作物生长模型同化遥感数据前后模拟 2003 年华北地区夏玉米贮存器官干重的对比。可以看出,同化遥感数据后,作物模型的模拟结果在区域分布形式上发生了显著变化,体现了遥感数据的影响。至于模拟效果的改善,可以利用空间上更多观测数据进行检验。

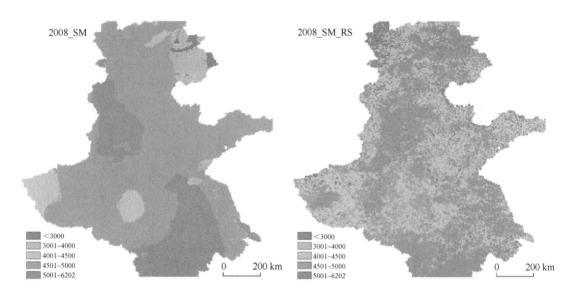

图 5.22 作物生长模型同化遥感数据前(左)后(右)模拟 2003 年华北地区夏玉米贮存器官干重(kg·hm⁻²)

5.2.2 基于遥感数据的长江中下游水稻生长模拟

5.2.2.1 基于 MODIS 数据的水稻长势监测研究

(1)基于 MODIS 数据的水稻种植面积提取

1)植被指数的选择

利用 8 d 合成的 MODIS 影像的三种光谱指数(NDVI、EVI 和 LSWI),通过水稻的生物物理特征对水稻种植信息进行提取。

通过对典型植被区的 NDVI 和 EVI 的比较(见图 5.23a),表明在有植被存在的情况下,当 NDVI<0.8 时,NDVI 与 EVI 的关系基本呈线性相关。此外,8 d 合成 MODIS 地表反射率产品虽经过了严格的大气校正,但是计算得到的 NDVI 受土壤背景的影响较大,由于构建 EVI 时考虑了土壤背景的影响,所以 EVI 受土壤背景的影响比 NDVI 要小。

研究计算二者的比值(NDVI/EVI)(见图 5.23b),可以看出,NDVI/EVI 的值在无植被覆盖时要比有植被覆盖时稍大些,直到植被冠层覆盖地表时,NDVI/EVI 的值开始变小。因此研究选取 EVI 作为识别水稻生长发育期的植被指数,并结合 LSWI 共同进行水稻种植面积的提取。

2)水稻信息识别

水稻的发育期主要包括:播种期、出苗期、三叶期、移栽期、返青期、分蘖期、拔节期、孕穗期、抽穗期、乳熟期和成熟期。在水稻移栽之前,稻田通常都需要灌水,土壤含水量较高。LSWI 对地表水分含量的变化极其敏感,而 EVI 能够抑制大气、土壤背景对植被信息的影响。因此,可以利用移栽期的植被指数初步识别可能的水稻区,然后根据地物随时间的变化而表现出的差异性,通过移栽期以后的植被指数时间序列数据进一步去除其他地物。

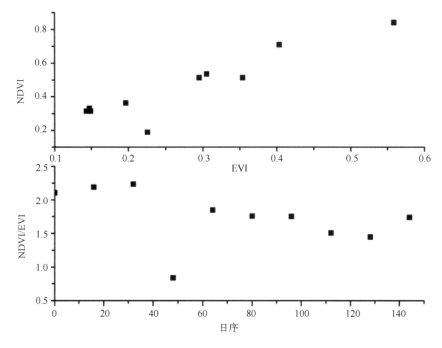

图 5.23　典型植被区 NDVI 与 EVI 的比较结果

3）水稻种植信息提取

在水稻的生长发育期内,EVI 通常都大于 LSWI,只有在灌水移栽期,稻田水分含量高,像元的反射光谱表现为 LSWI 大于 EVI。因此,当灌水移栽期某个像元符合 EVI≤(LSWI+0.05),那么该像元就可能为水稻田。江西省双季早稻的灌水移栽期集中在 4 月份,利用灌水移栽期的图像数据,提取符合 EVI≤(LSWI+0.05)像元,作为第一个条件函数。

在移栽期以后 40 d 左右的时间里,EVI 值将超过 EVI 最大值的一半。因此采用移栽期后 40 d 的 EVI 值超过 EVI 最大值的一半作为第二个条件函数。

尽管本研究所采用的 8 d 合成 MODIS 地表反射率数据经过了气溶胶、大气校正和卷云处理,但还有部分地区存在少量云覆盖的情况,通过第三波段蓝光波段的反射率≥0.2 这一特征,作为云的识别标志,将云从图像上剔除。

4）结果与精度验证

为检验上述方法所提取的 MODIS 水稻面积的精度有效性,以江西省南昌市南昌县为例,对样区 HJ-1A CCD2 卫星数据经过目视解译和监督分类的方法提取出了样区 HJ-1A 卫星数据水稻分布图(图 5.24b)之后对 HJ-1A 与 MODIS 水稻分布图(图 5.24a)进行精度对比验证。结果表明该方法所提取的 MODIS 水稻空间分布与实际水稻分布较吻合。

（2）植被指数与 LAI 的相关分析

在提取的研究区水稻田基础上提取水稻感兴趣区域并加载到植被指数图像中(见图 5.25),利用遥感软件实现研究区水稻田像元平均值的提取。

水稻的长势主要体现在苗情的分类上,在现有的长势农学指标中,主要是应用叶面积指数作为评定水稻苗情的指标。因此需要验证 LAI 与各植被指数的相关性(表 5.17)。由表可知，所选取的各植被指数与 LAI 的相关性均达到了极显著相关。

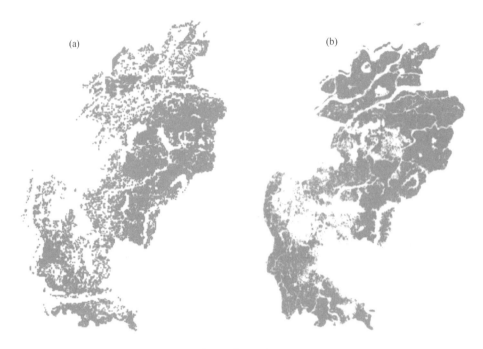

图 5.24　不同卫星资料解译的水稻分布图

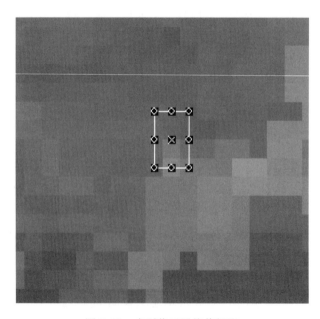

图 5.25　水稻像元平均值提取

表 5.17　植被指数和 LAI 的相关系数

植被指数	样本个数	相关系数
RVI	45	0.714**
NDVI	45	0.775**
VCI	45	0.722**
EVI	43	0.777**
SAVI	45	0.729**

注:＊＊在 0.01 水平(双侧)上显著相关

(3)植被指数反演水稻生育期叶面积指数的研究

以实地观测的叶面积指数与 MODIS 资料提取的植被指数进行水稻遥感植被指数反演 LAI 研究。选取合适的植被指数建立线性与非线性回归方程 $Y=f(x)$,式中,x 为植被指数,Y 为 LAI。在水稻主要生育期(分蘖期、拔节期、抽穗期和乳熟期)分别对不同的植被指数进行回归拟合(图 5.26)。

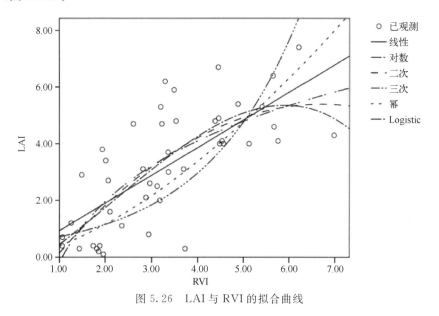

图 5.26　LAI 与 RVI 的拟合曲线

1)LAI 与比值植被指数 RVI 的拟合曲线

由图 5.26 和表 5.18 可知,LAI 和 RVI 的拟合曲线回归模型效果都不理想,R^2 都小于 0.6。

表 5.18　LAI 与 RVI 回归模型

模型名称	回归方程	R^2
线性	$Y=-0.051+0.977x$	0.509**
对数	$Y=-0.182+3.089\ln x$	0.533**
二次	$Y=-1.855+2.16x-0.161x^2$	0.545**
三次	$Y=-0.611+0.872x+0.218x^2-0.033x^3$	0.550**
幂函数	$Y=0.397x^{1.544}$	0.450**
逻辑(Logistic)	$Y=1/(1/u+2.248*0.622^x)$	0.404**

注:＊＊在 0.01 水平上显著相关

2)LAI 与归一化植被指数 NDVI 的拟合曲线

由图 5.27 和表 5.19 可知，LAI 和 NDVI 的拟合曲线以线性、二次和三次回归模型较好，R^2 大于 0.6，其他模型的效果都不理想，R^2 小于 0.6。

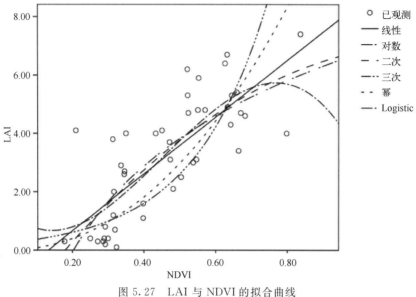

图 5.27　LAI 与 NDVI 的拟合曲线

表 5.19　LAI 与 NDVI 曲线回归模型

模型名称	回归方程	R^2
线性	$Y=-1.285+9.737x$	0.601**
对数	$Y=6.761+4.24\ln x$	0.592**
二次	$Y=-2.724+16.415x-6.876x^2$	0.609**
三次	$Y=1.55-13.32x+55.926x^2-41.014x^3$	0.621**
幂函数	$Y=13.588x^{2.194}$	0.535**
逻辑（Logistic）	$Y=1/(1/u+4.324 \cdot 0.008^x)$	0.502**

注：** 在 0.01 水平上显著相关

3)LAI 与植被条件指数 VCI 的拟合曲线

由图 5.28 和表 5.20 可知，LAI 和 VCI 的拟合曲线回归模型效果都不理想，R^2 都小于 0.6。

表 5.20　LAI 与 VCI 曲线回归模型

模型名称	回归方程	R^2
线性	$Y=0.14+6.452x$	0.522**
对数	$Y=5.589+2.741\ln x$	0.509**
二次	$Y=-0.276+8.433x-1.898x^2$	0.524**
三次	$Y=-2.028+21.667x-29.578x^2+16.883x^3$	0.534**
幂函数	$Y=7.308x^{1.391}$	0.440**
逻辑（Logistic）	$Y=1/(1/u+1.999 \cdot 0.045^x)$	0.404**

注：** 在 0.01 水平上显著相关

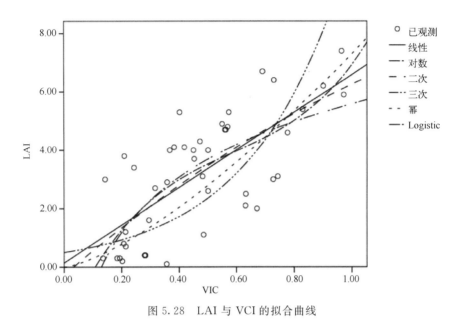

图 5.28　LAI 与 VCI 的拟合曲线

4）LAI 与增强型植被指数 EVI 的拟合曲线

由图 5.29 和表 5.21 可知，LAI 和 EVI 的拟合曲线以线性、二次、三次和幂函数回归模型较好，R^2 大于 0.6，对数模型和逻辑（Logistic）模型效果不佳，R^2 小于 0.6。

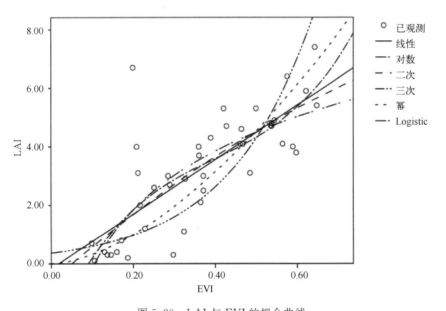

图 5.29　LAI 与 EVI 的拟合曲线

表 5.21　LAI 与 EVI 曲线回归模型

模型名称	回归方程	R^2
线性	$Y = -0.169 + 9.308\,x$	0.604**
对数	$Y = 6.498 + 2.89\,\ln x$	0.599**

模型名称	回归方程	R^2
二次	$Y=-0.61+12.269x-3.996x^2$	0.607**
三次	$Y=-2.393+31.579x-62.448x^2+52.277x^3$	0.615**
幂函数	$Y=14.195x^{1.646}$	0.633**
逻辑（Logistic）	$Y=1/(1/u+2.739 \cdot 0.007^x)$	0.552**

注：**在 0.01 水平上显著相关

5）LAI 与土壤调节植被指数 SAVI 的拟合曲线

由图 5.30 和表 5.22 可知，LAI 和 SAVI 的拟合曲线回归模型效果都不理想，R^2 都小于 0.6。

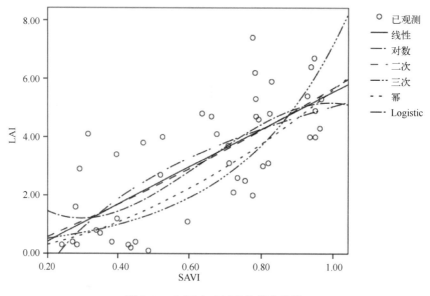

图 5.30　LAI 与 SAVI 的拟合曲线

在选取的 5 种植被指数（RVI、NDVI、VCI、EVI、SAVI）中，EVI、NDVI 与 LAI 的拟合曲线的 R^2 的值大于 0.6，与其他三种植被指数相比较大，说明对 LAI 的拟合程度比较好；在选取的线性与 5 种非线性曲线模型中，线性、二次和三次模型的 R^2 与其他模型相比较大，说明对 LAI 的拟合程度较好。因此选取这几个模型做进一步的验证，从验证的结果选取最合适的植被指数。

表 5.22　LAI 与 SAVI 曲线回归模型

模型名称	回归方程	R^2
线性	$Y=-0.869+6.409x$	0.531**
对数	$Y=5.045+3.461\ln x$	0.506**
二次	$Y=-0.433+4.752x+1.35x^2$	0.532**
三次	$Y=3.981-20.746x+45.44x^2-23.509x^3$	0.542**
幂函数	$Y=5.619x^{1.8}$	0.462**
逻辑（Logistic）	$Y=1/(1/u+3.757 \cdot 0.037^x)$	0.473**

注：**在 0.01 水平上显著相关

（4）评价分析

1）精度分析指标

a. 相关系数

相关系数是衡量两个变量相关密切程度的量,取值范围为(−1,1),当相关系数小于 0 时,称为负相关;大于 0 时,称为正相关;等于 0 时,称为零相关。

b. 精密度

精密度是指在相同条件下 n 次重复测定结果彼此相符合的程度,其大小用偏差表示,偏差越小,精密度越高。为了更好地说明精密度,在一般的分析中常用相对平均偏差表示。

$$相对平均偏差 = (\mid D_1 \mid / X_1 + \mid D_2 \mid / X_2 + \cdots + \mid D_n \mid / X_n)/N = \sum (\mid D_i \mid / X_i)/N$$

$$(5.27)$$

式中,D_i 是第 i 个预测值与实测值之间的差值。

c. 准确度

准确度指测量值与真实值接近的程度,两者之差叫误差。误差越小,分析结果的准确度越高。准确度一般用截距为 0 时的预测值和实测值之间的线性回归方程的斜率表示,斜率越接近 1,准确度越高。

d. 均方根误差 RMS_{error}(root-mean-square error)

$$RMS_{error} = \sqrt{\sum_{i=1}^{n} \frac{(x_i - x)^2}{n}}$$

$$(5.28)$$

式中,x_i 是实测值,x 是预测值,n 是样本个数。

2）LAI-植被指数模型验证

选取试验点 2011 年的早稻数据作为 LAI-VI 模型验证的数据源,将 EVI 和 NDVI 依照已建立的模型反演的 LAI 值和试验点实际观测的 LAI 值进行精密度、准确度和相关性等的验证分析,结果见表 5.23。

表 5.23　LAI 与植被指数模型精度分析

植被指数	模型形式	回归方程	相关系数	RMSE	精密度	准确度
EVI	三次	$Y = -2.393 + 31.579x - 62.448x^2 + 52.277x^3$	0.615	1.226	0.322	0.956
	幂	$Y = 14.195x^{1.646}$	0.633	1.239	0.295	0.895
	二次	$Y = -0.61 + 12.269\ x - 3.996\ x^2$	0.607	1.245	0.400	0.929
	线性	$Y = -0.169 + 9.308x$	0.604	1.242	0.451	0.921
NDVI	三次	$Y = 1.55 - 13.32x + 55.926x^2 - 41.014x^3$	0.621	1.351	0.450	0.83
	二次	$Y = -2.724 + 16.415x - 6.876\ x^2$	0.609	1.337	0.341	0.911
	线性	$Y = -1.285 + 9.737\ x$	0.601	1.378	0.417	0.863

注:Y 为叶面积指数,x 为植被指数。

验证结果表明,植被指数与 LAI 的相关性的大小和其对 LAI 的预测的精密度与准确度并不完全保持一致。相关性高的预测性不一定好,例如 NDVI 的三次(Cubic)模型 R^2 要大于 EVI 的三次(Cubic)模型,但是精密度和准确度均不高。由此可见,单用相关性来验证指标的优越性有些片面,还应该通过精密度和准确度进一步验证。EVI的三次(Cubic)曲线的精密度和准确度分别为 0.322 和 0.956,较其他植被指数和其他模型相比都较高。综合考虑上述几个评价分析指标,最终选取 EVI 作为早稻生育期内长势监测指标。

5.2.2.2 遥感与模型结合预测水稻生长及产量

将基于单点研发的作物生长模型有效应用于区域尺度上监测作物长势及预测产量是作物模型真正实现区域估产的关键所在。本节以 ORYZA2000 模型为基础,通过区域尺度上的遥感观测数据驱动模型,实现区域尺度上的水稻估产。

(1)遥感反演水稻主要生育期

1)研究数据与方法

江苏省为我国重要的水稻主产区。研究使用的数据主要包括农业气象站点观测数据、MODIS 数据、土地利用数据、土地利用类型图(图 5.31)。采用 MODIS2009 年的 MCD12Q1 土地利用图,从中裁剪江苏地区,空间分辨率为 500 m×500 m。MCD12Q1 土地覆盖类型产品是根据一年的观测数据经过处理来描述土地覆盖的类型,这里采用国际地圈生物圈计划(IGBP)全球植被分类方案。土地类型分为:水体、林地与灌木、草地、湿地、农田、城镇和稀疏植被区。

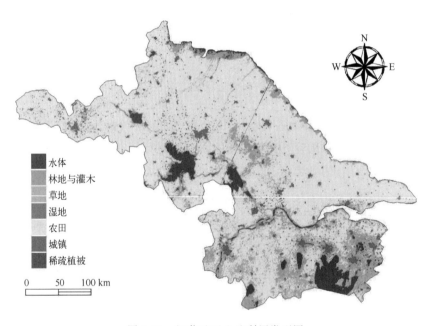

图 5.31　江苏地区土地利用类型图

农业气象站点观测数据采用中国气象局气象资料中心 2010 年的农作物生长发育数据,该数据包括江苏 8 个种植水稻的农业气象站点的水稻各个生育期普遍开始时间及发育程度资料。水稻的观测物候期有出苗期、移栽期、幼穗分化期、抽穗期、成熟期。江苏地区 8 个农业气象站的基本信息见表 5.24。

遥感数据使用 2010 年的 MODIS 产品 MOD09A1。MOD09A1 数据是 8 d 合成的陆地表面反射率数据产品,该产品包括了对陆地表面地物反射比较敏感的前 7 个波段,空间分辨率为

500 m×500 m,时间分辨率为 8 d。

表 5.24　江苏地区 8 个农业气象站的基本信息

站名	编号	经度/°E	纬度/°N
赣榆	58040	119.12	34.83
徐州	58027	117.15	34.28´
淮安	58145	119.17	33.53
兴化	58243	119.83	32.93
高淳	58339	118.88	31.32
镇江	58248	119.47	32.25
无锡	58354	120.32	31.58
昆山	58356	120.95	31.42

2)使用 Savizky-Golay 滤波法去除 EVI 曲线的噪音

为了突出 EVI 时间序列的变化趋势,研究利用 Savizky-Golay 滤波对 EVI 的时间序列进行滤波,用以去除 EVI 曲线的噪音。运用 ENVI 软件中的 Layer Stacking 功能分别将多时相 EVI 影像合成多波段影像文件,每个波段代表一个时相的 EVI,从而多波段遥感影像构成时间序列遥感影像,并使用 Savizky-Golay 滤波方法平滑时间序列遥感影像的噪声。Savizky-Golay 滤波器可以应用于任何具备相同间隔的连续且多少有些平滑的数据,EVI 时间序列影像满足此条件。本研究利用 TIMESAT′(http://www.nateko.lu.se/TIMESAT/timesat.asp)软件包实现 Savizky-Golay 滤波。图 5.32 为兴化站点经过 S-G 滤波的 EVI 时间序列图。

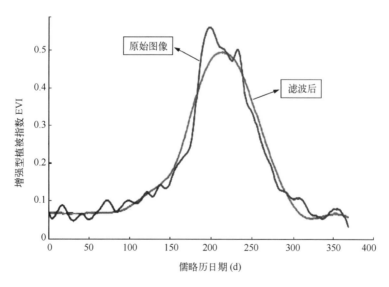

图 5.32　兴化站点经过 S-G 滤波的 EVI 时间序列图

3)水稻主要生育期识别算法

根据水稻各生育期的生理特征推断出其在 EVI 时间序列上的表现特征,进而推出具体的识别算法提取江苏地区水稻的出苗期、移栽期、幼穗分化期、抽穗期和成熟期等物候信息。

根据地面多年观测数据显示,水稻抽穗期 LAI 达到最大,对应在 EVI 曲线上的最大值即为水稻抽穗期。通过 EVI 曲线上的最小点(即 EVI 的一阶导数为 0,且由负变正)确定移栽期。农业气象物候观测记录表明,进入成熟期 LAI 明显减小,EVI 指数下降速率最大,以此识别水稻成熟期。在 EVI 曲线上二阶导数为 0,从负变正,且这个点位于已经确定的抽穗期的后40 d 左右。出苗期是水稻生长的开始时期,定义为水稻种子从芽鞘中生出第一片不完全叶。此时的 EVI 值接近于 0,一般通过移栽期向前推 25 d 左右得到。抽穗期之前为孕穗期,在抽穗期前 25 d 到 30 d 左右,幼穗原始体开始分化,茎生长点由平圆形向上伸长,形成圆锥形,之后枝梗和颖花的分化形成幼穗。确定孕穗期一般通过抽穗期向前推 30 d 左右。5 个主要生育期在 EVI 时间序列图上的变化特征见图 5.33。

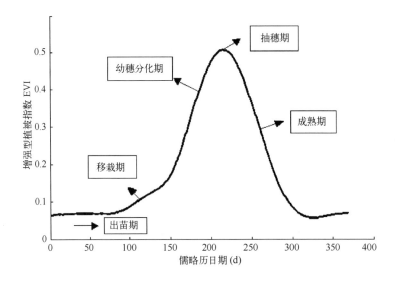

图 5.33　水稻主要生育期在经过 S-G 滤波平滑处理后在 EVI 时间序列上的特征示意图

为了验证利用多时相 MODIS 数据对水稻关键生长发育期的识别效果,将根据算法得出的结果与中国气象局气象资料中心提供的江苏 8 个站点的观测数据(表 5.25)进行比较,其中发育期以儒略历表示。表 5.26 为利用遥感数据识别的江苏 8 个站点对应的生育期数据。

表 5.25　江苏站点生育期观测数据(d)

站点	出苗期	移栽期	幼穗分化期	抽穗期	成熟期
徐州	127	163	206	237	275
淮安	128	167	207	238	281
赣榆	140	165	203	233	275
兴化	130	166	198	230	275
镇江	139	168	206	239	293
昆山	152	169	215	245	299
无锡	146	169	211	243	291
高淳	132	156	205	237	285

表 5.26　利用 MODIS 识别的江苏站点生育期数据（d）

站点	出苗期	移栽期	幼穗分化期	抽穗期	成熟期
徐州	136	161	195	225	270
淮安	142	177	203	233	278
赣榆	136	161	195	225	270
兴化	144	169	203	233	278
镇江	136	161	211	241	286
昆山	136	161	211	241	286
无锡	136	161	211	241	286
高淳	136	161	195	225	270

利用 S-G 滤波提取的水稻生育期与站点观测统计资料的对比结果（图 5.34）显示，两种方法得出的出苗期、幼穗分化期和成熟期的差距绝大部分都在 ±16 d 以内，而移栽期和抽穗期绝大部分在 ±8 d 以内。比较表 5.25 与表 5.26 可以看出徐州提取的幼穗分化期和抽穗期误差较大，淮安和昆山提取的出苗期误差较大，其他站点各个生育期的提取结果均较为合理。误差可能来源于：(a)MODIS 数据的时间分辨率较低，为 8 d；(b)本研究所用的遥感数据由于天气原因，未能完全去除云的影响；(c)由于空间分辨率的限制，混合像元造成的影响。上述原因在一定程度上引起水稻物候观测值和算法提取值的偏差，但整体上，此方法可用于提取水稻的主要生育期，并将误差控制在一个合理的范围内。

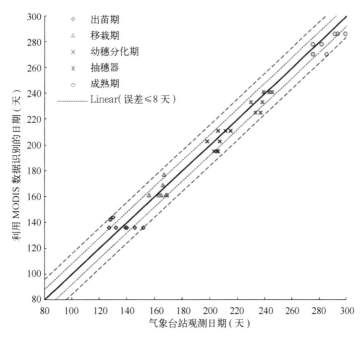

图 5.34　S-G 滤波提取水稻生育期与站点观测资料对比分布图

（2）水稻主要生育期分布及变化特征

利用遥感生育期识别算法得到 2010 年江苏地区的水稻生育期分布图（图 5.35）。图

5.35a 表示出苗期的空间分布,出苗时间基本呈现从西北向东南递减的趋势。其中,江苏东南部出苗期在 130～140 d(5 月中旬)之间;西北部出苗期在 150～160 d(6 月上旬)之间;东南部与西北部的过渡区域出苗期在 140～150 d(5 月下旬)之间。图 5.35b 表示移栽期的空间分布,其总体分布与出苗期类似,从南向北逐渐推迟。其中,江苏南部移栽期在 155～165 d(6 月中旬)之间,江苏北部移栽期在 175～185 d 之间(6 月下旬)。图 5.35c 表示幼穗分化期的分布,呈现出南早北晚的分布。江苏南部大致在 188～196 d 之间(7 月上旬),苏中地区大致在 196～204 d(7 月中旬),苏北地区较晚在 212～220 d 之间(8 月上旬)。图 5.35d 表示抽穗期的分布,江苏南部大致分布在 218～226 d 之间(8 月中上旬),而北部地区则大致分布在 226～234 d 之间(8 月中下旬)。图 5.35e 表示成熟期的分布,其分布与抽穗期类似,南部要早于北部。

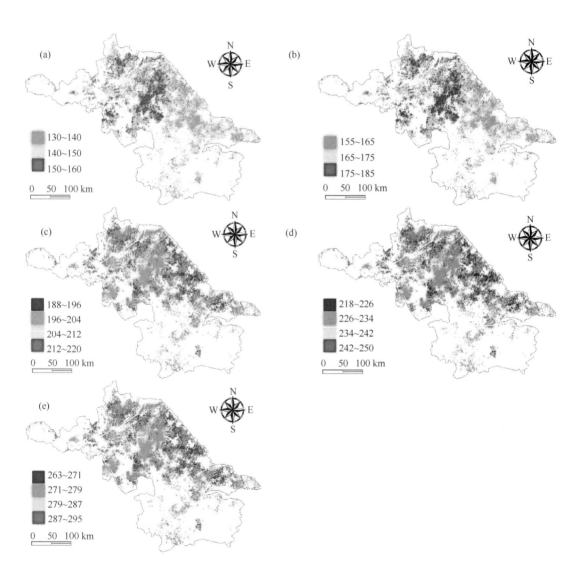

图 5.35　2010 年江苏地区水稻生育期时空分布(d)

(a. 为出苗期,b. 为移栽期,c. 为幼穗分化期,d. 为抽穗期,e. 为成熟期)

（3）基于遥感数据的江苏地区水稻区域生长模拟个例

根据天气数据、LAI 数据和生育期数据驱动作物模型，实现对江苏地区水稻产量的预测。研究区内水稻的同化模拟产量从 7915.02 kg/hm² 变化到近 9669.24 kg/hm²（图 5.36）。产量高值区分布于江苏沿海地区及苏南地区，产量较低的地区位于江苏北部及中部。

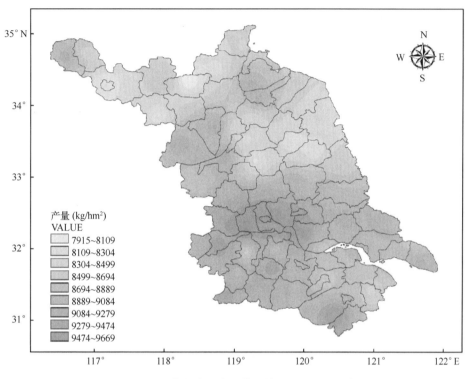

图 5.36　江苏省水稻产量模拟结果分布（kg/hm²）

在研究区内选取 50 个站点，以这些站点的模拟结果与统计数据进行比较。50 个站点中有 26 个站点的产量模拟误差小于 5%，占 52%。通过模型模拟可以得到产量及各个点的发育速率（表 5.27）。

表 5.27　不同站点水稻的发育速率

站点	基本营养阶段发育速率（DVRJ，℃/d）	光敏感阶段发育速率（DVRI，℃/d）	穗形成阶段发育速率（DVRP，℃/d）	籽粒灌浆阶段发育速率（DVRR，℃/d）
丰县	0.001129	0.000758	0.000633	0.001423
沛县	0.001135	0.000758	0.000632	0.001445
邳州	0.000652	0.000758	0.000629	0.001537
徐州	0.000837	0.000758	0.000632	0.001412
新沂	0.001572	0.000758	0.000632	0.001561
东海	0.000831	0.000758	0.000627	0.001575
赣榆	0.000998	0.000758	0.000621	0.001478
灌云	0.000823	0.000758	0.000629	0.001522
灌南	0.000821	0.000758	0.000634	0.001513

站点	基本营养阶段发育速率 (DVRJ,℃/d)	光敏感阶段发育速率 (DVRI,℃/d)	穗形成阶段发育速率 (DVRP,℃/d)	籽粒灌浆阶段发育速率 (DVRR,℃/d)
睢宁	0.000806	0.000758	0.000641	0.001551
泗阳	0.001064	0.000758	0.000642	0.001529
泗洪	0.000804	0.000758	0.000646	0.001556
盱眙	0.000513	0.000758	0.000668	0.001620
洪泽	0.001721	0.000758	0.000634	0.001402
涟水	0.001072	0.000758	0.000641	0.001504
淮阴	0.000807	0.000758	0.000645	0.001512
淮安	0.001059	0.000758	0.000646	0.001501
建湖	0.001080	0.000758	0.000646	0.001478
宝应	0.001047	0.000758	0.000652	0.001469
射阳	0.000750	0.000758	0.000643	0.001810
盐城	0.001212	0.000758	0.000637	0.001370
大丰	0.001270	0.000758	0.000642	0.001375
南京	0.000625	0.000758	0.000674	0.001455
仪征	0.000767	0.000758	0.000668	0.001443
兴化	0.000793	0.000758	0.000652	0.001455
江都	0.000774	0.000758	0.000664	0.001438
扬州	0.000630	0.000758	0.000666	0.001439
扬中	0.000785	0.000758	0.000663	0.001431
镇江	0.000513	0.000758	0.000681	0.001528
泰兴	0.000644	0.000758	0.000661	0.001429
东台	0.000809	0.000758	0.000641	0.001458
如皋	0.000850	0.000758	0.000647	0.001455
靖江	0.000645	0.000758	0.000664	0.001422
南通	0.000817	0.000758	0.000655	0.001426
如东	0.000853	0.000758	0.000636	0.001413
吕泗	0.000691	0.000758	0.000629	0.001370
南通	0.000832	0.000758	0.000646	0.001408
启东	0.000904	0.000758	0.000625	0.001290
高淳	0.000807	0.000758	0.000647	0.001358
溧水	0.001602	0.000758	0.000671	0.001357
丹阳	0.000776	0.000758	0.000673	0.001424
金坛	0.000772	0.000758	0.000683	0.001419
常州	0.000503	0.000758	0.000655	0.001659
句容	0.000597	0.000758	0.000691	0.001529
溧阳	0.000778	0.000758	0.000695	0.001416
江阴	0.001099	0.000758	0.000659	0.001335
常熟	0.000754	0.000758	0.000678	0.001497
无锡	0.000509	0.000758	0.000694	0.001496
昆山	0.000515	0.000758	0.000687	0.001469
东山	0.000646	0.000758	0.000667	0.001390

使用江苏省 50 个站点 2010 年的水稻统计单产与同化模拟单产进行比较检验 ORYZA2000 模型的模拟产量误差(图 5.37)。可以看出产量估测的误差总体上水稻模拟值都比实际值偏大,这是由于本研究设定 ORYZA2000 模型为潜在生长条件,没有考虑氮肥、水分、病虫害、倒伏等因素的影响。50 个站点中最小误差为 1.55%,最大误差为 11.56%,平均误差为 5.17%,其中南京和邳州的误差较大,均在 10% 以上;而无锡和昆山的误差较小。另外,江苏中北部地区模拟的相对误差整体要高于苏南地区。

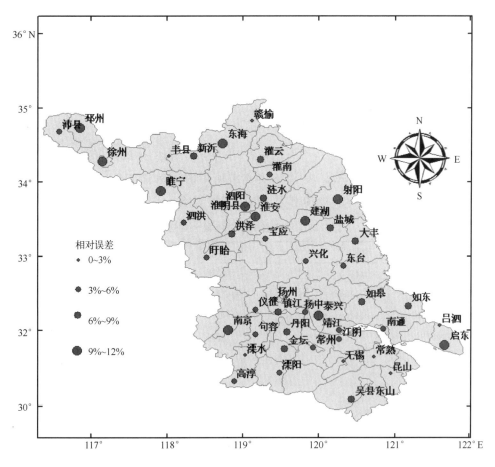

图 5.37　水稻实际产量与模拟产量相对误差分布图

5.2.3　基于遥感数据的华北冬小麦生长模拟

5.2.3.1　基于小麦模型 WheatSM 河南省小麦产量区域化分析

(1)研究区概况

河南省地跨 $31°23'\sim36°22'$N、$110°21'\sim116°39'$E,位于黄河中下游,北接河北、山西,南临湖北,东接安徽、山东,西连陕西,呈望北向南、承东启西之势。地势西高东低,北、西、南三面太行山、伏牛山、桐柏山、大别山沿省界呈半环形分布;中、东部为华北平原南部;西南部为南阳盆地。土地类型复杂多样,主要为平原和盆地,占全省总面积的 55.7%,其次为山地丘陵,占全省总面积的 44.3%。

河南省处于暖温带和亚热带交错的边缘地区,地势处于我国二、三级阶梯过渡带,平原面积约占 60% 以上,具有发展农业的良好条件。全省年均气温为 12.8~15.5℃,7 月最热,月均气温在 23.9~27.7℃ 之间;1 月最冷,月均气温在 −2.5~2.5℃ 之间;无霜期在 190~230 d 之间;年降水量从北到南 550~1295 mm 之间。气候条件可满足农作物一年两熟,适宜多种农作物及果树、林木生长,但气候的异常变化又常常产生干旱、冰雹、霜冻、洪涝、大风等各种气象灾害,对经济发展产生极为不利的影响。河南是农业大省,粮棉油等主要农产品产量均居全国前列,是全国重要的优质农产品生产基地。2009 年全年粮食总产达到 539 亿千克,连续四年突破 500 亿千克,连续 10 年产量居全国第一。河南省的光、温、水、土条件为小麦生育提供了良好的生态环境,小麦自古以来就是河南省的主要粮食作物,在河南省粮食生产中占有重要地位。

(2)数据准备

1)地理数据

地理数据包括:河南省 112 个气象台站信息(由于站点数较多,以下仅列出部分站点信息)和河南省行政区划图(Shapefile)。表 5.28 为本节所用的河南省 112 个气象观测站信息;图 5.38 为本节所用的河南省 112 个气象观测站的位置分布图。

表 5.28 河南省 112 个气象台站信息

台站名	纬度(°N)	经度(°E)	海拔(m)	台站名	纬度(°N)	经度(°E)	海拔(m)
林县	36.07	113.8	308.6	扶沟	34.08	114.4	59.3
安阳	36.12	114.4	76.4	太康	34.07	114.85	53.6
沁阳	35.12	112.9	120.4	西峡	33.3	111.5	252
淇县	35.62	114.2	72.8	嵩县	34.15	112.08	327.5
济源	35.08	112.6	140.7	内乡	33.05	111.87	160
博爱	35.18	113.1	130.3	鲁山	33.75	112.88	146.9
焦作	35.23	113.3	113.2	镇平	33.05	112.23	194.1
封丘	35.03	114.4	71.3	南召	33.48	112.43	199.7
修武	35.23	113.4	86.3	南阳	33.03	112.58	130.7
辉县	35.45	113.8	97.5	方城	33.28	113	161.5
新乡	35.32	113.9	74	郏县	33.98	113.2	118.6
武陟	35.1	113.4	96.1	宝丰	33.88	113.05	137.5
获嘉	35.27	113.7	78.1	襄城	33.85	113.5	81.4
原阳	35.05	114	77.4	临颍	33.8	113.92	60.8
汤阴	35.93	114.4	75.3	叶县	33.6	113.65	86.7
……				……			

2)气象数据

气象数据主要来自于河南省气象局提供的 2009—2010 年逐日最高气温和最低气温、日降雨量、相对湿度、日照时数记录数据,排除数据不全的站点,用于处理的站点数为 112 个。

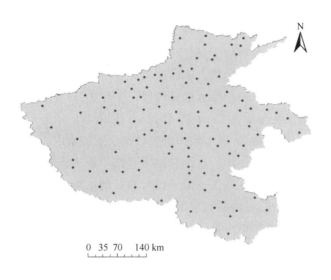

图 5.38　河南省 112 个站点分布图

3）模型工具

模型工具为小麦生长发育模拟模型（WheatSM）。WheatSM 模型是在大量田间试验和大范围资料收集基础上建立的适用于我国大面积范围而应用的自主版权的一个作物模型。采用的 WheatSM 模型经过对华北地区周口、曲周、上庄三个地点的试验数据进行调参，统计检验表明，该模型能够模拟河南省小麦生长发育期和产量。

4）GIS 工具

本节使用 ArcGIS 9.3 作为分析工具，主要用到了 ArcMap、ArcToolBox 中的 Spatial Analyst Tools 中的空间分析扩展模块和地统计分析扩展模块。

（3）小麦产量的计算

1）小麦品种的选择

河南省南北气候具有较大差异，东西部气候也有一定差异，全省并没有一个普适的小麦品种。但大体上河南北部应种植半冬性品种，南部应种植弱春性品种。由于对模型进行调参的河南周口站点的小麦品种为弱春性的偃展 4110，暂时没有其他品种的试验数据可对模型进行调参验证，而弱春性小麦品种可以在河南中南部种植，且目前偃展 4110 是河南省主导小麦品种之一。因此，本节采用的小麦品种为偃展 4110。

2）不同区域小麦播种期的确定

适期播种时培育壮苗，提高分蘖成穗率，形成高产量的基础。播种过早常会导致冬前单株分蘖多，消耗土壤养分，而且会造成后期倒伏，也常常因为播种早拔节而冬前拔节遭受冻害。播种过晚，不能充分利用冬前的光照、温度、水等资源，分蘖期段，分蘖少。且晚播由于生育期延后，往往后期遇到高温灾害，造成灌浆缩短，造成产量减少。

适宜播期的确定，必须根据气候特点、品种类型、地理位置、土壤墒情、土壤质地和土壤肥力水平等因素来确定。河南省地域宽广、地形复杂，北部属暖温带，南部属北亚热带。光、热、水、土等自然资源不仅具有南北渐变的地带性差异，而且东西部垂直差异较大，具有较大的区域性差异。一般是纬度和海拔越高,播种就应当越早,反之,播种就应当晚一些。

由于河南省各地自然条件差异较大,根据地形、地貌和多年生产实践,从大的范围来看,小麦播期可以分为北、中、南三个不同区域。不同区域又可以细分为几个小区域。一般北部地区播种期在9月20日到10月15日;中部地区播种期在9月25日到10月10日,最晚播期不宜超过10月20日;南部地区播种期在10月10日到10月30日。

采用的播期在查阅书籍文献后,参考河南省气象局农业气象中心2009年发布的农业气象信息中的小麦适宜播种期预报分布图。该分布图不是按小麦生态区,而是按行政区预报小麦播种期。每年的预报结果只相差一两天。由于技术和时间的缘故,本节采用该预报中适宜播种阶段的中间日期为相应区域的播期:北部(包括安阳、鹤壁、濮阳、新乡、焦作、济源、洛阳、三门峡)的播种期为10月11日;中东部(包括郑州、开封、商丘、平顶山、许昌、漯河、周口)的播种期为10月15日;西部南阳市的播种期为10月18日;南部(包括驻马店和信阳)的播种期为10月22日。

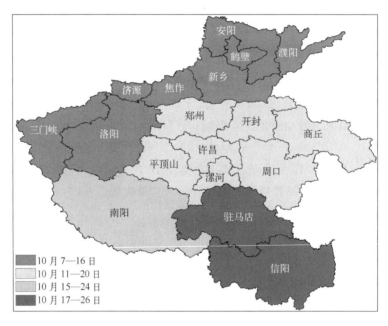

图5.39　河南省2009年小麦适宜播种期分布图

(4)河南小麦生育期和产量分布

2009—2010年度冬小麦抽穗期和成熟期的模拟结果如图5.40所示。可以看出,河南南部冬小麦在2009年的第104 d左右(4月中旬)率先进入抽穗期,成熟期在第152 d左右(5月底到6月初);河南北部冬小麦抽穗期在2009年第116 d左右(4月下旬),成熟期约为第161 d左右(6月上旬末到中旬初)。据国家农业气象业务部门实时监测公报2010年河南冬小麦从4月中旬(第101~110 d)到5月上旬(121~130 d)自南到北进入抽穗期;从5月下旬(141~151 d)到6月中旬(162~171 d)进入成熟期。比较二者可知,模拟抽穗期和成熟期的空间分布与实测日期大致相符。

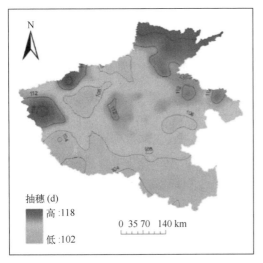
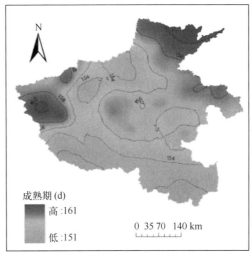

图 5.40　2010 年河南省冬小麦抽穗日期和成熟日期模拟

图 5.41 为 2009—2010 年度冬小麦产量的模拟结果。总体上河南省小麦产量呈现北高南低，从北到南递减的趋势，与实际相符。其中，河南省北部、中部和东部模拟产量大部分在 5850～6640 kg/hm² 之间，驻马店中部和南阳南部模拟产量在 5800～6200 kg/hm² 之间，与实际相符。且模拟结果体现出了驻马店地区的小麦产量高于南阳盆地的实际区域特点。

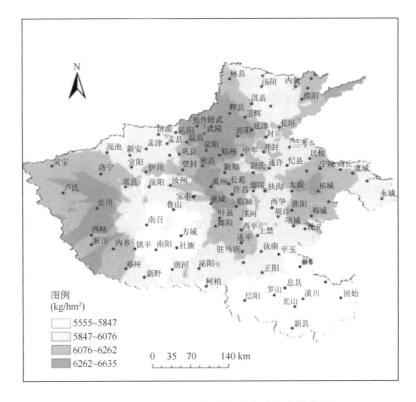

图 5.41　2009—2010 年河南省冬小麦产量模拟

综上,利用河南省 112 个气象台站 2009—2010 年的气象数据,包括日最高气温和日最低气温、日降雨量、相对湿度、日照时数,运行 WheatSM 小麦模型模拟 2009—2010 年河南省小麦产量。基于 GIS 平台,通过内插法得到河南省范围的主要生育期分布图和产量分布图。研究较好地模拟了河南省冬小麦主要发育期。对模拟产量图进行分析表明,结果能较好地表现出河南省小麦产量总体由北到南减少的趋势。

5.2.3.2 基于格点气象数据与遥感数据的华北冬小麦模拟

以小麦作物为研究对象,选择北京、河南、河北、山东、安徽、江苏作为研究区,将作物生长模拟和遥感、GIS 等技术相结合,采用遥感 LAI 值替换作物模型模拟中叶面积系数值,用遥感信息来改进作物模型的模拟结果,模拟小麦主要生育期、生物量和产量值。

(1)资料数据与研究方法

气象数据包括河南省气象局提供的 2009—2010 年逐日数据和中国气象科学研究院提供的华北地区 2003—2010 年逐日气象插值数据集。河南省 2009—2010 年逐日数据包括日最高气温和日最低气温、日降雨量、相对湿度、日照时数记录数据,排除数据不全的站点,用于处理的站点数为 112 个。对这 112 个站点的气象数据进行处理,转化为小麦生长发育模拟模型的运行能读取的文本格式,天气数据库包括逐日最高气温、最低气温、降水量和日照时数和相对湿度。华北地区 2003—2010 年逐日气象插值数据集,包括逐日最高气温和日最低气温、日降雨量、水汽压、辐射、2 m 风速数据,气象数据为二进制格式,空间分辨率:5 km×5 km。

遥感数据为 2003—2010 年华北地区 MODIS LAI 旬数据。共有四个值:LAI0 单点数据,LAI1 9 个点平均数据,LAI2 25 个点平均数据,LAI3 49 个点平均数据。由于单点 LAI 数据常过大或过小,不能够很好地反映,计算时采用 LAI3 的值,即 49 个点平均数据。用程序读取遥感数据,并转化为模型能够读取的文本格式。

使用的模型工具为小麦生长发育模拟模型(WheatSM)。WheatSM 模型经过对华北地区周口、曲周、上庄三个地点的试验数据进行调参验证,结果表明,该模型能够模拟华北地区小麦生长发育期和产量。

运用 WheatSM 模型模拟设置:1)基于华北区域格点气象数据的冬小麦模拟,气象数据采用华北地区 2003—2010 年逐日气象插值数据集,模型模拟小麦品种为邯 6172,播种期 10 月 11 日(284 d),年份 2010—2011 年;2)基于河南省 112 个气象台站数据与遥感 LAI 数据的小麦模拟。地理数据包括河南省 112 个气象台站信息和河南省行政区划图,气象数据主要来自于河南省气象局提供的 2009—2010 年逐日最高气温和日最低气温、日降雨量、相对湿度、日照时数记录数据,用于处理的站点数为 112 个。遥感数据为 MODIS 华北地区 LAI 旬值,以旬值代表旬内每一天的值,模型模拟小麦品种为偃展 4110,播种期 10 月 11 日(284 d),年份为 2009 年—2010 年。在采用模型计算的 LAI 值和利用遥感 LAI 值替换模型计算 LAI 值两种情况下,运行 WheatSM 小麦模型模拟逐年冬小麦生长发育及产量。基于 GIS 平台运用内插法得到研究区域范围主要生育期生物量和产量分布图。

使用 ArcGIS 9.3 作为分析工具,主要用到了 ArcMap、ArcToolBox 中的 Spatial Analyst Tools 中的空间分析扩展模块和地统计分析扩展模块。采用普通克里格方法(Ordinary Kriging)对小麦主要生育期生物量和产量进行空间插值,得到华北范围和河南省小麦主要生育期和产量分布图。

(2)基于气象数据与遥感数据的河南小麦模拟研究结果

引入遥感信息,在利用遥感 LAI 值替换模型计算 LAI 值情况下,运行 WheatSM 小麦模型模拟河南省小麦生长发育及产量,基于 GIS 内插法得到河南省范围主要生育期生物量和产量分布情况(图 5.42)。结果表明,加入遥感数据的模拟河南省产量东部、东北部产量高,西部、南部产量低,整体趋势较符合实际。

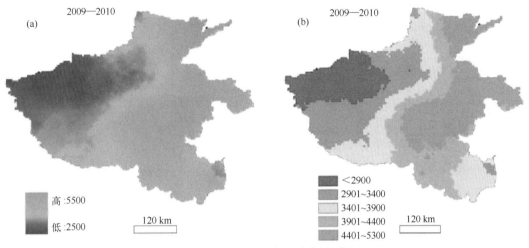

图 5.42 河南冬小麦产量分布图(分级)

(3)基于格点气象数据的华北冬小麦模拟研究结果

运行 WheatSM 小麦模型模拟逐年冬小麦生长发育及产量,基于 GIS 运用内插法得到研究区域范围主要生育期生物量和产量分布情况(图 5.43)。

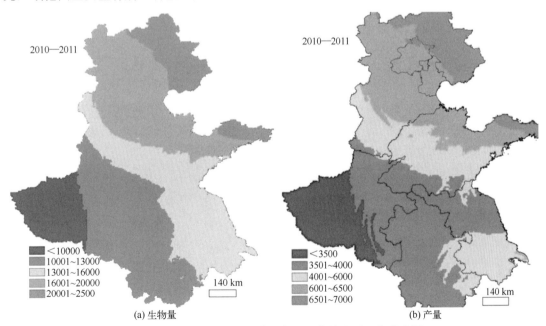

图 5.43 华北冬小麦抽穗期生物量和产量(kg/hm²)分布图

（4）小结

以小麦作物为研究对象,选择北京、河南、河北、山东、安徽、江苏作为研究区,将作物生长模拟和遥感、GIS 等技术相结合,模拟小麦主要生育期、生物量和产量值。结果表明,加入遥感数据的模拟整体趋势较符合实际。但也存在一些问题,如遥感 LAI 数据与站点的匹配问题。正常情况下,冬小麦的 LAI 值从返青期后开始逐渐增大,到拔节期和抽穗期最大,过后逐渐减小,到成熟期为 0,LAI 的数值有一个先增大后减小的趋势。但有的站点不符合这样的规律,这些是需要改进的方面。另外,对 WheatSM 模型的叶面积指数模块也需要进行改进,以便进一步提高模型模拟的精度。

第6章　农作物生长定量评价技术

6.1　基于遥感与作物生长模型的作物生长评价

在农业科技水平、农业投入、土壤性状及作物特性等基本不变的情况下,气象条件是直接影响作物生长、发育及产量形成的主要因素。在此前提下,利用实况天气要素驱动遥感-作物生长模型可以实时评价作物生长和发育进程,如果引入区域气候模式或天气模式对未来天气要素的预测结果,则可实现对作物生长发育的预评估。实际应用中,随着作物发育的推进,逐日实况气象数据逐渐更新区域气候模式预测结果,同时区域气候模式也可根据需要进行定期或不定期的滚动预报,以不断替换气候平均数据,从而实现时间上的动态滚动预报。这种动态预评估随着时间推移将逐渐接近实况评价。

6.1.1　华北夏玉米生长状况评价

6.1.1.1　评价方法

（1）长势评价

利用遥感-作物生长模型模拟的不同年份生物量动态累积过程及最终生物量与同期平均气候下生物量的比较,可以评价生育期内各时段或全生育期作物长势。这一评价主要考虑某格点（站点）作物生长状况与该点多年平均的比较。平均气候条件下的模拟生物量是评价的基础和标准。一般以近几年每年逐日气象资料驱动作物生长模型,对模拟生成的逐日生物量进行多年平均获得。

a. 全生育期夏玉米长势评价:将作物最终生物量（产量）视为全生育期光、热、水条件综合作用的结果。在作物生育期结束获得全生育期气象资料后,根据模拟地上总干重的大小进行年度作物长势评价。利用遥感-作物生长模型模拟华北农业气象站点夏玉米生长发育过程,根据模拟地上总干重的概率分布并适当调整确定评价指标。所有年份站点中,评价好的概率为30%,正常为40%,差为30%,由此确定指标为地上总干重距平百分率大于等于10%为好,小于等于-10%为差,其余为正常。

b. 夏玉米长势实时动态评价:利用各地实时作物出苗日期、熟性数据及实时逐日基本气象数据运行遥感-作物生长模型。计算不同年份该日作物累积生物量与同期平均气候条件下地上总干重之差值百分比,则可动态评价生育期内各时段夏玉米长势变化。长势指标与全生育期相同。

（2）苗情评价

利用夏玉米实测地上总干重与苗情观测结果建立苗情指标（图6.1）,则可利用遥感-作物生长模型进行苗情评价。该评价可视为区域上不同格点间的比较。同长势评价类似,可在作物生育期结束后进行年度作物苗情评价,也可利用实时气象数据的不断更新进行夏玉米苗情的时间动态评价。

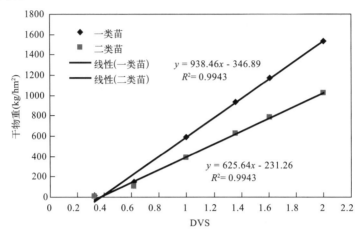

图 6.1 华北夏玉米不同发育阶段(DVS)的苗情指标

6.1.1.2 评价结果检验

利用 2010—2011 年多地观测数据进行遥感数据与作物生长模型同化评价结果的检验(图 6.2)。可以看出,风云数据结合 WOFOST 模型的评价效果最好,其评价结果与实测等级相同的概率占 56％以上,相差一个等级以内的占 90％以上。MODIS 数据结合模型的评价结果较实际偏差较多,等级相同的在 25％～28％之间,相差一个等级以内的在 82％以上。从同化遥感数据后的评价结果看,长势和苗情的评价准确率变化不大,一般在 3％以内。从直接模拟的评价结果看,等级相同的为 26％～44％,相差一个等级以内的在 83％以上;但苗情评价偏低一个等级的比例较高,达 46％。

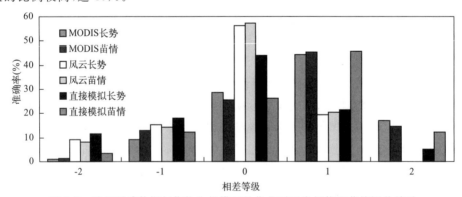

图 6.2 基于遥感数据与作物生长模型的华北夏玉米长势和苗情评价检验

由于风云遥感数据序列较短(2011—2013 年),该评价的多年平均利用了同化 MODIS 数据的模拟结果,因而长势评价可能存在一定偏差。因此,下面主要以同化 MODIS 数据的模拟结果进行长势和苗情个例分析。

6.1.1.3 评价个例分析

利用 MODIS 数据和作物生长模型模拟了华北地区 2006—2013 年的夏玉米生长发育过

程,根据指标对全生育期夏玉米长势和苗情进行评价(图 6.3)。可以看出,2006 年华北地区夏玉米长势呈插花分布,等级从差到好均有一定比例,而夏玉米苗情基本为二、三类苗;2008 年华北地区夏玉米长势基本为好,苗情也以二类苗为主,2012 年的长势和苗情与 2006 年类似,2013 年长势好和二类苗的区域较 2012 年有所增大。总体上各年一类苗出现均较少。

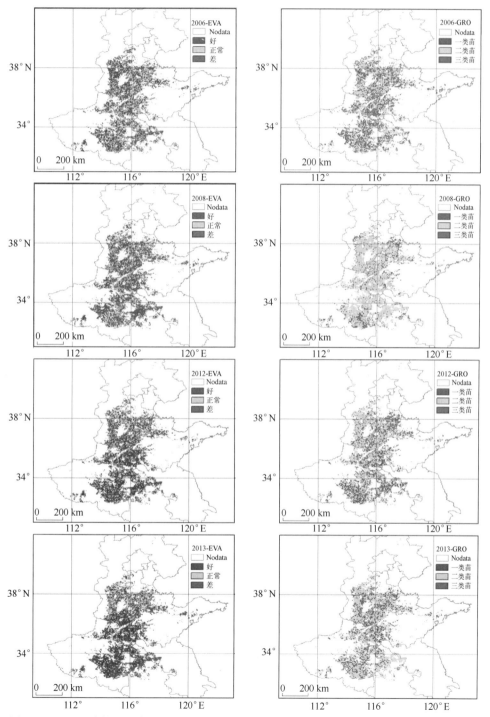

图 6.3　基于遥感数据和作物生长模型同化的华北夏玉米长势(EVA)和苗情(GRO)年度评价

利用 MODIS 数据和作物生长模型模拟了华北地区 2007 年的夏玉米生长发育过程,根据指标对夏玉米长势进行动态评价(图 6.4)。可以看出,2007 年华北地区夏玉米长势随时间有不断好转的趋势。7 月初除河北东部夏玉米长势较好外,其余地区皆为差,到 8 月初则部分地区长势转为正常或好,至 9 月初时,除河南南部长势差外,其余地区皆转为正常或好。

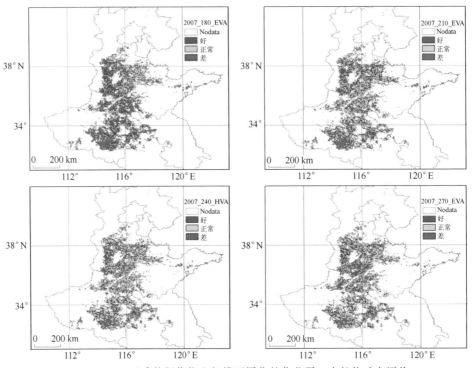

图 6.4　基于遥感数据作物生长模型同化的华北夏玉米长势动态评价

6.1.2　黄淮平原冬小麦生长状况评价

6.1.2.1　基于格点气象数据与遥感数据的河南小麦生长模拟评价

以小麦作物为研究对象,选择河南省作为研究区,将作物生长模拟和遥感、GIS 等技术相结合,用遥感信息来改进作物模型的模拟结果,模拟小麦主要生育期、生物量和产量值,并以小麦生长动态模拟值进行小麦生长状况分级评价。

(1)研究方法:同 **5.2.3**。

(2)研究结果

以小麦各发育时期群体生物量与叶面积系数对小麦生长状况进行评价,用距平百分率来表示,小麦生长评价分为三级,即优、正常、差,分级指标见表 6.1。据此可评价区域小麦的生长情况,为生产决策管理提供支持。

表 6.1　小麦生长评价分级指标

评价结果	总生物量距平百分率(Y_{mod})	LAI 距平百分率(Y_{mod})
优	$Y_{mod} > 15\%$	$Y_{mod} > 15\%$
中(正常)	$-15\% \leqslant Y_{mod} \leqslant 15\%$	$-15\% \leqslant Y_{mod} \leqslant 15\%$
差	$Y_{mod} < -15\%$	$Y_{mod} < -15\%$

基于河南省格点气象数据与同期遥感 LAI 数据,运行 WheatSM 小麦模型模拟小麦生长发育及产量,利用表 6.1 小麦生长评价分级指标对 2009—2010 年度河南小麦生长状况进行分级评价,结果见图 6.5、图 6.6。其中从叶面积指标看,抽穗期小麦生长状况以东中部、东北部为优,西部为差;从生物量指标看,抽穗期小麦生长状况以东中部偏南为优,西部、西北部为差;综合看,在 2009—2010 年度小麦抽穗期生长状况以东中部为优,西部为差。由于不同指标计算方法有差异,在对作物进行总体生长评价时,就选取建立综合性指标进行评价。

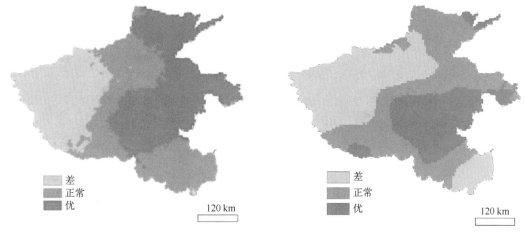

图 6.5　河南省小麦抽穗期 LAI 分级评价　　　　图 6.6　河南省小麦抽穗期生物量分级评价

6.1.2.2　基于监测与预报气象数据的黄淮平原冬小麦生长模拟评价

　　以小麦作物为研究对象,选择河南、河北、山东、安徽作为研究区,利用监测和预报的逐日气象数据,基于小麦作物生长模型 WheatSM 模拟小麦生物量和 LAI,以小麦生长动态模拟值进行小麦生长状态分析与评估。

　　(1)研究资料与方法

　　研究区包括河北、河南、山东、安徽省,共 435 个气象台站信息。气象数据由河南省气象局提供,包括 2012 年 9 月 1 日至 2013 年 5 月 9 日的冬麦区逐日气象资料,要素有日最高气温、日最低气温、日平均气温、风速、日降雨量、水汽压、日照时数记录数据,排除数据不全的站点,用于处理的站点数为 435 个;2013 年 5 月 1 日至 2013 年 5 月 10 日冬麦区逐日气象预报资料,要素包括日最高气温、日最低气温、日平均气温、日平均风速、日降雨量、相对湿度预报数据,为了与监测数据的台站相匹配,用于处理的站点数也为 435 个。

　　使用的模型工具为小麦生长发育模拟模型(WheatSM)。WheatSM 模型经过实际田间试验数据调参验证,能够模拟研究区域小麦生长发育动态和产量形成。

　　冬小麦模拟设置,小麦选用偃展 4110,播种期为 10 月 10 日(283 d),模拟年份为 2012—2013。利用河北、河南、山东、安徽省 435 个气象台站 2012—2013 年的监测气象数据和预报气象数据,即先模拟监测到 5 月 5 日的结果,之后将预报数据加入运算,运行 WheatSM 小麦模型模拟冬小麦生长发育及产量。

　　使用 ArcGIS 9.3 作为分析工具,主要用到了 ArcMap、ArcToolBox 中的 Spatial Analyst Tools 中的空间分析扩展模块和地统计分析扩展模块。采用普通克里格方法(Ordinary

Kriging)内插法得到 2012—2013 年河北、河南、山东、安徽四省区域小麦生物量和 LAI 分布图。

(2)研究结果

利用河北、河南、山东、安徽省 435 个气象台站 2012—2013 年的监测气象数据和预报气象数据,运行 WheatSM 小麦模型模拟冬小麦生长发育及产量,对冬小麦生长状况进行分析与评价。研究区域 4 月 15 日与 5 月 5 日小麦生物量结果见图 6.7,生物量模拟结果高值一开始在南部,后来渐渐向北移动,这一趋势符合实际。4 月 15 日、5 月 5 日的评估与 5 月 10 日预测 LAI 模拟结果见图 6.8,可知,LAI 最大值不断向北偏移,且 LAI 值在不断变小,这一变化趋势与实际相符。由于监测气象数据缺测较多,对生物量的计算结果造成一定影响。

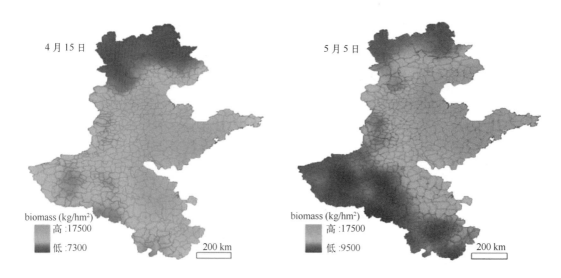

图 6.7　4 月 15 日和 5 月 5 日生物量变化

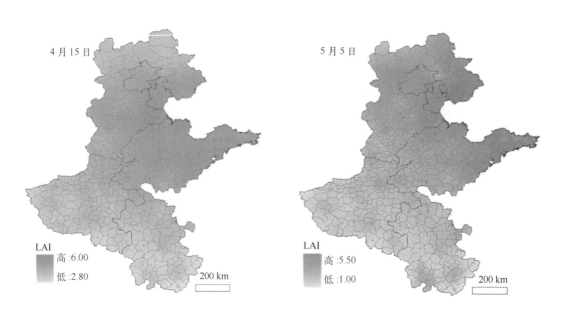

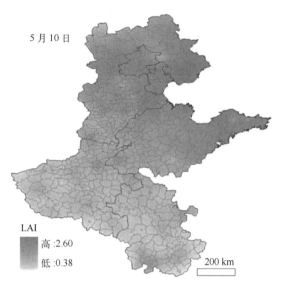

图 6.8　研究区 LAI 变化图

6.2　基于数理统计的作物生长评价

6.2.1　基于气候适宜度的河南省冬小麦气象条件评价

开展作物生长期间气象条件及年景评价是农业气象服务主要任务之一。国内不少学者曾对不同尺度、不同作物生育期气候资源、生态气候适应性进行了评价或就某一气象要素对农作物生长的适宜性进行了研究,这些研究成果促使农业气候资源评价逐步客观化和定量化。

传统的统计方法一般是通过分析气象产量与气象因子的相关性,取其中差异显著、农业意义明显的重要时段的气象要素作为评价的主要依据,并与气象产量建立多元回归方程从而构建气象条件对产量影响的评价模型(唐守顺,1988;康桂红,1997)。模糊数学评价法是目前研究中使用较多的一种方法,它通过构建温度、降水、日照的隶属度函数,可以计算出作物整个生育期或逐旬甚至逐日的气象条件对作物长发育适宜程度,从而可以动态、定量地评价气象条件对作物生长及产量的影响。该方法已在小麦(魏瑞江等,2007;罗蒋梅等,2009)、玉米(魏瑞江等,2009)、棉花(钱拴等,2001;任玉玉等,2006)、水稻(娄秀荣等,2003)及天然草地植被(钱拴等,2007)的气象条件影响评价方面得到了很好的应用。随着作物模拟模型的发展与完善,也有研究者利用作物模型进行气象条件影响定量评估的应用,提出了从生物量变化、温度和水分条件影响等方面进行实时动态评价和全生育期农业气象条件综合评价的方法(马玉平等,2005;帅细强等,2008)。

气象条件适宜性评价模型中评价指标是关键,同一种模型在不同区域的取值也不完全相同。本节基于模糊数学理论结合前人研究成果,构建了河南省冬小麦温度、降水、日照隶属度模型和综合气候适宜度模型。选取 9 个代表站分析了 1971—2010 年河南省冬小麦产量丰歉年气象条件的差异,以丰年的气象条件的平均值为依据,确定了河南省冬小麦光、温、水适宜度指标,并对 2011 年和 2012 年的冬小麦适宜度进行了实例分析。

6.2.1.1　资料与方法

（1）资料来源

气象资料来自于河南省气象局,包括河南省冬小麦产区代表市安阳、新乡、郑州、洛阳、周口、商丘、驻马店、南阳和信阳等 9 市 1971—2010 年度逐旬的旬平均气温（℃）、旬极端最高气温（℃）、旬极端最低气温（℃）、旬降水量（mm）、旬日照时数（h）。上述 9 个市及全省 1971—2010 年度冬小麦单产资料来源于河南省统计年鉴。

（2）资料处理方法

1）产量资料处理

利用直线滑动平均模拟法提取趋势产量。它是一种线性回归模型与滑动平均相结合的模拟方法,它将作物产量的时间序列在某个阶段内的变化看成线性函数。随着阶段的连续滑动,直线不断变换位置,后延滑动,从而反映产量历史演变趋势变化。这种产量趋势模拟方法的优点在于不必主观假定产量历史演变的曲线类型,也可不损失样本序列的年数,是一种较好的趋势模拟方法。河南省冬小麦 1971—2010 年实际产量与趋势产量变化见图 6.9。

气象产量表示为：

$$\Delta Y_i = (Y_i - Y_{ti})/Y_{ti} \times 100\% \tag{6.1}$$

其中 ΔY_i 为第 i 年的相对气象产量,Y_i 为第 i 年冬小麦单产,Y_{ti} 为第 i 年冬小麦的趋势产量。

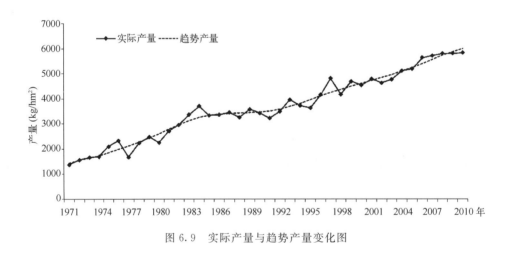

图 6.9　实际产量与趋势产量变化图

2）气候适宜度模型

根据前人的研究成果,河南省冬小麦生育期内温度、降水、日照的隶属度模型分别为：

$$T(t) = \frac{(t-t_l) \times (t_h-t)^B}{(t_0-t_l) \times (t_h-t_0)^B}, \qquad 其中 B = \frac{t_h-t_0}{t_0-t_l} \tag{6.2}$$

$$R(r) = \begin{cases} r/r_l & r < r_l \\ 1 & r_l \leqslant r \leqslant r_h \\ r_h/r & r > r_h \end{cases} \tag{6.3}$$

$$S(s) = \begin{cases} 1 & s \geqslant s_0 \\ s/s_0 & s < s_0 \end{cases} \tag{6.4}$$

式中 $T(t)$ 是旬平均气温适宜度，t 是旬平均气温，t_l、t_h 和 t_0 分别是第该旬所需的旬平均最低气温、旬平均最高气温和旬平均适宜气温。$R(r)$ 为旬降水量适宜度，r 为旬降水量，r_0 为冬小麦生育期内逐旬最适宜降水量，r_l 和 r_h 分别代表适宜降水量的上限和下限，其中 $r_l = 0.8 r_0$，$r_h = 1.2 r_0$。s 为旬日照时数，s_0 为可照时数 70% 的临界值。

为了综合反映温度、降水、日照 3 个因素对冬小麦适宜度的影响，合理评价某个或整个生育期冬小麦的气候适程度，定义综合气候宜度模型为：

$$S_m = \sqrt[3]{T_m(t) \times R_m(r) \times S_m(s)} \tag{6.5}$$

S_m 是作物某生长阶段的综合气候适宜度，其时间长度可以是旬、发育期（多旬）或者整个生育期。$T_m(t)$、$R_m(r)$ 和 $S_m(s)$ 分别为这一时间段内温度、降水和日照的气候适宜度。在计算多旬的适宜度时，由于每旬所占的比重不同，采取加权平均的办法。分别计算各站冬小麦生育期内旬平均气温、旬降水量和旬日照时数与对应气象产量的相关系数，用每旬的相关系数的绝对值除以全生育期或各发育期所有旬相关系数的绝对值之和，当作该旬的权重系数，加权平均后即可得到全生育期或各发育期的温度、降水、日照对小麦生长发育的适宜程度。即：

$$b_{tj} = \frac{|a_{tj}|}{\sum\limits_{j=m_1}^{m_2} |a_{tj}|} \qquad b_{rj} = \frac{|a_{rj}|}{\sum\limits_{j=m_1}^{m_2} |a_{rj}|} \qquad b_{sj} = \frac{|a_{sj}|}{\sum\limits_{j=m_1}^{m_2} |a_{sj}|} \tag{6.6}$$

$$T_m(t) = \sum\limits_{j=m_1}^{m_2} b_{tj} T_j(t) \qquad R_m(r) = \sum\limits_{j=m_1}^{m_2} b_{rj} R_j(r) \qquad S_m(s) = \sum\limits_{j=m_1}^{m_2} b_{sj} S_j(s) \tag{6.7}$$

式中，b_{tj}、b_{rj} 和 b_{sj} 分别为第 j 旬旬平均气温、降水量、旬日照时数的权重系数，$T_j(t)$、$R_j(r)$、$S_j(s)$ 分别表示第 j 旬旬平均气温、降水量、旬日照时数的适宜度，$T_m(t)$、$R_m(r)$、$S_m(s)$ 分别为第 m 个生育期温度、降水和日照的适宜度，m_1、m_2 分别表示第 m 个生育期的开始旬和结束旬。m_1 与 m_2 之间可以是连续的，也可以是几个关键旬的组合。

3）评价模型参数的确定

定义相对气象产量 $\Delta Y_i \geqslant 5\%$ 为气象丰年，$\Delta Y_i \leqslant -5\%$ 为气象歉年标准。将 9 个省辖市 1971—2010 年共计 360 个产量年的冬小麦产量进行丰年、歉年和平年年型划分。按照这一标准，丰年 108 个（占 30.0%），歉年 91 个（占 25.3%），平年 161 个（占 44.7%）。对比分析逐旬降水、日照和气温条件在丰、平年和歉年的差异，并分别以所有丰产年逐旬平均气温、最高气温、最低气温和旬降水量的平均值作为评价模型中 t_0、t_h、t_l 和 r_0 的取值。S_0 的值可通过计算得出。本节根据每个站点的纬度计算出该站逐旬的可照时数及 70% 临界可照时数，然后对所选取的 9 个站进行逐旬平均即得到适于河南省的 S_0。

表 6.2　模型中参数的逐旬值

旬序	t_0(℃)	t_1(℃)	t_h(℃)	r_0(mm)	S_0(h)
9 月下	19	11	30	20	82.7
10 月上	17	9	28	30	80.2
10 月中	15	7	26	19	77.7
10 月下	13	3	25	15	82.8
11 月上	12	2	21	18	73.1
11 月中	8	−1	19	5	71.2
11 月下	6	−3	16	6	69.7
12 月上	4	−5	14	8	68.7
12 月中	2	−5	13	1	68.1
12 月下	1	−6	12	5	75.0
1 月上	1	−7	11	3	68.8
1 月中	0	−7	10	4	69.8
1 月下	1	−8	12	2	78.6
2 月上	2	−7	13	4	73.4
2 月中	4	−4	16	12	75.6
2 月下	4	−4	14	5	62.1
3 月上	7	−2	18	6	79.9
3 月中	8	−1	20	16	82.4
3 月下	10	1	23	6	93.6
4 月上	13	3	24	7	87.7
4 月中	15	5	27	18	90.2
4 月下	18	7	29	20	92.5
5 月上	19	9	30	18	94.7
5 月中	21	11	31	27	96.5
5 月下	22	13	34	15	108.0

6.2.1.2　结果与分析

（1）不同产量年型气象条件对比

按照相对气象产量 $\Delta Y_i \geqslant 5\%$ 为气象丰年，$\Delta Y_i \leqslant -5\%$ 为气象歉年作为标准，对 9 个代表站 40 年共计 360 个产量年的冬小麦产量进行丰年、歉年和平年年型划分。然后将相同气象产量年型的降水、日照和平均气温资料逐旬进行平均，对比分析不同产量年型逐旬气象条件的差异，结果见图 6.10。

从图中可以看出，不同产量年型之间降水量（图 6.10a）和日照时数（图 6.10b）从 9 月下旬到翌年 5 月下旬之间的差异是比较明显的，而旬平均气温（图 6.10c）的变化趋势基本一致，这说明影响河南省冬小麦气象产量的主要因素是降水和日照。

河南省冬小麦全生育期丰年、歉年和平年的降水量分别是 319.0 mm、279.1 mm 和274.4 mm，平年的总降水量反而小于歉产年；丰产年的旬降水量在 9 月下旬—11 月中旬和 2月中旬—4 月下旬这两个时间段明显多于平产年，同时平产年也多于歉产年，这两个时段丰产年的降水量分别比歉产年多 37.6 mm 和 14.7 mm；越冬期间各旬（12 月上旬到翌年 2 月上旬）的降水量差别不大；开花灌浆期（5 月上旬—5 月下旬）丰产年降水量（64.3 mm）和平产年

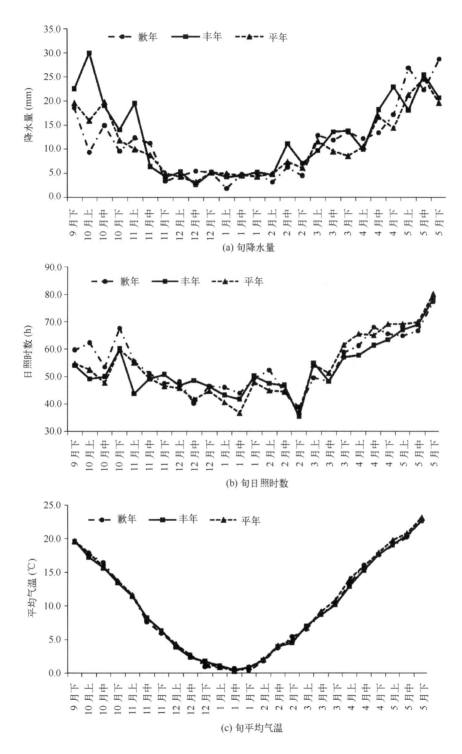

图 6.10　河南省冬小麦不同产量年型 9 月下旬—翌年 5 月下旬气象条件对比图

(65.8 mm)接近,而少于歉产年(77.9 mm)。因此 5 月份降水量过多影响冬小麦产量,是形成歉产年年型的主要原因。丰产年冬小麦全生育期日照时数分别比歉产年和平产年偏少 44.8 h 和 15.5 h;只有在 11 月中旬到翌年 3 月上旬、5 月中旬—5 月下旬丰产年略高于歉产年,其余旬基本上少于歉产年和平产年的日照时数。

综合来看,河南省冬小麦丰产年年型的气象条件是苗期、返青—拔节期—抽穗期降水量充足,两个阶段的总降水量都在 110 mm 左右;越冬期降水量正常(30 mm),日照略偏多(310~330 h);灌浆期降水量适宜(60~70 mm),日照充足(>210 h)。

由图 6.11 可见河南省冬小麦气温适宜度最高,一般在 0.8 以上;其次是日照适宜度,多在 0.6~0.8 之间;降水适宜度最小,多在 0.5 以下。说明河南省光热资源一般能满足冬小麦生长发育,而降水是冬小麦产量形成的限制因素。冬小麦降水、日照和气温适宜度均呈下降趋势,每 10 a 下降率分别为 0.01、0.02 和 0.01。可见在全球气候变化影响下,河南气候对冬小麦生长发育的负效应正在进一步增强,在一定程度上增加了冬小麦生产的气象风险。

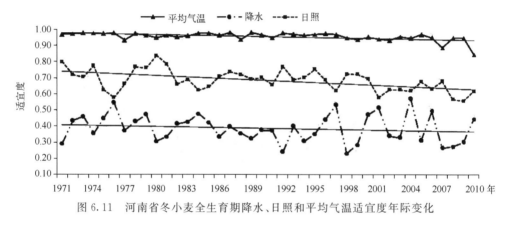

图 6.11　河南省冬小麦全生育期降水、日照和平均气温适宜度年际变化

冬小麦全生育期的综合气候适宜度在 0.50~0.65 之间,随时间也呈下降趋势,10 a 下降速率为 0.01。另外该综合适宜度指标可以有效地评价气象条件对产量的影响。河南省冬小麦典型的丰产年(1976 年、1983 年、1997 年)和歉产年(1977 年、1980 年、1991 年)气候适宜度与气象产量都有较好的拟合效果,在一定程度上能够定量地反映出丰年和歉年之间气象条件的差异性。其与气象产量的相关系数为 0.448,通过了 $\alpha=0.01$ 的显著性检验,达到了极显著水平。

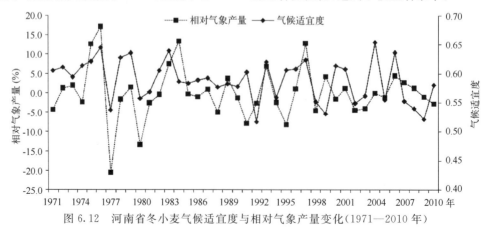

图 6.12　河南省冬小麦气候适宜度与相对气象产量变化(1971—2010 年)

（3）评价模型应用

应用上述方法对 2011 年度（2010 年 9 月—2011 年 5 月）和 2012 年度（2011 年 9 月—2012 年 5 月）河南省冬小麦生育期逐旬及全生育期的温度、降水、日照对小麦生长发育适宜程度的适宜度进行计算，结果见图 6.13 和表 6.3。

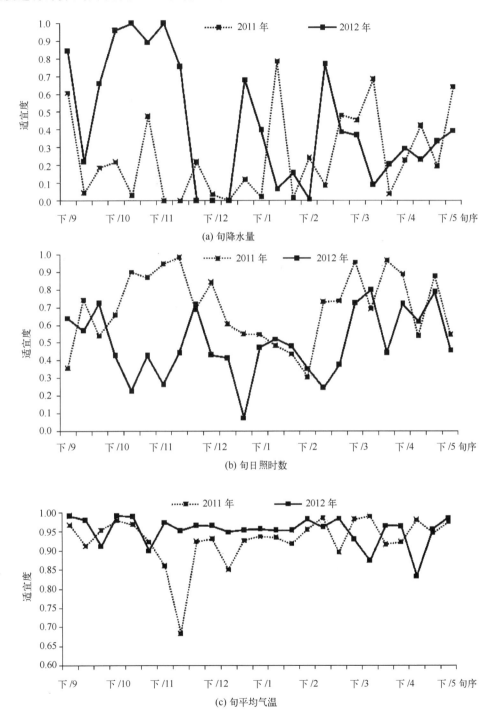

图 6.13　河南省 2011 和 2012 年度冬小麦生育期逐旬气象条件适宜度

表 6.3　河南省 2011、2012 年度冬小麦全生育期降水、日照、温度及综合适宜度

站点	降水适宜度		日照适宜度		平均气温适宜度		综合适宜度	
	2011 年	2012 年	2011 年	2012 年	2011 年	2012 年	2011 年	2012 年
安阳	0.228	0.359	0.766	0.533	0.966	0.982	0.553	0.573
新乡	0.186	0.465	0.761	0.605	0.964	0.943	0.515	0.643
郑州	0.225	0.409	0.727	0.465	0.941	0.923	0.536	0.560
洛阳	0.307	0.424	0.699	0.492	0.963	0.973	0.591	0.588
驻马店	0.385	0.619	0.689	0.546	0.943	0.934	0.630	0.681
周口	0.358	0.433	0.722	0.538	0.941	0.911	0.624	0.596
南阳	0.244	0.629	0.766	0.499	0.950	0.947	0.562	0.667
信阳	0.440	0.508	0.703	0.468	0.931	0.940	0.660	0.607
商丘	0.352	0.436	0.786	0.562	0.964	0.973	0.644	0.620
全省	0.303	0.476	0.735	0.523	0.951	0.947	0.591	0.615

由图 6.13a 可见,两个年度的降水适宜度变化幅度都较大,在 0.0～1.0 之间波动,并且大部分时段在 0.5 以下。2011 年度降水适宜度较差,全生育期降水适宜度为 0.303。在整个生长季的 25 旬中仅有 4 旬的适宜度在 0.6 以上。其中 2010 年 9 月下旬、2011 年 2 月上旬、4 月上旬和 5 月下旬降水量较为适宜。2010 年 10 月到 2011 年 1 月河南省降水量比常年同期偏少 70%,全省出现大面积干旱。2012 年度降水适宜度为 0.476,明显好于 2011 年度,有 9 个旬的降水适宜度达到 0.6 以上。

由图 6.13b 可见,日照时数的适宜度在 0.2～1.0 之间,2011 年度和 2012 年度日照适宜度的全省平均值分别是 0.735 和 0.523,2011 年度要好于 2012 年度。其中 2011 年度有 16 个旬次的适宜度在 0.6 以上,只在 2 月下旬日照适宜度明显偏低。这是因为 2011 年 2 月下旬出现了大范围的降水过程,全省降水量在 8～43 mm,比常年同期偏多 50% 以上;而同期的旬日照时数只有 6～32 h,日照百分率在 7%～35% 之间。2012 年度仅有 8 个旬次的适宜度在 0.6 以上,其中 2011 年 11 月上旬和下旬、2012 年的 1 月中旬和 3 月上旬出现降水过程,旬日照时数日照偏少,不利于冬小麦进行光合作用。

由图 6.13c 可见,两个年度中平均气温的适宜度大部分时段稳定在 0.9 以上,但 2010 年 12 月上旬、2011 年 1 月上旬和 2012 年的 4 月上旬、5 月上旬适宜度较低,这是温度异常偏高或偏低所致。其中 2010 年 12 月上旬全省各地旬平均气温普遍偏高 2～6℃,一些播种偏早、播量偏大的麦田生长过旺,养分消耗过多,削弱了小麦的抗寒能力;接着在 2011 年 1 月上旬全省大部旬平均气温较常年同期偏低 2～8℃,部分冬小麦因为旺长且抗寒锻炼时间较短而受到冻害。2012 年 4 月上旬和 5 月上旬,全省旬平均气温均较常年同期偏高 2～5℃。其中 4 月上旬气温升高较快,缩短了冬小麦幼穗分化时间,使每穗小穗数减少;5 月上旬气温偏高对灌浆略有不利影响,但由于是灌浆前期,对最终的千粒重影响不太明显。

为进一步分析 2011 年度和 2012 年度气象条件对河南省冬小麦生长影响的空间差异,统计河南省 9 个代表站冬小麦全生育期平均气温、降水、日照的适宜度,结果见表 6.3。从

表中看出,9 个站点 2012 年度的降水适宜度都高于 2011 年度,而日照适宜度都低于 2011 年度,气温的适宜度差别不明显。全生育期的综合适宜度各站点之间不完全相同,有洛阳、周口、商丘和信阳 4 个站点 2011 年度好于 2012 年度,其余 5 个站点 2012 年度气象条件好于 2011 年度。从全省平均来看,2012 年度的光温条件整体好于 2011 年度,这与实际相符。

6.2.1.3　结论

(1)根据河南省农业气候特点,参考前人的研究成果,分析了代表站点历年河南省冬小麦产量丰歉年气象条件的差异,并以丰年的气象条件的平均值为依据,确定了河南省冬小麦光、温、水适宜度指标,建立了河南省冬小麦气候适宜度模型,此模型能较为客观地反映冬小麦的气候适宜性水平及其动态变化。

(2)当地冬小麦生长发育的温度适宜度较高,一般在 0.8 以上;其次是日照的适宜度,多在 0.6~0.8 之间;降水适宜度多在 0.5 以下。说明温度和日照条件基本上能够满足冬小麦生长发育,而自然降水不能满足冬小麦生长发育需要,降水是冬小麦产量形成的限制因素。

(3)通过对 2011 年和 2012 年的冬小麦适宜度的实例分析,表明该模型计算结果能够反映河南省光温水条件对冬小麦生长发育的适宜程度,但模型中涉及的参数较多,用于不同时间地点时仍需要进一步完善。

6.2.1.4　讨论

在气象条件对作物影响的定量评价中,评价方法和评价指标是两个重要的组成部分。本节根据模糊数学原理,用单因子隶属度及综合适宜度的方式定量反映气象条件对作物产量的影响,实现了逐句定量、动态评价气象条件的优劣,比一元回归、多元回归等统计方法更具有综合性。在对温度适宜度的评价方面,本研究只选择了旬平均气温作为评价对象,而在某些生育阶段内,旬极端最高气温和旬极端最低气温对产量的影响更为显著(唐守顺,1988)。在干旱、半干旱地区,降水是作物水分和土壤水分的主要来源,农作物生长好坏、产量高低与降水关系密切,而且降水量和日照时数还存在明显负相关,因此降水适宜度的高低在很大程度上决定了气象年景的差异(魏瑞江等,2007;罗蒋梅等,2009)。但目前对降水适宜度的评价中还有诸多技术问题需要进一步完善。首先底墒水的效应没有考虑。华北平原夏季降水量,尤其是 8—9 月的降水量是冬小麦底墒水的重要来源(毛飞等,2003;方文松等,2009;安顺清等,2000),而本次的评价起始旬是 9 月下旬,没有考虑底墒水对小麦苗期及后期生长的影响。其次生育期内旬降水量的后延效应没有考虑。当某旬的降水量超过作物需水量时,多余的降水量会以土壤水的形式保存在土壤中并为下一旬作物的生长提供水分资源,因此降水量适宜度的计算,可以考虑引进土壤墒情数据并进一步完善。另外,越冬期内若干旬的降水量与冬小麦产量关系不明显,影响系数较低(罗蒋梅等,2009),在对全生育期降水适宜度逐旬加权平均的计算过程中,是否应该放弃对越冬期若干旬的考虑,而重点关注与气象产量相关密切时段的降水适宜度。最后,由于不同地区农田水利条件不同,水浇条件较好的地方,其降水量与气象产量的相关性会在一定程度上受到社会因素的影响(魏瑞江等,2007)。

6.2.2 基于气候适宜度的河北省冬小麦气象条件评价

6.2.2.1 冬小麦各生育期气温、降水、日照、气候适宜度特征分析

由冬小麦不同发育期气象要素适宜度值及变异系数(表 6.4)可见,三要素中日照适宜度最高,气温次之,降水适宜度最低。说明水分条件是限制河北省冬小麦生产的主要因素。

表 6.4 河北省 1981—2010 年冬小麦不同生育期气象要素适宜度值及变异系数

气象要素	项目	播种出苗期	分蘖期	越冬期	返青期	拔节期	抽穗开花期	灌浆成熟期	全生育期
气温	适宜度	0.90	0.82	0.79	0.80	0.98	0.97	0.87	0.85
	变异系数	5.44	13.26	7.40	8.80	1.63	2.15	7.09	3.71
降水	适宜度	0.60	0.45	0.71	0.42	0.23	0.23	0.41	0.38
	变异系数	29.51	48.87	30.39	55.35	70.25	68.74	34.86	28.60
日照	适宜度	0.87	0.81	0.87	0.90	0.93	0.90	0.91	0.90
	变异系数	9.60	17.89	11.20	9.16	6.84	11.08	7.18	5.93
气候	适宜度	0.78	0.76	0.77	0.65	0.58	0.69	0.70	0.70
	变异系数	9.95	9.72	8.38	14.86	12.74	6.61	7.47	5.28

冬小麦播种—越冬期气温适宜度逐渐降低,越冬与返青期基本持平,拔节—抽穗开花期出现回升,灌浆成熟期有所下降。气温适宜度相对较低的时段分别为分蘖—起身期、灌浆—成熟期,变异系数与适宜度表现为较好的反相位变化。气温适宜度在分蘖—起身期最低且变异系数最大,是气温影响冬小麦生长的主要时期;灌浆成熟期气温适宜度较低且变异系数较高,是气温影响冬小麦生长的重要时期。

冬小麦生长期内日照适宜度相对稳定,在分蘖期出现最低值,且变异系数最大。历史资料分析表明,冬小麦分蘖期日照时数呈明显减少趋势,平均每天日照时数以 0.69 h/10a 速率减少,分蘖期为冬小麦形成亩穗数的重要时期之一,需要较充足的日照,此期间日照适宜度低且变异系数大,是日照影响冬小麦生长的重要时期。冬小麦抽穗—成熟期对日照要求较高,但资料分析表明,此期间平均每天日照时数多在 7～10 h 之间,日照适宜度相对较高,因此该阶段日照不是冬小麦生长的限制因子。

冬小麦播种—分蘖期降水适宜度逐渐下降;越冬期耗水量最少,降水适宜度最高;返青—拔节期降水适宜度逐渐下降,抽穗开花期与拔节期持平,降水适宜度最低;灌浆期降水适宜度有所回升。变异系数与适宜度表现为较好的反相位变化。综合分析表明,拔节—抽穗开花期降水适宜度最低,变化系数最大,自然降水与冬小麦生长需水差值最大,是水分供需矛盾最为突出、降水条件对冬小麦生长影响最大的时期;其次为灌浆成熟期、返青期,降水适宜度次低、变异系数较高,是降水影响冬小麦生长的重要时期;分蘖期降水适宜度较低,变异系数较高,降水条件在一定程度上限制冬小麦生长;播种出苗期、越冬期降水适宜度相对较高,变化较小,降水条件对冬小麦生长影响最小。

冬小麦播种—拔节期气候适宜度逐渐降低,拔节期最低,抽穗—成熟期有所回升。变异系

数返青期最高,拔节期次之。通径分析表明,拔节期气候适宜度低主要由拔节期降水适宜度低引起;返青期气候适宜度受气温适宜度影响最大,其次为降水,气温、降水适宜度均偏低导致返青期气候适宜度偏低。分析表明,抽穗—成熟期气候适宜度对产量贡献系数最大,返青—拔节期次之,返青、拔节期气候适宜度低且变异系数大,抽穗—成熟期气候适宜度次低,可见返青—成熟期是气候条件制约冬小麦生产的主要时期。

6.2.2.2　冬小麦全生育期内气温、降水、日照、气候适宜度空间分布

河北省冬小麦气温、日照、降水及气候适宜度空间分布如图 6.14 所示(张家口、承德为非

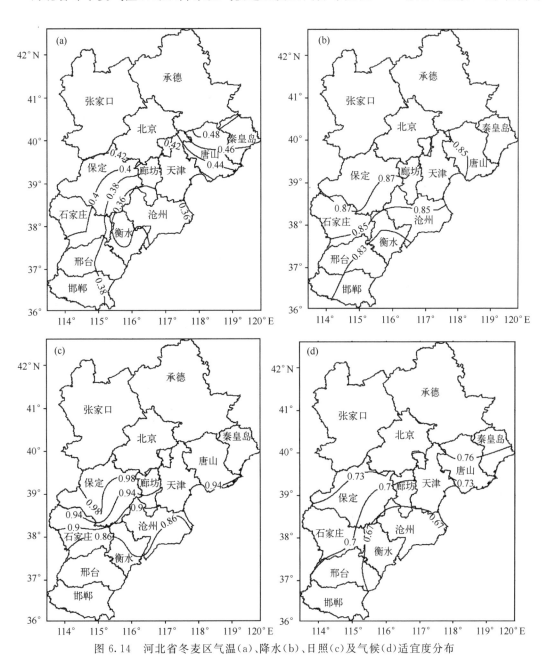

图 6.14　河北省冬麦区气温(a)、降水(b)、日照(c)及气候(d)适宜度分布

冬麦区)。气温适宜度低值区主要分布在东南部麦区,以衡水南部,邢台、邯郸东部最低,研究表明,该区域为冬小麦灌浆期干热风发生年平均日数最多的区域,同时,由于气候变暖,多种植冬小麦半冬性或弱冬性,抗寒性差,属冬小麦冻害高发区,因此气温适宜度相对较低;气温适宜度高值区分布在西北部麦区,主要包括石家庄北部、保定大部、廊坊北部,气温适宜度在0.87以上,其他区域适宜度在0.83~0.87之间。麦区气温适宜度指数较高,均在0.8以上,因此热量条件基本能够满足冬小麦生长需求。

日照适宜度呈现由南向北逐渐升高的趋势,低值区在邯郸,邢台,石家庄、衡水两市南部,但适宜度指数较高,在0.82以上,其他地区在0.86以上,日照条件能够满足冬小麦生长需要。

降水适宜度低值区分布在东南部麦区,以沧州,衡水北部最低,适宜度值在0.36以下,降水明显不足;高值区分布在东北部唐山、秦皇岛地区,但适宜度值仍较低,大部在0.42~0.48之间;其他区域适宜度值在0.36~0.42之间,全麦区水分条件呈现不足。

气候适宜度低值区出现在沧州、衡水,邢台东北部地区,适宜度值在0.64~0.67之间;高值区出现在唐山、秦皇岛地区,适宜度值在0.73~0.78之间;其他区域适宜度值在0.67~0.73之间。分析表明,气候综合适宜度与冬小麦越冬期气温、拔节—成熟期及全生育期降水适宜度呈显著相关,沧州、衡水气候适宜度低主要由降水适宜度低引起。

6.2.2.3　气温、降水、日照、气候适宜度年际变化

(1)气温适宜度变化

由图6.15可见,冬小麦各发育期气温适宜度的变化趋势为:返青期呈上升趋势,分蘖期呈下降趋势,其他发育期基本持平,全生育期呈弱的下降趋势。冬小麦拔节、抽穗开花期气温适宜度累积距平值变化平稳,在0附近波动,该阶段气温适宜度无明显较好较差时段。播种出苗期波动稍大,20世纪80、90年代适宜度为正距平,属较好时段,21世纪初为负距平,适宜度较低,2005年以后适宜度有所回升。分蘖期20世纪80年代为适宜度较好时段,90年代为较差时段,进入21世纪后适宜度有所回升,但2005年以后适宜度明显下降。20世纪80年代和90年代前期越冬、灌浆期为适宜度较好时段,返青期为适宜度较差时段;90年代后期至今,气候变暖但气温多变,越冬、灌浆期气温适宜度进入较差时段;返青期为适宜度较好时段。冬小麦全生育期气温适宜度累积距平值变化平稳,在0附近波动,适宜度无明显较好较差时段。

(2)降水适宜度变化

由图6.16可见,冬小麦各发育期降水适宜度年际间波动较大,但无明显变化趋势,总的趋势为:抽穗开花期呈下降趋势;分蘖—返青期、灌浆成熟期成弱的上升趋势,播种、拔节及全生育期降水适宜度基本围绕平均值上下波动。各发育期降水适宜度累积距平值波动较大且周期较多,其中播种、越冬期变化基本一致,但变化幅度不同,20世纪80年代前期、90年代后期为适宜度较差时段;80年代后期—90年代前期、21世纪初为适宜度较好时段;2005年以后适宜度又有下降趋势。返青、拔节、灌浆、全生育期累积距平值变化基本一致,20世纪80年代前期、90年代为适宜度较差时段;80年代后期、21世纪以来适宜度为较好时段。抽穗开花期20世纪80年代前期、90年代为适宜度较好时段;80年代后期、进入21世纪以来为适宜度较差时段;分蘖期波动周期最多,无长时间较好或较差时段。

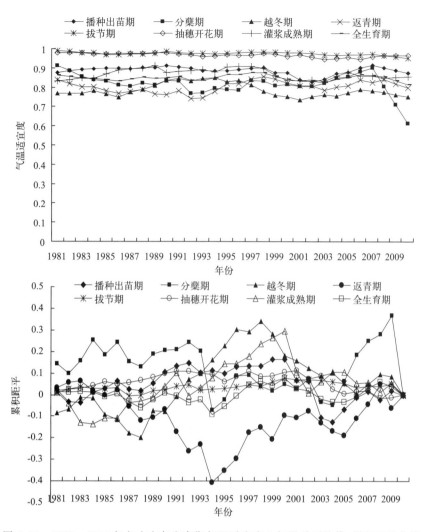

图 6.15 1981—2010 年冬小麦各发育期气温适宜度 5 年滑动平均值、累积距平曲线

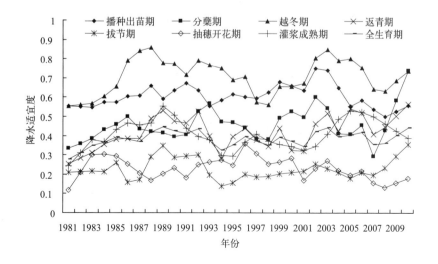

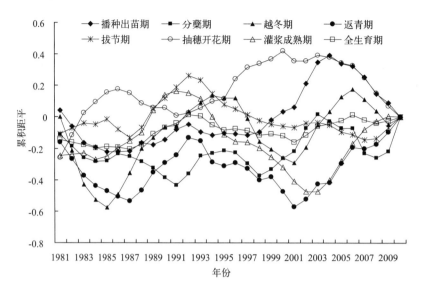

图 6.16 1981—2010 年冬小麦各发育期降水适宜度 5 年滑动平均值、累积距平曲线

（3）日照适宜度变化

冬小麦各发育期日照适宜度均表现为不同程度的下降趋势（见图 6.17），其中播种—越冬期呈明显下降趋势，分蘖期下降幅度最大；返青—成熟期下降趋势较弱；全生育期日照适宜度明显下降。冬小麦播种—越冬期日照适宜度累积距平值变化幅度较大，其中播种出苗期 20 世纪 80 年代和 90 年代前期为日照适宜度偏好时段，90 年代后期至今为偏差时段；分蘖期 20 世纪 80 年代为适宜度偏好时段，90 年代至今为适宜度偏差时段；越冬期 80 年代前期、90 年代为日照适宜度偏好时段，其他时期为偏差时段。返青—成熟期、全生育期日照适宜度累积距平值变化较小，在 0 附近波动，适宜度无明显偏好、偏差时段。

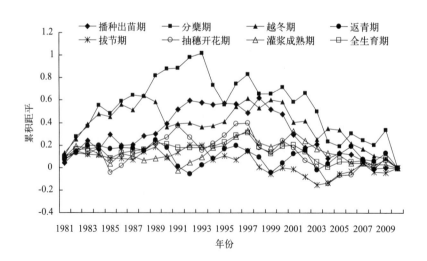

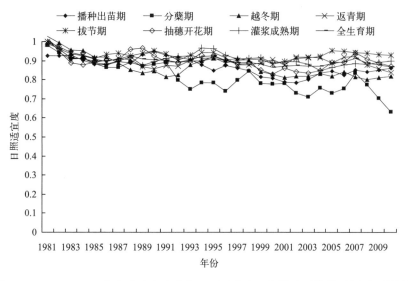

图 6.17　1981—2010 年冬小麦各发育期日照适宜度 5 年滑动平均值、累积距平曲线

（4）气候适宜度变化

冬小麦各发育期气候适宜度均呈弱的变化趋势,其中拔节—抽穗开花期呈弱的上升趋势,分蘖、越冬、全生育期呈弱的下降趋势;其他发育期基本持平。分蘖、越冬、返青、灌浆、全生育期气候适宜度累积距平变化基本一致,80 年代、90 年代前期以正距平为主,为气候适宜度较好时段;90 年代中期以来以负距平为主,为适宜度较差时段。播种出苗期 80 年代前期为适宜度较差时段,80 年代后期以来为适宜度较好时段,但 2005 年以后适宜度出现下降。拔节期 80 年代、90 年代前期为适宜度较差时段,90 年代后期以来为适宜度较好时段。抽穗开花期 80 年代前期、90 年代为适宜度较差时段;80 年代后期、21 世纪以来为适宜度较好时段。分析表明,全生育期气候适宜度与越冬期气温、拔节—成熟期降水适宜度显著相关,越冬期气温、抽穗开花期降水适宜度下降,是导致全生育期气候适宜度下降的主要原因。

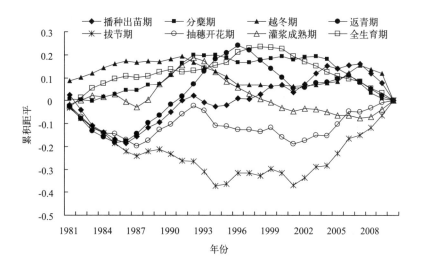

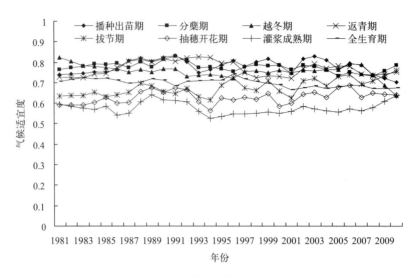

图 6.18　1981—2010 年冬小麦各发育期气候适宜度 5 年滑动平均值、累积距平曲线

6.2.2.4　小结

　　河北省冬小麦生长期间日照适宜度最高,气温次之,降水适宜度最低;降水条件是限制河北省冬小麦生产的主要气象因素。冬小麦拔节—抽穗开花期降水适宜度最低且变异系数最大,是降水条件对冬小麦生长影响最大的时期;气温适宜度以越冬—返青期最小且变异系数较大,是气温条件影响冬小麦生长的重要时期;日照条件基本能够满足冬小麦生长需要。

　　冬小麦气温适宜度高值区分布在西北部麦区,低值区分布在东南部麦区;降水适宜度高值区分布在东北部麦区,低值区分布在东南部麦区;日照适宜度高值区分布在北部麦区,低值区分布在南部麦区。

　　冬小麦全生育期气温适宜度缓慢下降,降水适宜度基本持平,日照适宜度明显下降。其中冬小麦分蘖—返青期、灌浆期降水适宜度呈上升趋势,抽穗开花期呈下降趋势,其他发育期基本持平;气温适宜度在分蘖期逐渐下降,返青期逐渐上升,其他发育期基本持平;各发育期日照适宜度均呈下降趋势。全生育期气候适宜度呈缓慢下降趋势,主要由越冬期气温适宜度下降、抽穗开花期降水适宜度下降引起。

6.2.3　基于气候适宜度的河南省夏玉米气象条件评价

　　夏玉米是河南重要的粮食作物,其生长发育和产量形成受温度、降水、光照等气象条件影响,利用实时气象资料开展气象要素对农作物生长的适宜性评价,是农业气象业务服务主要内容之一,对粮食安全生产具有重要意义。

　　利用河南省夏玉米 13 个主产市的产量资料和气象资料,构建夏玉米气候适宜度评价模型,计算逐旬单要素及综合气候适宜度,开展以旬为步长的气象条件对夏玉米生长发育及产量形成影响的适宜性评价,全面、动态、客观地揭示了夏玉米生产与气象条件的关系,更好地为粮食丰歉年景预测等提供服务。

6.2.3.1　数据与方法

（1）资料选取

根据河南省夏玉米播种面积及总产,确定安阳、焦作、开封、洛阳、新乡、郑州、漯河、许昌、平顶山、周口、商丘、南阳和驻马店作为主产区代表市,这 13 个市夏玉米播种面积占全省 95% 以上。气象资料为上述 13 个市 1981—2010 年逐旬平均气温、旬降水量和旬日照时数。产量资料为相应年份的夏玉米单产资料,来源于河南省统计年鉴。

（2）气象产量提取

一般将农作物产量分为 3 个部分,即趋势产量、气象产量和随机"噪声",表示为:

$$Y = Y_t + Y_w + \varepsilon \tag{6.8}$$

其中 Y 为作物单产;Y_t 为趋势产量;Y_w 为气象产量;ε 为随机"噪声",一般忽略不计,故(6.8)式可简化为:

$$Y = Y_t + Y_w \tag{6.9}$$

为消除各地产量水平的差异,重点考虑气象条件对产量波动的影响,还需计算相对气象产量 Y_{ww},如式(6.10):

$$Y_{ww} = (Y - Y_t)/Y_t \tag{6.10}$$

本节采用直线滑动平均模拟方法进行趋势产量提取,该方法将线性回归模型与滑动平均相结合,将玉米产量的时间序列在某个阶段内的变化看作线性函数,呈一直线。随着阶段的连续滑动,直线不断变换位置,后延滑动,从而反映产量历史演变趋势变化。依次求取各阶段内的直线回归模型,而各时间点上各直线滑动回归模拟值的平均即为其趋势产量。

设某阶段的线性趋势方程为:

$$y_i = a_i + b_i t \tag{6.11}$$

式中,i 为方程个数,$i = n - K + 1$,K 为滑动步长,n 为样本序列个数;t 是时间序号,计算每个方程在 t 点上的函数值 $y_i(t)$,每个 t 点上分别有 q 个函数值,q 的多少与 n,K 有关,本节中 $n = 30$,K 取 11。然后求算每个 t 点上 q 个函数的平均值:

$$\overline{y_j}(t) = \frac{1}{q} \sum_{j=i}^{q} y_j(t) \qquad (j = 1,2,\cdots,q) \tag{6.12}$$

6.2.3.2　夏玉米气候适宜度模型建立

（1）温度适宜度模型

温度适宜度模型为:

$$F(t_{ij})_{地市} = \frac{(t_{ij} - t_L)(t_H - t_{ij})^B}{(t_0 - t_L)(t_H - t_0)^B}, B = \frac{(t_H - t_0)}{(t_0 - t_L)} \tag{6.13}$$

式中,$F(t_{ij})$ 为各点第 j 年第 i 旬温度适宜度;t_{ij} 为各点第 j 年第 i 旬平均气温,t_L,t_H,t_0 分别为夏玉米第 i 旬所需的旬平均最低气温、旬平均最高气温和旬平均适宜气温。t_L,t_H,t_0 的确定分别参照河南省夏玉米产区各市的旬平均最低气温、旬平均最高气温和旬平均气温的历年平均值和夏玉米各发育期对温度的需求,见表 6.5。

（2）降水适宜度模型

夏玉米生长在高温和蒸发量大的夏季,需水量多,且不同生育阶段对水分要求不同。一般抽雄前 10 d 到后 20 d 为需水临界期,降水不足将严重影响夏玉米产量;降水量过多亦会发生玉米涝渍及连阴雨灾害,尤其在玉米生长中后期,直接影响玉米开花授粉及籽粒灌浆,造成减产。因此根据夏玉米各生育阶段需水量是否满足计算降水适宜度。

降水适宜度模型为:

$$F(R_{ij})_{\text{地市}} = 1 - \frac{|\Delta W_{ij}|}{W_{ij}} \tag{6.14}$$

ΔW_{ij} 为农田水分盈亏值,$\Delta W_{ij} = R_{ij} - W_{ij}$,$W_{ij} = K_c \cdot E_{ij}$,$R_{ij}$ 为第 j 年第 i 旬降水量,W_{ij} 为作物理论需水量,K_c 为夏玉米作物系数,E_{ij} 为该时段潜在蒸散量,用彭曼公式计算所得。

(3)日照适宜度模型

玉米喜光怕阴,充足的日照能促进玉米高产,夏玉米对光照最敏感的时段是雌穗分化期和开花吐丝期,如果此时光照不足使玉米植株正常发育受阻或花丝、花粉活力降低造成空秆或结实不良。日照适宜度模型为:

$$F(S_{ij})_{\text{地市}} = \begin{cases} \dfrac{S_{ij}}{S_0} & S_{ij} < S_0 \\ \\ 1 & S_{ij} > S_0 \end{cases} \tag{6.15}$$

式中,$F(S_{ij})$ 为第 j 年第 i 旬旬日照时数适宜度,S_{ij} 为第 j 年第 i 旬的旬日照时数,S_0 为玉米生育期内第 i 旬对日照需求的临界值,见表 6.5。

表 6.5　气候适宜度评价模型参数

时间	T_0(℃)	T_L(℃)	T_H(℃)	S_0(h)
6 月上旬	25	17	35	60
6 月中旬	25	19	35	60
6 月下旬	26	21	35	60
7 月上旬	26	21	35	60
7 月中旬	26	22	35	60
7 月下旬	26	23	35	70
8 月上旬	26	22	34	70
8 月中旬	25	21	33	70
8 月下旬	24	20	33	70
9 月上旬	22	18	32	70
9 月中旬	20	15	30	70
9 月下旬	19	13	30	70

(4)综合适宜度模型

1)逐旬综合适宜度

$$F(C_{ij})_{\text{地市}} = b_{ti}F(t_{ij})_{\text{地市}} + b_{Ri}F(R_{ij})_{\text{地市}} + b_{Si}F(S_{ij})_{\text{地市}} \tag{6.16}$$

$F(C_{ij})$ 为第 j 年第 i 旬综合适宜度,b_{ti}、b_{Ri}、b_{Si} 分别为各旬温度,降水和日照的适宜度权重系数,b_{ti}、b_{Ri}、b_{si}的确定方法为每旬各气象要素适宜度与相应年份的气象产量做相关分析,用各
要素相关系数除以三个要素的相关系数之和,因此$b_{ti}+b_{Ri}+b_{si}=1$,确定方法如下。

$$b_{ti} = \frac{|a_{ti}|}{a_{ci}} \qquad b_{Ri} = \frac{|a_{Ri}|}{a_{ci}} \qquad b_{Si} = \frac{|a_{Si}|}{a_{ci}} \qquad a_{ci} = |a_{ti}| + |a_{Ri}| + |a_{Si}| \qquad (6.17)$$

a_{ti}、a_{Ri}、a_{Si}分别为各旬温度,降水和日照时数适宜度与相对气象产量的相关系数,a_{ci}为各
气象要素相关系数绝对值之和。

2)全生育期综合适宜度

河南夏玉米全生育期共 12 旬,将各旬综合气候适宜度与相应年份气象产量做相关分析,
用各旬相关系数除以 12 旬相关系数之和,计算各旬气候适宜度权重系数,然后累加计算全生
育期气候适宜度,见公式(6.18)。

$$F(C_j)_{地市} = \sum_{i=1}^{n} K_i F(C_{ij})_{地市} \qquad (6.18)$$

$$K_i = \frac{|\alpha_i|}{\sum\limits_{i=1}^{n} |\alpha_i|} \qquad (6.19)$$

$F(C_j)_{地市}$为各地市第 j 年夏玉米全生育期综合适宜度,K_i为各旬适宜度权重系数,α_i为各
旬综合气候适宜度与气象产量的相关系数,n 为夏玉米全生育期总旬数,本节 $n=12$。

3)全省气候适宜度

由各地市气候适宜度综合为全省气候适宜度:

$$F(t_{ij})_{省} = \sum_{i=1}^{m} Q_i F(t_{ij})_{地市} \qquad (6.20)$$

$$F(R_{ij})_{省} = \sum_{i=1}^{m} Q_i F(R_{ij})_{地市} \qquad (6.21)$$

$$F(S_{ij})_{省} = \sum_{i=1}^{m} Q_i F(S_{ij})_{地市} \qquad (6.22)$$

$$F(C_{ij})_{省} = \sum_{i=1}^{m} Q_i F(C_{ij})_{地市} \qquad F(C_j)_{省} = \sum_{i=1}^{n} K_i F(C_{ij})_{省} \qquad (6.23)$$

$F(t_{ij})_{省}$、$F(R_{ij})_{省}$、$F(S_{ij})_{省}$分别为第 j 年第 i 旬全省温度、降水、日照适宜度,Q_i为各地市适宜
度影响权重系数,由各地市夏玉米播种面积除以 13 个地市播种面积之和所得,权重系数计算
结果见表 6.6。$F(C_{ij})_{省}$为第 j 年第 i 旬全省综合适宜度。$F(C_j)_{省}$为第 j 年全省夏玉米全生
育期综合气候适宜度。

表 6.6 河南省各市面积权重系数

地市	面积权重	地市	面积权重	地市	面积权重
安阳	0.08	南阳	0.10	许昌	0.06
焦作	0.04	平顶山	0.06	郑州	0.06
开封	0.05	商丘	0.10	周口	0.12
洛阳	0.07	新乡	0.07	驻马店	0.15
漯河	0.04				

(5)气候适宜度模型检验

将 13 个地市 1981—2010 年气候适宜度指数与对应相对气象产量做相关分析,如表 6.7 所示,除焦作市外均通过 0.01 的极显著性检验,说明本节建立的夏玉米气候适宜度模型能较好地反映河南省气候适宜性动态变化和产量增减趋势,可以用来评价夏玉米生长适宜情况。结合各地的农业基础条件也可发现,焦作、新乡等豫北地区灌溉条件较好,遇到干旱的年份可及时灌溉,一定程度上掩盖了自然降水的影响,因此气象产量与气候适宜度的相关性较低。

表 6.7 各地市夏玉米气候适宜度与相对气象产量相关性检验

地市	相关系数 R	样本数 n	检验结果
安阳	0.500	30	$>\alpha(0.01)$
焦作	0.298	30	$>\alpha(0.1)$
开封	0.436	30	$>\alpha(0.01)$
洛阳	0.686	30	$>\alpha(0.001)$
漯河	0.505	26	$>\alpha(0.01)$
南阳	0.624	30	$>\alpha(0.001)$
平顶山	0.490	30	$>\alpha(0.01)$
商丘	0.433	30	$>\alpha(0.01)$
新乡	0.375	30	$>\alpha(0.01)$
许昌	0.546	30	$>\alpha(0.01)$
郑州	0.726	30	$>\alpha(0.001)$
周口	0.578	30	$>\alpha(0.001)$
驻马店	0.610	30	$>\alpha(0.001)$

6.2.3.3 结果与分析

(1)全生育期气候适宜度年际变化

计算全省 1981—2010 年光、温、水气候适宜度,绘制多年变化曲线如图 6.19 所示,温度适宜度在 0.75~0.90 之间,多年变化趋势不显著,降水适宜度大多在 0.4~0.9 范围内波动,多年平均 0.71,近 30 a 呈一定的上升趋势,平均每 10 a 上升 0.03,日照适宜度在 0.60~0.95 范围内波动,多年呈显著的下降趋势,平均每 10 a 下降 0.05。各气象要素适宜度年际变化幅度最大的是降水,其次是日照,温度最小,三者变异系数分别为 17.9、11.1 和 5.1。结果表明河南省夏玉米生长季光热资源一般都在较适宜范围内,能满足作物生长发育所需,降水是夏玉米产量形成的主要的限制因子,降水的波动性大,产量的不稳定性也随之增大。

(2)不同发育阶段综合气候适宜度年际变化

出苗—抽雄期夏玉米综合气候适宜度多年平均 0.784,最高值出现在 1990 年,达到 0.914,最低值出现在 1997 年,为 0.664;抽雄—乳熟期夏玉米气候适宜度多年平均 0.814,略高于苗期,最高值出现在 1984 年,达到 0.910,最低值也出现在 1997 年,为 0.665,在全生育期气候适宜度基本在 0.6~0.8 范围内波动,平均 0.703,低于出苗—抽雄期和抽雄—

乳熟期，最高值为 1989 年的 0.786，最低值为 1997 年的 0.589。从气候适宜度年际波动来看，各生育阶段表现为抽雄—乳熟期＞出苗—抽雄期全生育期，其变异系数为分别为 9.0、8.1 和 7.2。

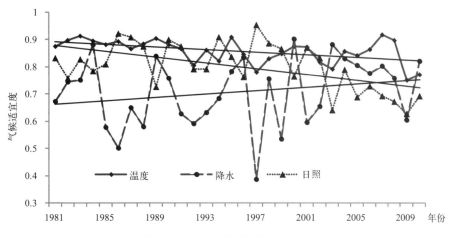

图 6.19　河南省夏玉米全生育期温度、降水和日照适宜度年际变化

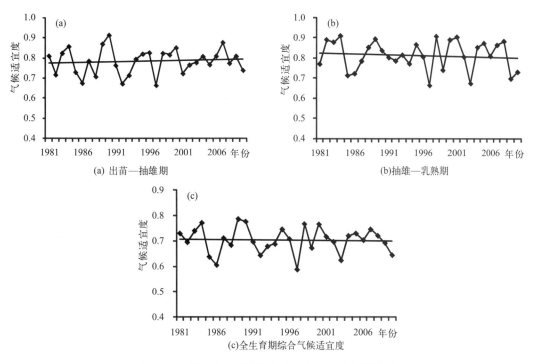

图 6.20　夏玉米不同阶段综合气候适宜度年际变化

（3）适宜度评价模型应用

1）两年度夏玉米生长季气候适宜度评价

应用上述方法对 2010、2011 年度河南省夏玉米生育期逐旬及全生育期的温度、降水、日照对夏玉米生长适宜度进行计算，结果见图 6.21。

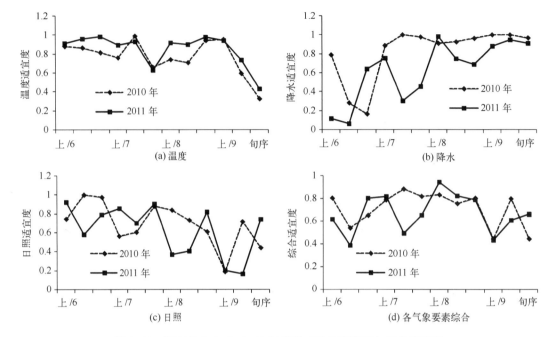

图 6.21　河南省 2010 和 2011 年度夏玉米生育期逐旬气象适宜度

由图 6.21(a)所示,2010 和 2011 年度温度适宜度差别不是很显著,平均分别为 0.770 和
0.849,2011 年略好于 2010 年,两年度变化趋势基本相似,9 月上旬之前温度适宜度均较高,基
本在 0.6～1.0 范围内波动,且变化幅度较小,9 月中、下旬,温度适宜度迅速下降,分别达到全
生育期的最低值 0.33 和 0.43,对玉米后期灌浆有一定影响;另外两年度温度适宜度在 7 月下
旬均有一个较低值,主要是由于 7 月下旬温度过高所致,分别达到 28.7℃和 28.9℃。全生育
期温度适宜度变化说明夏玉米生长季大部分时段适宜性较高,对玉米生长有利,只是灌浆后期
至成熟收获热量条件略显不足。

由图 6.21b 所示,2010 和 2011 年度降水适宜度随夏玉米发育进程呈显著的上升趋势,受
生育期内降水量的分配影响前期波动较大,后期较为平缓;由于 6—7 月份降水量不能满足玉
米生长所需,夏玉米生长前期降水适宜度较低,两年度苗期适宜度均在 0.4 以下,尤其 2011 年
是典型的河南夏玉米干旱发生年型,既有玉米播种、出苗期的初夏旱又遭遇了抽雄期的卡
脖旱;进入 8 月份之后由于前期降水量的积累和降水过程的持续,降水适宜度维持在较高
水平,两年度适宜度指数均在 0.6 以上,其中 2010 年度在 0.8 以上,进入 9 月份后随玉米需水
量的逐渐减少,水分不再是主要限制因子。河南省夏玉米生长季大部分地区降水量在 400～
600 mm 之间,总量上基本能满足玉米需水要求,但降水量的时空分布不均,水分胁迫仍是制
约夏玉米高产稳产的重要因素。

由图 6.21c 所示,2010 和 2011 两年度日照适宜度随夏玉米发育进程呈显著的下降趋势,
两年度日照适宜度的差别不大,平均分别为 0.692 和 0.633;受降水的随机性影响,日照时数
适宜度的波动性更大,2010 年有 9 旬适宜度在 0.6 以上,最高值为 6 月下旬的 0.975,最低为 9
月上旬的 0.192,2011 年共有 7 旬日照适宜度大于 0.6,最高值为 6 月上旬的 0.923,低值出现
9 月上、中旬的 0.206 和 0.168,可见后期日照条件也是玉米生长的主要限制因子。日照适宜

度偏低主要受降水影响,经检验,日照适宜度和降水适宜度呈显著负相关,相关系数分别为 0.638 和 0.536($\alpha_{0.05}$＝0.532)。例如,2011 年 9 月中旬出现了大范围的降水过程,全省降水量平均 120.9 mm,接近于常年同期的 5 倍,日照时数仅 12.7 h 不到常年同期的 1/4,因此日照适宜度最低。夏玉米生长后期,在温度的共同影响下,光热条件不足将不利于玉米灌浆及干物质的转移。

综合光、温、水三种气象要素的影响,计算夏玉米各旬综合气候适宜度,如图 6.24d 所示,两年度综合气候适宜度平均分别为 0.714 和 0.670,2010 年稍好于 2011 年。两年度综合气候适宜度基本在 0.4～0.95 范围内波动,且每年都仅有 3 旬适宜度小于 0.6,说明整个生长季气候适宜度较高,大部分发育阶段气象条件利于玉米生长。但不同生育阶段限制因子不同,其中,2011 年 6 月中旬综合适宜度较低,主要是受前期水分亏缺影响所致;两年度 9 月上旬综合适宜度指数均较低,在 0.4 左右,主要是受降水过多,日照时数偏低影响;后期温度和日照条件是玉米生长的主要限制因子,这也与实际情况相符。

2)夏玉米生长季气候适宜度空间分布特征分析

计算各地市 2010 年和 2011 年度夏玉米生长季综合气候适宜度,绘制全生育期气候适宜度空间分布图(图 6.22)。2010 年各地市综合气候适宜度在 0.65～0.75 之间,全省分布形式以豫中郑州、许昌为适宜度低值中心,其他地区适宜度逐步升高,由于信阳夏玉米播种面积很小,不作为评价的区域。2011 年低值地区主要分布在豫北安阳、鹤壁,豫中的郑州及豫东周口部分地区,高值区主要分布在南阳、驻马店及豫东商丘地区。

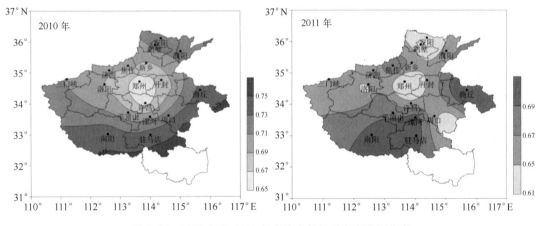

图 6.22　2010 年和 2011 年度综合气候适宜度空间分布

两年度的空间分布形式表现为郑州市适宜度均较低,但成因不尽相同。2010 年,6 月上旬—8 月上旬温度适宜度较全省平均偏低 10%,后期持平,降水适宜度仅在 6 月份较低,后期还略高于全省平均,但 7 月上旬之后随阴雨日数的增多,日照适宜度较全省平均偏低 19%,总体来看 2010 年郑州是前期高温少雨,后期光照不足导致全生育期气候适宜度较低。2011 年,6 月上旬至 7 月下旬郑州温度适宜度较全省平均偏低约 13%,降水适宜度也较全省平均偏低 45%,日照适宜度与全省平均基本一致,因此 2011 年郑州气候适宜度主要因前期降水少气温高所致。两年的分布特征表明,郑州初夏旱的风险要高于其他地区。

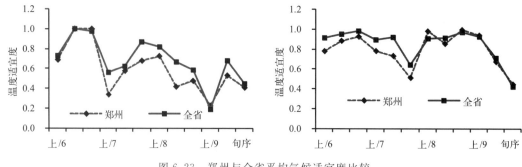

图 6.23　郑州与全省平均气候适宜度比较

6.2.3.4　结论与讨论

（1）从夏玉米不同发育阶段上限温度、最适温度、下限温度、需水量、需光性等生物学特性出发，确定了光、温、水适宜性评价指标，建立了河南省夏玉米气候适宜度评价模型。通过气候适宜度与相对气象产量的相关分析显示二者呈极显著的正相关，表明此模型能较客观地反映夏玉米的气候适宜性水平及其动态变化。

（2）从近 30 a 气候适宜度变化来看，温度适宜度在 0.75~0.9 之间，变化趋势不显著，降水适宜度大多在 0.4~0.9 范围内波动，呈一定的上升趋势，日照适宜度在 0.60~0.95 之间，呈显著的下降趋势。各气象要素适宜度年际变化幅度降水＞日照＞温度。全生育期气候适宜度基本在 0.6~0.8 范围内波动，低于出苗—抽雄期和抽雄—乳熟期。综合气候适宜度年际波动表现为抽雄—乳熟期＞出苗—抽雄期＞全生育期。

（3）对 2010 年、2011 年夏玉米适宜度分析表明，适宜度的时空变化特征与实际气象条件的变化影响相吻合，该模型能够用来评价河南省光温水条件对夏玉米各发育阶段的适宜程度。

（4）气候适宜度评价模型的建立，可以进行单气象要素或多气象要素综合的生长适宜性评价，在时间尺度上既可以实现以旬为时间步长的评价，也可以进行全生育期的综合评价，空间尺度上也可以拓展到县、乡一级，实现精细化评价。

（5）本节从作物需水量出发，考虑到旬降水量的后延效应，将前一旬的多余降水量全部累加到下一旬，作为下一旬的降水总量，而实际情况中上一旬的多余降水是以土壤水的形式保存下来，必然会有下渗，径流等水分消耗，与实际不完全相符，因此降水量适宜度的计算，可以考虑引进土壤墒情数据并进一步完善。另外，由于不同地区农田水利条件不同，水浇条件较好的地方，其降水量与气象产量的相关性会在一定程度上受到社会因素的影响

（6）降水量和日照时数存在明显负相关，在气候适宜度评价上存在一定矛盾，因此，在不同发育阶段确定影响综合适宜度的主导气象要素，是提高模型评价准确性的重要方面。

6.2.4　基于气候适宜度的河北省夏玉米气象条件评价

6.2.4.1　夏玉米各生育期气温、降水、日照、气候适宜度特征分析

由夏玉米不同生育期气象要素适宜度值及变异系数（表 6.8）可见，气温适宜度最高，各生育期适宜度值均在 0.9 以上，日照次之，降水适宜度最低且变异系数最大，其最低值在 0.7 以下。河北省夏玉米全生育期需水量在 500 mm 以上，而大部分站点夏玉米全生育期降水量在

400 mm 以下,表明降水不足是河北省夏玉米生产的主要限制因素。

表 6.8　1981—2010 年夏玉米不同发育期气象要素适宜度值及变异系数

气象要素	项目	播种期	幼苗期	拔节期	抽雄期	灌浆期	全生育期
气温	适宜度	0.98	0.98	0.97	0.98	0.94	0.97
	变异系数	1.20	1.48	1.57	2.59	5.14	1.68
降水	适宜度	0.74	0.84	0.77	0.65	0.76	0.73
	变异系数	22.73	13.45	16.42	28.93	21.27	16.83
日照	适宜度	0.93	0.86	0.84	0.82	0.85	0.84
	变异系数	11.00	8.83	12.89	18.41	10.28	10.73
气候	适宜度	0.78	0.95	0.85	0.67	0.89	0.81
	变异系数	16.64	2.29	9.75	26.51	5.70	8.47

夏玉米生育期内气温适宜度相对稳定,播种—抽雄期气温适宜度较高且变异系数较小;灌浆期气温适宜度较其他发育期略低,且变异系数较大,灌浆期对温度较其他发育期敏感,此时处于夏末秋初,气温较高,高温易导致籽粒灌浆不足,因此灌浆期是气温影响夏玉米生长的重要时期。

夏玉米播种期日照适宜度最高,主要与此时期对日照要求低有关。幼苗—抽雄期(6 月下旬—8 月上旬)夏玉米适宜生长的日照时数增多,但此阶段河北省逐渐进入汛期,阴雨天气增多,日照时数减少,因此日照适宜度逐渐下降,在抽雄期达到最低,变异系数最大,为日照影响夏玉米生长的主要时期;灌浆成熟期(8 月中旬—9 月中旬)需要充足的日照,此时主汛期趋于结束,日照时数逐渐增多,适宜度有所回升。

夏玉米幼苗期对水分要求相对较低且需水量少,降水适宜度最高;拔节—抽雄期随着需水量的增加,对水分敏感程度的提高,降水适宜度下降,其中抽雄期最低,拔节期次之;灌浆期降水适宜度略有回升。变异系数与适宜度表现出反相位变化。分析表明,抽雄期是降水量与需水量差值最大的时期,水分供需矛盾最为突出;拔节和灌浆期仍属于适宜度较低、变异系数较大的时期,为降水影响夏玉米生长的重要时期。

夏玉米气候适宜度与降水适宜度表现为较好的相关性,适宜度在幼苗期达到最高且变异系数最小;抽雄期适宜度最低且变异系数最大。通径分析表明,抽雄期、灌浆期气候适宜度对产量差的贡献系数最大,拔节期次之;拔节—灌浆期降水适宜度偏低是导致期间气候适宜度低的主要原因,同时抽雄期日照适宜度偏低对气候适宜度低也有一定影响。可见拔节—灌浆期降水不足是制约夏玉米生产的主要因素;抽雄期日照条件是影响夏玉米生长的重要因素。

6.2.4.2　夏玉米各生育期气温、降水、日照、气候适宜度年际变化

(1)气温适宜度年际变化

1981—2010 年逐年气温适宜度分析表明,夏玉米播种期气温适宜度呈弱的上升趋势(变化速率为 0.005/10a,$P<0.1$),幼苗期呈弱的下降趋势(变化速率为 $-0.006/10a$,$P<0.1$),其他发育期变化不显著。由夏玉米各发育期气温适宜度累积距平曲线(图 6.24)可

见,播种期气温适宜度 20 世纪 80 年代以负距平为主,90 年代以后以正距平为主;幼苗期 80 年代、90 年代前期以正距平为主,90 年代后期、21 世纪初以负距平为主,2005 年以后又以正距平为主;拔节期和灌浆期气温适宜度均呈现出先以正距平为主,后正负距平频繁交替,波动性增强的趋势,其中拔节期在 90 年代初进入波动频繁期,灌浆期在 20 世纪 90 年代后期进入波动频繁期;抽雄期大部分时段以正距平为主,仅 90 年代前期、21 世纪初以负距平为主。可见,随着气候变化,拔节和灌浆期气温适宜度波动性有增强趋势。历史资料统计表明,夏玉米播种—抽雄期各生育期平均气温呈现不同程度的升高趋势,灌浆期略有下降,随着气温升高,播种期气温适宜度 90 年代以来有升高趋势,幼苗期 90 年代后期以来以下降趋势为主。

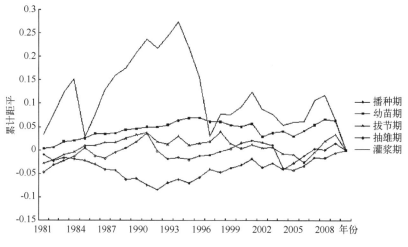

图 6.24　1981—2010 年夏玉米各发育期气温适宜度累积距平

（2）降水适宜度变化

1981—2010 年逐年降水适宜度变化表明,夏玉米灌浆期降水适宜度随年代变化速率为负值,其他发育期为正值,但变化速率均较小,变化趋势均不显著（$P>0.1$）。由降水适宜度累积距平曲线（图 6.25）可见,夏玉米各生育期降水适宜度波动频繁,且波动幅度较大。播种、拔节、抽雄期气候适宜度 80 年代前期、90 年代后期以负距平为主,80 年代后期、90 年代前期、21 世纪以来以正距平为主;幼苗期 80 年代前期以负距平为主,80 年代后期进入以正距平为主的时期;灌浆期 90 年代后期由以正距平为主的时期进入以负距平为主的时期,其中 90 年代后期负距平较大,适宜度明显下降。降水适宜度与降水量、降水时间分布和需水量有关,而需水量与作物发育期、气温、风速、日照、空气湿度等多种因素有关,总体上,气候变化并未导致夏玉米生育期内降水适宜度发生显著变化,但幼苗期 80 年代后期以来降水适宜度有升高趋势,灌浆期 90 年代后期以来降水适宜度有下降趋势,播种、拔节、抽雄期降水适宜度 21 世纪以来有升高趋势。

（3）日照适宜度变化

1981—2010 年逐年日照适宜度变化表明,夏玉米各生育期日照适宜度均呈现不同程度的下降趋势,其中抽雄、灌浆期呈弱的下降趋势（$P<0.1$）,其他发育期呈显著下降趋势（$P<$

0.05)。由日照适宜度累积距平曲线(图 6.26)可见,夏玉米各生育期日照适宜度均呈现先以正距平为主,后以负距平为主的趋势。其中播种期、幼苗期、抽雄期和灌浆期日照适宜度均于 21 世纪初由以正距平为主的时期进入以负距平为主的时期,其中灌浆期波动幅度最大;拔节期 80 年代前中期表现为较强正距平,80 年代后期至 2000 年正负距平交替,为波动较大时期,2000 年以后表现为较强的负距平。历史资料分析表明,夏玉米各生育期日照时数均呈减少趋势,日照时数的减少导致夏玉米生长期间日照适宜度出现不同程度的下降。

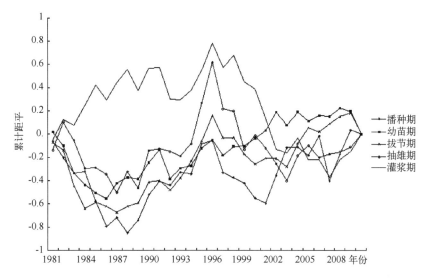

图 6.25　1981—2010 年夏玉米各发育期降水适宜度累积距平曲线

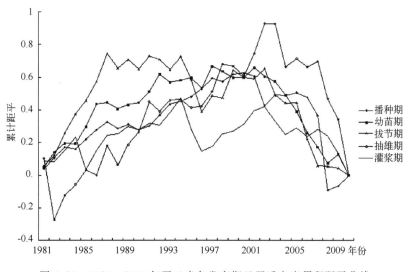

图 6.26　1981—2010 年夏玉米各发育期日照适宜度累积距平曲线

(4)气候适宜度变化

1981—2010 年逐年气候适宜度变化表明,夏玉米幼苗期、灌浆期气候适宜度显著下降

农作物生长动态监测与定量评价

$(P<0.05)$,下降速率分别为 $0.015/10a$,$0.024/10a$,其他发育期气候适宜度随年代变化速率为正值,但变化均不显著($P>0.1$)。由夏玉米各生育期气候适宜度累积距平曲线(图 6.27)可见,夏玉米幼苗期和灌浆期气候适宜度年际间变化幅度较小,播种、拔节和抽雄期年际间变化幅度较大。其中幼苗和灌浆期气候适宜度分别于 21 世纪初、90 年代后期由以正距平为主的时期进入以负距平为主的时期;播种、拔节和抽雄期气候适宜度与降水适宜度变化趋势基本一致,80 年代前期、90 年代后期以负距平为主,80 年代后期、90 年代前期以正距平为主,2000 年以后以正距平为主。相关分析表明,夏玉米幼苗期气候适宜度受气温和日照适宜度影响较大,随着气候变化,幼苗期气温和日照适宜度均有所下降,导致气候适宜度 21 世纪以来呈现下降趋势;灌浆期气候适宜度受气温、日照、降水适宜度影响均较大,期间日照、降水适宜度均有所下降,导致气候适宜度 90 年代后期以来呈现下降趋势;播种、拔节和抽雄期 21 世纪以来随降水适宜度升高,气候适宜度进入高值期。

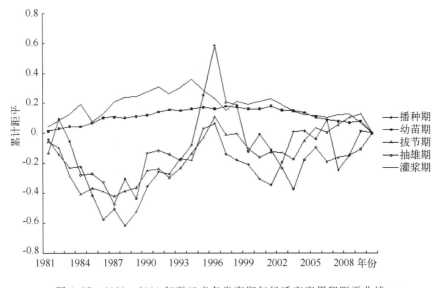

图 6.27 1981—2010 年夏玉米各发育期气候适宜度累积距平曲线

6.2.4.3 夏玉米全生育期气温、降水、日照、气候适宜度年际变化

1981—2010 年逐年夏玉米全生育期气温、降水、日照、气候适宜度分析表明,全生育期降水、气温和气候适宜度无明显变化趋势;日照适宜度呈显著下降趋势(变化速率为 $-0.047/10a$,$P<0.01$)。由适宜度累积距平曲线(图 6.28)可见,气温适宜度年际间变化幅度较小,累积距平值在 0 附近波动;日照适宜度 2000 年以前以正距平为主,2000 年后以负距平为主,即适宜度由高值期进入低值期;气候适宜度变化趋势与降水适宜度呈现显著的共性,但变化幅度小于降水适宜度,80 年代前期以负距平为主,80 年代后期、90 年代前期以正距平为主,90 年代后期以负距平为主,21 世纪以来正负距平交替,正距平年份稍多于负距平年份。分析表明,随着气候变化,夏玉米生长期间日照时数不断减少,日照适宜度明显下降,但气温和降水适宜度并未随气候变化发生显著的规律性变化;气候适宜度受降水影响最大,其变化趋势基本与降水适宜度一致。

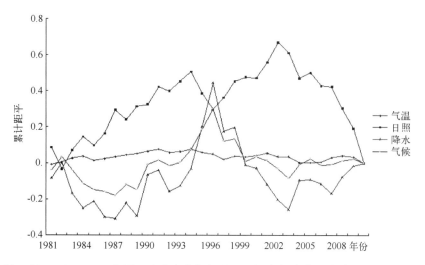

图 6.28　1981—2010 年夏玉米全生育期气温、日照、降水、气候适宜度累积距平曲线

6.2.4.4　小结

河北省夏玉米生育期内气温适宜度最高,日照次之,降水适宜度最低,降水不足是限制河北省夏玉米生长的主要气象因素。在夏玉米生长期间,降水和日照条件对夏玉米生长影响最大的时期为夏玉米抽雄期;气温条件对夏玉米生长影响最大的时期为夏玉米灌浆期。

在气候变化影响下,夏玉米各生育期气温、降水、日照及气候适宜度表现出不同的年际变化特征。夏玉米各生育期内日照时数均有不同程度的减少,导致各生育期日照适宜度表现为不同程度的下降;气温多在夏玉米生长适宜范围内变化,仅幼苗期随着气温升高,气温适宜度呈现弱的下降趋势;降水年际间变化幅度大且无明显规律,导致各生育期降水适宜度年际间波动较大,但无明显变化趋势;在气温、降水、日照的共同影响下,幼苗和灌浆期气候适宜度呈现明显的下降趋势,其他生育期受气候变化影响不大。可见气候变化对夏玉米生产带来的负效应主要表现在夏玉米幼苗期和灌浆期,为应对气候变化,充分合理利用气候资源,应根据夏玉米不同生育期内各要素变化情况,有针对性地开展各项调控措施,确保夏玉米安全生产。

6.2.5　基于气候和土壤水分综合适宜度的冬小麦产量动态预报模型

6.2.5.1　土壤水分适宜度模型

(1)土壤水分预测模型

以土壤水分平衡原理为依据,综合考虑气象、作物、土壤、灌溉因素,以每旬逢 8 观测的土壤相对湿度值为初始值,建立了土壤水分预测模型,对无土壤水分观测值时的土壤水分进行预测。

$$W_{T+1} = W_T + P + I + G - ET_a \qquad (6.24)$$

式中,W_{T+1} 为预测时段末的土壤含水量(mm);W_T 为时段初的土壤含水量(mm),由每旬逢 8 实测的土壤相对湿度转换得到(见式(6.25));P 为时段内的有效降水量(mm,见式(6.26));I 为灌溉量(mm);G 为时段内地下水补给量(mm),冬小麦根系活动层深度不超过 2 m,而河北省地下水位深一般在 3 m 以下,故可忽略不计;ET_a 为时段内作物耗水量(mm,见式(6.29))。

$$W_T = 10 \times B\% \times \rho \times h \tag{6.25}$$

式中,$B\%$ 为土壤重量含水量;ρ 为土壤容重(g/cm³);h 为土层厚度(m),模型中取 1 m;10 为单位换算系数。

$$P = R - T - L - I_t \tag{6.26}$$

式中,P 为有效降水量(mm);R 为实际降水量(mm);L 为深层渗漏量(mm),当土壤水分不超过田间持水量时,渗漏量忽略不计,当土壤含水量超过田间持水量时(如灌溉或降水后),超过部分作为渗漏处理;T 为地表径流量(mm,见公式(6.27));I_t 为植被截留量(mm,见公式(6.28))。

地表径流量采用 Hob Krogman 方法计算:

$$T = \begin{cases} 0.1P_n & P_n < 25.4 \\ 2.54 + (P_n - 25.4) \times 0.5k & P_n \geqslant 25.4 \end{cases} \tag{6.27}$$

其中,P_n 为降水强度(mm/d),k 为径流坡度参数(取 0.1)。

植被截留量计算公式:

$$I_i = \begin{cases} 0.55 \times f_c \times P_n \times [0.52 - 0.0875 \times (P_n - 5.0)] & P_n < 17 \text{ mm/d} \\ 1.85 \times f_c & P_n \geqslant 17 \text{ mm/d} \end{cases} \tag{6.28}$$

式中,P_n 为降水强度(mm/d),f_c 为植被覆盖度,由叶面积估算($f_c = 1 - \exp(-0.5 \times LAI)$)。

作物耗水量与土壤水分、作物群体、气象条件关系密切,利用土壤水分、作物系数对农田可能蒸散量进行订正,可得出农田实际蒸散量,即作物耗水量:

$$ET_a = K_s K_c ET_O \tag{6.29}$$

$$K_s = \ln(Av + 1)/\ln(101) \tag{6.30}$$

$$Av = [(W - W_m)/(W_f - W_m)] \cdot 100(\%) \tag{6.31}$$

式中,K_s 为土壤水分胁迫系数,由公式(6.30)和(6.31)得出,其中 W 为根区实际贮水量,W_m 为萎蔫系数,W_f 为田间持水量;K_c 为冬小麦作物系数;ET_O 为可能蒸散量(mm/d),采用 FAO 推荐的 Penman-Monteith 公式(公式(6.32))。

$$ET_O = \frac{0.408\Delta(R_n - G) + r\dfrac{900}{T + 273}U_2(e_s - e_a)}{\Delta + r(1 + 0.34U_2)} \tag{6.32}$$

式中,ET_0 为参考作物蒸散量(mm/d);R_n 为地表净辐射(MJ/(m·d));G 为土壤热通量(MJ/(m²·d));T 为日平均气温(℃);u_2 为 2 米高处风速(m/s);e_s 为饱和水汽压(kPa);e_a 为实际水汽压(kPa);Δ 为饱和水汽压曲线斜率(kPa/℃);γ 为干湿表常数(kPa/℃)。

从冬小麦播种开始,计算上述水分各收支项,代入土壤水分平衡方程,采用递推方法,即可进行土壤水分动态预测,形成逐日土壤水分系列值。

(2)土壤水分适宜度模型

$$F(w) = \begin{cases} w/wl & w < wl \\ 1 & wh \geqslant w \geqslant wl \\ wh/w \end{cases} \tag{6.33}$$

式中,$F(w)$ 为冬小麦生长期间逐日土壤水分适宜度值,wl、wh 分别为该日所对应冬小麦发育期适宜的土壤水分下限和上限值。

（3）综合适宜度模型

采用加权平均法计算逐日综合适宜度指数,权重系数确定方法:首先采用算术平均法,由逐日适宜度值计算得出逐生育期气温、日照、降水、土壤水分适宜度值,再采用通径分析法计算各生育期各要素适宜度对产量增减量的贡献率,同一发育期内气温、日照、降水适宜度对产量增减量贡献率的归一化值作为该生育期内气温、日照、降水适宜度对该生育期气温－日照－降水综合适宜度的权重系数;同样方法确定气温、日照、土壤水分适宜度对该生育期气温－日照－土壤水分综合适宜度的权重系数。

$$F(c) = bt \times F(t) + bs \times F(s) + br \times F(r) \tag{6.34}$$

$$F(z) = bt \times F(t) + bs \times F(s) + bw \times F(w) \tag{6.35}$$

式中,$F(z)$、$F(c)$分别为逐日气温－日照－降水适宜度和逐日气温－日照－土壤水分适宜度值,bt、bs、br、bw分别为该日所对应冬小麦发育期内气温、日照、降水、土壤水分适宜度值对综合适宜度值的权重系数。

$$FC(i) = \sum_{j=1}^{m} F(c)/m \tag{6.36}$$

$$FZ(i) = \sum_{j=1}^{m} F(z)/m \tag{6.37}$$

式中,$FC(i)$、$FZ(i)$分别为第 i 旬气温－日照－降水、气温－日照－土壤水分综合适宜度值,m 为该旬内天数,$F(c)$、$F(z)$分别为该旬内逐日气温－日照－降水、气温－日照－土壤水分适宜度值。

$$SC(n) = \sum_{i=1}^{n} BC(i) \times FC(i) \tag{6.38}$$

$$SZ(n) = \sum_{i=1}^{n} BZ(i) \times FZ(i) \tag{6.39}$$

式中:$SC(n)$、$SZ(n)$分别为播种至第 n 旬气温－日照－降水、气温－日照－土壤水分综合适宜度值;$BC(i)$、$BZ(i)$分别为第 i 旬适宜度值对播种以来总适宜度值的权重系数,由各旬综合适宜度值与产量增减量的相关系数决定。

6.2.5.2　模型检验

（1）土壤水分预测模型检验

以农业气象站点观测的土壤相对湿度作为实测值,模型输出的土壤相对湿度为预报值,对土壤水分预测模型进行检验。由于土壤相对湿度实测值每月只有 8,18 和 28 日三天的值,并且每次有土壤相对湿度实测值的站点参差不齐,因此选取 2010 年 3 月 8 日、3 月 18 日、3 月 28 日、4 月 8 日、4 月 18 日、4 月 28 日、5 月 8 日、5 月 18 日和 5 月 28 日 9 个时次,13 个站点的实际观测数据对预测结果进行对比分析,见表 6.9。

从表 6.9 可以看出,在 13 个站 9 个时次 117 次预测结果当中,准确率最高的为 99.9%,最低为 76.7%,其中准确率≥90% 的占 61.6%;90%～85% 的占 29.9%;80%～85% 的占6.8%,＞80% 以下的仅占 1.7%,可见预测准确率＞85% 的次数占总预测次数的 91.5%,模型的预测结果可以满足业务的要求。

表 6.9　土壤相对湿度（%）观测值与预测值对比分析及预测准确率（%）

站点	3月8日			3月18日			3月28日			4月8日			4月18日			4月28日			5月8日			5月18日			5月28日		
	实测	预测	准确率	实测	预测	准确率	实测	预测	准确率	实测	预测	准确率	实测	预测	准确率	实测	预测	准确率	实测	预测	准确率	实测	预测	准确率	实测	预测	准确率
遵化	73	59	80.8	85	80	94.2	81	72	88.5	72	64	89.4	80	89	89	74	65	88.2	79	88	88.9	72	61	85.2	66	57	86.6
三河	87	76	87.5	89	82	91.5	84	79	93.7	82	69	84.1	89	96	91.2	83	73	87.8	76	62	82.5	68	61	89	79	86	91.1
霸州	92	87	95	94	80	85.3	83	80	96	70	63	90.6	74	65	88.1	78	67	86.7	65	59	91.3	70	56	79.6	70	65	92.2
涿州	99	96	96.5	99	94	94.9	96	86	89.4	89	76	85.7	99	100	99.1	79	80	99.1	81	72	89.2	70	57	81.6	80	81	99
定州	75	69	91.3	64	72	88	67	61	91.4	87	100	85.4	78	73	93.4	84	97	85	63	61	96.5	94	100	93.9	78	87	88.1
容城	98	97	99.2	94	94	99.8	97	85	87.3	75	78	96.5	97	100	97.5	85	82	97.3	58	54	91.8	94	100	93.3	69	66	95.7
河间	87	85	97.9	86	84	98.4	72	77	92.4	71	57	80	70	63	90.3	93	98	94.7	71	81	86	92	99	91.8	79	69	88.2
黄骅	89	93	95.8	88	85	97	84	77	92.2	80	66	83.1	79	68	86.6	75	65	86.7	70	64	90.9	70	58	82.4	51	50	97.8
栾城	93	80	86.3	94	92	98.4	82	80	97.6	98	100	98.5	96	86	89.8	89	75	83.8	90	87	96.5	74	64	86.5	94	92	98.3
深县	81	84	95.9	71	78	89.5	74	63	86.3	72	62	85.7	74	66	89.7	73	64	88	58	52	90.4	55	47	85.9	40	30	76.7
内丘	92	91	98.9	86	88	97.5	73	75	97.7	60	55	91.2	91	86	95.1	71	75	93.3	93	98	94.6	85	77	90.7	62	68	90.3
南宫	88	91	96.6	87	87	99.8	74	79	92.8	89	92	96.4	86	81	93.8	76	69	91	89	91	97.8	99	100	99.1	84	72	85.8
肥乡	94	91	96.4	90	90	99.9	74	81	91.2	63	60	95.2	96	100	96	80	82	97.6	63	66	95.5	93	100	93	57	54	95.5

（2）适宜度模型检验

将 8 个冬小麦主产市 1981—2010 年全生育期气温－日照－土壤水分、气温－日照－降水综合适宜度指数与对应的产量增减量作相关分析。结果表明,产量增减量与气温－日照－土壤水分综合适宜度指数相关性显著,且相关系数大于与气温－日照－降水综合适宜度的相关系数(见表 6.10)。说明文中建立的冬小麦气温－日照－土壤水分综合适宜度模型能更加客观地反映气候条件和土壤水分状况对冬小麦产量的影响及冬小麦产量变化动态。

表 6.10　综合适宜度指数与产量增减量的相关系数

地区	气温－日照－土壤水分	气温－日照－降水
唐山	0.65**	0.40*
廊坊	0.62**	0.32
保定	0.60**	0.51**
石家庄	0.65**	0.38*
沧州	0.55**	0.43*
衡水	0.57**	0.43*
邢台	0.74**	0.53**
邯郸	0.65**	0.14

注：*、**分别表示通过 0.05、0.01 的显著性检验

6.2.5.3 冬小麦产量动态预报

（1）冬小麦产量动态预报模型的建立

河北省冬小麦一般 10 月上旬播种,6 月上旬收获,为了达到动态滚动预报冬小麦产量的目的,利用 1981—2008 年历史气温－日照－土壤水分综合适宜度指数建立了河北省 8 个主产市从冬小麦播种到任意旬止的产量增减量预报模型,产量增减量与上一年产量之和为当年产量预测值。以 3 月上旬、4 月上旬、5 月上旬为例,预报模型见表 6.11,其中 ΔY 为冬小麦产量增减量预报值,x_1、x_2、x_3 分别为播种—3 月上旬、播种—4 月上旬、播种—5 月上旬的气温－日照－土壤水分综合适宜度值。由表 6.11 可见,8 个市的预报模型均通过了 $a=0.01$ 的显著性检验。

表 6.11　不同起报时刻冬小麦产量增减量预报模型

地市	时间	模型	F 值
唐山	3 月上旬	$\Delta y = 3798.57x_1 - 3039.09$	8.22**
	4 月上旬	$\Delta y = 4883.37x_2 - 3958.91$	13.17**
	5 月上旬	$\Delta y = 5704.73x_3 - 4656.06$	17.03**
廊坊	3 月上旬	$\Delta y = 2585.71x_1 - 1856.63$	10.97**
	4 月上旬	$\Delta y = 3023.80x_2 - 2184.47$	13.05**
	5 月上旬	$\Delta y = 3571.80x_3 - 2614.59$	15.40**
保定	3 月上旬	$\Delta y = 3349.29x_1 - 2642.99$	9.02**
	4 月上旬	$\Delta y = 4438.29x_2 - 3559.21$	12.92**
	5 月上旬	$\Delta y = 4705.63x_3 - 3776.80$	12.88**

地市	时间	模型	F 值
石家庄	3 月上旬	$\Delta y = 3277.24x_1 - 2623.31$	6.65**
	4 月上旬	$\Delta y = 4098.01x_2 - 3320.92$	9.52**
	5 月上旬	$\Delta y = 4613.77x_3 - 3775.08$	10.59**
沧州	3 月上旬	$\Delta y = 4357.39x_1 - 3504.03$	9.45**
	4 月上旬	$\Delta y = 4649.69x_2 - 3719.13$	10.89**
	5 月上旬	$\Delta y = 4718.48x_3 - 3761.68$	10.48**
衡水	3 月上旬	$\Delta y = 2934.04x_1 - 2284.05$	6.61**
	4 月上旬	$\Delta y = 3989.62x_1 - 3165.51$	8.86**
	5 月上旬	$\Delta y = 4142.64x_3 - 3270.96$	10.26**
邢台	3 月上旬	$\Delta y = 4406.45x_1 - 3529.18$	16.35**
	4 月上旬	$\Delta y = 5430.86x_2 - 4380.39$	23.56**
	5 月上旬	$\Delta y = 5989.32x_3 - 4817.74$	25.38**
邯郸	3 月上旬	$\Delta y = 3158.77x_1 - 2528.87$	9.01**
	4 月上旬	$\Delta y = 4795.63x_2 - 3901.97$	18.82**
	5 月上旬	$\Delta y = 5338.60x_3 - 4325.14$	19.24**

注:*,**分别表示通过 0.05、0.01 的显著性检验

(2)模型的检验与应用

应用表 6.12 建立的模型分别对河北省 8 个主产市 1981—2008 年历年冬小麦产量进行了历史拟合检验,共拟合 672 次,其中产量拟合准确率最大值为 99.99%,最小值为 62.87%;准确率≥95%的占 58.5%,90%～95%的占 22.8%,85%～90%的占 7.8%,80%～85%的占 5.6%,70%～80%的占 3.6%,<70%的占 1.7%;各市产量预报平均准确率为 93.67%,其中沧州在 85%～90%之间,其他地区均在 90%以上(见表 6.12)。

表 6.12　1981—2008 年不同起报时刻产量预报准确率平均值(%)

地市	3 月上旬	4 月上旬	5 月上旬
唐山	94.25	95.02	95.34
廊坊	95.65	95.42	95.34
保定	94.95	95.18	95.19
石家庄	95.14	95.18	95.22
沧州	88.07	87.55	87.27
衡水	92.70	92.73	92.55
邢台	93.70	93.95	94.17
邯郸	94.13	94.58	94.67

应用模型分别在 2009 年和 2010 年的 3 月上旬、4 月上旬和 5 月上旬对河北省冬小麦产量增减量和产量进行了预报检验,预报准确率见表 6.13。

表 6.13　2009、2010 年冬小麦产量预报结果与实际值对比

地区	年份	Δy 实际值 (kg/hm²)	Δy 预报值			产量预报准确率(%)		
			3月上旬	4月上旬	5月上旬	3月上旬	4月上旬	5月上旬
唐山	2009	65	43	62	80	99.59	99.95	99.73
	2010	45	197	269	220	97.22	95.92	96.80
廊坊	2009	84	139	80	39	99.01	99.93	99.19
	2010	−7	−73	−5	−109	98.81	98.95	98.17
保定	2009	139	285	204	196	97.53	98.90	99.04
	2010	8	−117	−87	1	97.87	98.39	99.89
石家庄	2009	74	222	192	148	97.80	98.25	98.90
	2010	−521	−302	−291	−387	96.47	96.39	97.84
沧州	2009	42	21	49	74	99.58	99.86	99.34
	2010	23	94	164	181	98.58	97.17	96.82
衡水	2009	128	32	4	5	98.40	97.92	97.94
	2010	71	171	148	117	98.34	98.75	99.12
邢台	2009	114	105	49	7	99.84	98.87	98.15
	2010	28	73	118	98	99.23	98.44	98.80
邯郸	2009	65	−90	2	5	97.43	99.04	99.10
	2010	45	−9	21	23	99.57	99.91	99.87

　　从表 6.13 可见,两个年度 48 次产量增减趋势预报中,唐山、廊坊、石家庄、沧州、衡水、邢台 6 个市预报结果与实际一致,仅保定 2010 年 3 月上旬、4 月上旬和邯郸两年度中 3 月上旬预报趋势与实际相反,其中 2010 年度冬小麦生长期间气象条件非常特殊,2009 年 11 月出现强寒潮天气,冬小麦基本未经过抗寒锻炼提前进入越冬状态,保定等地部分冬小麦出现了不同程度的冻害,冬小麦冬前生长量小、基础差;在 11 月至 2010 年 4 月气温又持续偏低,导致冬小麦发育进程缓慢、长势非常弱,直到 5 月上旬气象条件才有所好转,至冬小麦收获期间气象和土壤水分条件非常适宜,在很大程度上弥补了前期低温影响,使冬小麦苗情迅速转化升级。

　　两个年度不同时段 48 次产量预报中,预报准确率最大值为 99.95%,最小值为 95.92%,平均值为 98.55%;3 个起报时刻平均预报准确率分别为 98.46%、98.53%、98.67%,预报模型准确率较高,可以满足业务服务需求。

6.2.6　江西省双季稻生长气候适宜性评价模型

　　江西省地处长江中下游南岸,是双季稻主产区,水稻种植面积和总产均居全国第二。江西双季水稻生长季一般为 3—10 月,期间由于气候的波动和温、光、水季节变化及分配不均,使其生长期间春季低温连阴雨、小满寒、汛期洪涝、高温(逼熟)、伏秋干旱、秋季低温等农业灾害发生频繁,造成水稻产量波动大,严重影响水稻生产,因而江西是研究长江中下游地区双季水稻气候适宜性变化的典型区域。

6.2.6.1 双季水稻气候适宜度模型

（1）温度适宜度

气温、降水、日照对农作物生长发育的适宜度可用隶属函数来表示。温度适宜度 $S(T)$ 为：

$$S(T) = \frac{(T - T_{Min})(T_{Max} - T)^B}{(T_0 - T_{Min})(T_{Max} - T_0)^B} \tag{6.40}$$

$$B = (T_{Max} - T_0)/(T_0 - T_{Min}) \tag{6.41}$$

式中，$S(T)$ 为水稻生育期的温度适宜度；T 为水稻生育期旬平均气温；T_{Min}、T_{Max}、T_0 分别为水稻在某生育期所需的下限温度、上限温度和最适温度，其取值见表6.14。

表6.14　双季水稻各生育期临界温度值

作物	生育期	$T_{min}(℃)$	$T_0(℃)$	$T_{max}(℃)$
早稻	苗期	12	25	40
	返青期	15	26	35
	分蘖期	16	31	38
	拔节孕穗期	19	28	38
	抽穗开花期	20	28	35
	乳熟期	15	23	35
晚稻	苗期	12	25	40
	返青期	15	26	35
	分蘖期	16	31	38
	拔节孕穗期	19	28	38
	抽穗开花期	20	28	35
	乳熟期	15	23	35

（2）降水适宜度

降水适宜度 $S(R)$ 为：

$$S(R) = \begin{cases} R/R_0 & R < R_0 \\ R_0/R & R \geqslant R_0 \end{cases} \tag{6.42}$$

式中，$S(R)$ 为水稻生育期降水适宜度；R 为水稻生育期旬累积降水量（mm）；R_0 为水稻在某个生育期的生理需水量（mm）。双季水稻移栽至大田的各生育期生理需水量 R_0 值见表6.15。

（3）日照适宜度

日照适宜度 $S(S)$ 为：

$$S(S) = \begin{cases} e^{-[(s-s_0)/b]^2} & S < S_0 \\ 1 & S \geqslant S_0 \end{cases} \tag{6.43}$$

式中，$S(S)$ 为水稻生育期日照适宜度；S 为水稻生育期旬实际日照时数（h）；S_0 为水稻相应生育期光照条件达到适宜状态的日照时数（h）；b 为日照适宜度参数。当日照百分率达70％时，作物生长发育处于适宜状态。根据长江中下游双季稻区水稻生长季多云多雨的气候特点和早、晚稻的感光特性，在南方双季稻区，早稻的感光性钝感或无感，晚稻感光性较强。因而，本研究认为,以日照百分率达 70% 时的日照时数作为双季水稻光照条件达适宜状态的日照时数(S_0)标准过高。根据对江西省 12 个农业气象观测站 1961—2010 年日照资料分析,在双季稻生长季,日照百分率达 70% 的记录平均每月仅有 0~5 d,尤其是早稻生长季,多数年份的部分月日照百分率高于 70% 的天数为 0,对此,本研究在双季水稻光照适宜度模型参数确定中,采用双季水稻各生育期日照百分率达 50% 时的光照条件为适宜的光照状态,此时对应的日照时数为 S_0。根据江西省 12 个农业气象观测站 1961—2010 年日照观测资料,可分析计算出双季水稻各生育期适宜状态的平均日照时数,结果见表 6.15。

对于不同作物不同的生育期,日照适宜度参数 b 的数值不同。本研究根据江西省 12 个农业气象观测站 1961—2010 年日照观测资料和已确定的 S_0 值和近 3 a 来 12 个水稻气象观测站双季稻产量资料来分析确定,结果见表 6.15。

表 6.15 双季水稻各生育期生理需水量(R_0)、适宜日照时数(S_0)及日照参数(b)

作物	生育期	R_0(mm)	S_0(h)	b
早稻	苗期	30	3.75	2.02
	返青期	28	4.72	2.55
	分蘖期	36	6.55	3.54
	拔节孕穗期	48	6.37	3.43
	抽穗开花期	54	7.23	3.90
	乳熟期	50	9.00	5.04
晚稻	苗期	36	8.73	4.70
	返青期	53	9.54	5.36
	分蘖期	59	9.08	4.90
	拔节孕穗期	63	8.31	4.49
	抽穗开花期	61	7.63	4.11
	乳熟期	50	6.63	3.57

(4)气候适宜度

本研究采用几何平均方法对各气象要素单因子适宜度求取平均值构建双季水稻任意生育期气候适宜度(S_i)的综合影响模型,即

$$S_i = \sqrt[3]{S_i(T) \times S_i(R) \times S_i(S)} \tag{6.44}$$

式中,S_i 为双季水稻第 i 个生育期的气候适宜度。

选取湖口县(1991—2010 年,20 a)和南昌县(2000—2010 年,11 a)两个农业气象观测站有关双季水稻产量观测资料对模型进行验证分析。采用正交多项式的方法拟合出趋势产量,将实际产量减去趋势产量即得到气象产量。根据式(6.44)计算双季水稻全生育期的气候适宜度,并对气候适宜度与气象产量进行相关分析,其结果见表 6.16。

由表 6.16 可知,南昌县、湖口县双季早稻和晚稻全生育期气候适宜度评估值与气象产量间达到显著和极显著性的正相关关系,其中晚稻气候适宜度与产量的相关性高于早稻,说明早稻生长期间,气象条件的影响波动大于晚稻。双季水稻气候适宜度与产量的显著相关性表明,

本研究所采用的气候适宜度模型及确定的模型参数可较好地应用于江西省双季水稻生长季气候适宜性评价。

表 6.16　双季水稻气候适宜度（y）与气象产量（x）的相关关系

台站	作物	样本数	拟合方程	相关系数
南昌县	早稻	11	$y=50.458x-29.391$	0.63[*]
	晚稻	11	$y=319.47x-219.30$	0.73[**]
湖口县	早稻	20	$y=558.44x-349.64$	0.58[**]
	晚稻	20	$y=417.58x-303.87$	0.67[**]

注：[*]，[**]分别表示通过 0.05、0.01 的显著性水平检验

6.2.6.3　早稻气候适宜性评价

根据 12 个农业气象观测站 2008—2010 年对双季水稻生长发育日期资料的统计分析，得出全省双季水稻多年平均生育进程（表 6.17）。根据气候适宜度模型，可计算出早稻生长季逐旬各气候因子适宜度，结果见图 6.36。

表 6.17　江西省双季水稻多年平均发育进程

生育期	发育进程	
	早稻	晚稻
秧苗期	3 下—4 中	6 下—7 中
返青期	4 下	7 下
分蘖期	5 上—5 中	8 上—8 中
拔节孕穗期	5 下—6 中	8 下—9 上
抽穗开花期	6 下	9 中
乳熟期	7 上—7	10 上—10 中

由图 6.29a 可知，早稻生长季气候适宜度为 0.36～0.81，气候适宜度随生育进程的推进总体呈上升趋势，但在 3 月下旬—4 月中旬、5 月上旬—中旬和 7 月上旬—中旬 3 个阶段，气候适宜度偏低于早稻全生长季总趋势线，为早稻全生育期的 3 个低值期，这也是春季低温、初夏低温、高温逼熟等早稻主要农业气象灾害高发期，说明早稻苗期、分蘖期的低温和灌浆期的高温是影响早稻气候适宜度波动的重要因子；在早稻秧苗生长的 3 月下旬—4 月上旬，其气候适宜度为全生育期最小，仅为 0.36～0.51，表明早稻秧苗期的中前期，气候条件是影响秧苗生长的关键。

图 6.29b 表明，早稻生长季各旬降水适宜度为 0.37～0.55。降水适宜度在早稻全生育期整体偏低，除 5 月下旬和 6 月下旬略偏高外，其他时段均处于 0.5 以下，其中 7 月上旬在 0.4 以下，说明降水是影响早稻生产的重要气象条件。4—6 月是江西省主汛期，尤其 4 月上—中旬，水稻秧苗容易遭受低温连阴雨危害；进入 7 月上旬，降水适宜度为全生育期的最低值，此时早稻处于乳熟期，需水量大，根据对 1960—2010 年共 51 a 的降水资料统计，7 月上旬，早稻降水适宜度低于 0.3 的年份有 21 年，其中 11 年甚至小于 0.1，且降水适宜度变异系数高达 0.68～0.79，这主要是因为每年 7 月上旬，江西省汛期结束，此时正值高温干旱

频发期,该时段的降水既可减轻干旱的危害,又可降低稻田温度,对早稻产量和品质的形成具有重要影响。

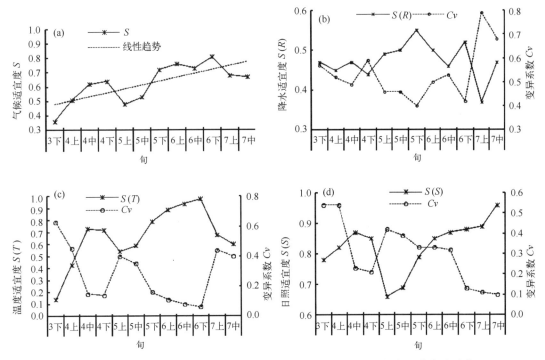

图 6.29 双季早稻生长季旬气候(a)、降水(b)、温度(c)、日照(d)适宜度及其变异系数(Cv)

由图 6.29c 可知,早稻全生长季气温适宜度为 0.14～0.98,其变化幅度为各气象要素适宜度最大,且变异系数的变幅也较大,说明温度是影响早稻生长发育的关键气象因子。图 6.29c 和图 6.29a 的变化趋势基本一致,说明气温对早稻的影响明显高于其他气候要素。在早稻秧苗期、分蘖—孕穗期和乳熟—成熟期,温度适宜度曲线也同样出现 3 个明显的偏低期,尤其在早稻的秧苗期,温度适宜度只有 0.1,说明在早稻全生长季,苗期的低温、分蘖—孕穗期的低温和乳熟期的高温是导致早稻气温适宜度偏低的主要原因,这其中以秧苗期的低温对早稻生产的影响最大,春季低温常引起严重的烂种烂秧。

由图 6.29d 可知,早稻全生育期日照适宜度为 0.66～0.96,平均为 0.82,明显高于气温和降水适宜度,说明光照条件对早稻生长季的生长发育基本有利,只是 5 月上旬—中旬(分蘖—拔节期),日照适宜度出现低于 0.70 的低值,对早稻分蘖和拔节较为不利,拔节期早稻处于生长的高峰,是营养生长与生殖生长共生期,叶面积指数(LAI)达全育期的最大值,而此时正值江西省连续性大雨或暴雨发生季,光照的不足对早稻的生长较为不利。

6.2.6.3 晚稻气候适宜度评价

晚稻各生育期气候适宜度为 0.63～0.94(图 6.30a),气候适宜度明显高于早稻。由图 6.30a 可知,除 9 月中旬气候适宜度为 0.63 外,其余时段均在 0.70 以上。说明晚稻生产期间的气候条件明显优于早稻,只是在 9 月中旬前后为晚稻抽穗扬花期,江西省双季晚稻常遇秋季低温(寒露风)的危害,致使该时段气候适宜度急剧下降,气候条件不利于晚稻抽穗扬花,影响晚稻花粉的发育和安全齐穗。

晚稻生长季降水适宜度为0.41~0.82(图6.30b)。由图可知,降水适宜度的变化与气候适宜度基本一致,说明降水是影响晚稻生产的重要气候因子。6月下旬,降水适宜度仅有0.41,此时正值江西省主汛期,常伴有连续性大降水或暴雨,大量降水或连续阴雨天气对晚稻秧苗期生长不利。进入9月中旬以后,降水适宜度持续偏低,为0.39~0.48,且变异系数较高,为0.88~0.98,说明9月中旬以后江西的降水条件对晚稻生长较为不利,且这种不利的影响发生程度较高。这主要是由于进入9月中旬以后,江西省处于少雨季,此时正值晚稻抽穗扬花—灌浆成熟期,降水的偏少和分配不均和灌溉水源的不足,使秋旱常有发生,有的年份甚至造成重度干旱危害,并诱发严重病虫害,对双季晚稻灌浆成熟较为不利。

由图6.30c可知,江西省晚稻温度适宜度值在0.78~0.98,9月中旬达最低,为0.78,变异系数为0.22,此时正值水稻抽穗扬花期,晚稻常遇秋季低温(寒露风)的危害,低温对晚稻花粉的发育和安全齐穗造成影响;其余时段温度适宜度较大,在0.89~0.98,且变异系数及其波动范围均较小,为0.02~0.07,表明温度除在9月中旬前后对抽穗扬花期有一定影响外,其余时段对晚稻生产较为有利。

图6.30d为晚稻日照适宜度,晚稻生长季日照适宜度整体较高,为0.81~0.98,光照条件有利于晚稻生产。

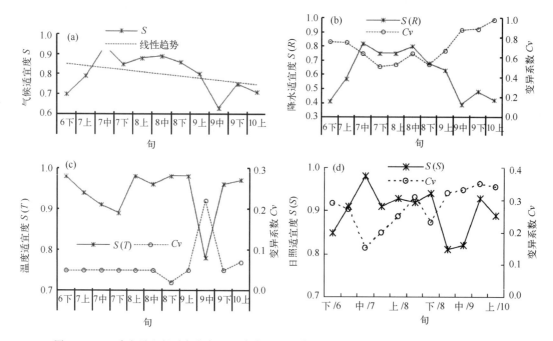

图6.30 双季晚稻生长季旬气候(a)、降水(b)、温度(c)、日照(d)适宜度及其变异系数(Cv)

6.2.6.4 双季早稻与晚稻气候适宜度比较

表6.18为江西省双季早、晚稻生长季逐旬气候、降水、温度和日照适宜度。由表可知,江西省晚稻气候及其各要素适宜度明显高于早稻,说明晚稻生长期间的温、光、水等气候条件优于早稻,晚稻受气候条件的影响较小。早稻生长季的温度适宜度为0.14~0.98,变化幅度最

大,适宜度最低值明显低于其他要素,说明温度是影响早稻生长发育的关键气候因子;早稻和晚稻的生长季降水适宜度平均值均明显低于温度和日照,说明降水是影响双季水稻生产的重要因素。降水对早稻生产的不利影响主要为降水偏多造成的洪涝,对晚稻生产的影响主要为降水不足造成的干旱。早稻和晚稻的降水变异系数均明显大于温度和日照,说明采用降水模型对双季水稻生长适宜性评价,其波动明显大于温度和日照。

表 6.18　江西省双季水稻生长季逐旬气候、降水、温度和光照适宜度及其变异系数(Cv)

评价因子	适宜度		变异系数	
	早稻	晚稻	早稻	晚稻
气候	0.36~0.81	0.63~0.94	—	—
降水	0.37~0.55	0.41~0.82	0.40~0.79	0.51~0.98
温度	0.14~0.98	0.78~0.98	0.06~0.63	0.02~0.22
日照	0.66~0.96	0.81~0.98	0.10~0.42	0.15~0.35

6.2.7　安徽省一季稻生长气候适宜度评价模型

6.2.7.1　适宜度模型的构建

(1)资料来源

安徽省一季稻主要种植区 49 个气象台站 1961—2010 年逐日平均气温、降水量和日照时数资料来源于安徽省气候中心。1961—2009 年一季稻产量资料来源于安徽省农业统计年鉴。

(2)资料处理

根据地理、气候差异及耕作制度特点和生产水平等因素,将安徽省一季稻主要种植区分为沿淮、江淮和沿江三个区域,各区所含气象观测站依次分别为 12、14 和 19 站。分别利用各站点气象要素的逐日观测值得到逐旬值,并分别取各区域内某要素所有站点的平均值作为该区域相应气象要素的区域平均值。

区域一季稻单产为区域内各县一季稻总产和总面积之和的比值,产量丰歉指数用(6.45)式计算:

$$产量丰歉指数 = [(当年实产 - 近 5 年平均值)/ 近 5 年平均值] \times 100\% \quad (6.45)$$

(3)逐旬气候适宜度模型

根据一季稻生长期间每一旬所对应的发育期,确定该旬一季稻所需的温度、水分和日照条件,构造一季稻逐旬的温度、降水、日照适宜度模型。

$$S_i(t) = [(T - T_1)(T_2 - T)^B]/[(T_0 - T_1)(T_2 - T_0)^B] \quad (6.46)$$

$$B = (T_2 - T_0)/(T_0 - T_1) \quad (6.47)$$

式中,$S_i(t)$ 为逐旬温度适宜度,T 是某旬的平均气温,T_1、T_2 和 T_0 分别是该阶段一季稻生长发育的下限温度、上限温度和最适温度,某旬气温的三基点温度由该旬一季稻所处的发育期决定。

降水量适宜度模型:

$$S_i(r) = \begin{cases} R/R_0 & R < R_0 \\ R_0/R & R \geqslant R_0 \end{cases} \tag{6.48}$$

式中,$S_i(r)$为逐旬降水适宜度,R为某旬的降水量(mm),R_0为作物生理需水量(mm)。

日照时数适宜度模型为:

$$S_i(s) = \begin{cases} e^{-[(s-s_0)/b]^2} & s < s_0 \\ 1 & s \geqslant s_0 \end{cases} \tag{6.49}$$

式中,$S_i(s)$为逐旬日照适宜度,s_0为日照百分率为70%时的日照时数,b为常数。

为了表达温度、降水、日照等多气象要素对一季稻生长的综合影响,以温度、降水、日照适宜度模型为基础,建立综合的多要素气候适宜度模型:

$$S_i = \sqrt[3]{S_i(t) \times S_i(r) \times S_i(s)} \tag{6.50}$$

S_i为逐旬气候适宜度,其他字母含义同上。

(4)全生育期和各发育阶段的气候适宜指数模型

一季稻产量的高低与生长期间气象条件的适宜程度密切相关,但在不同发育阶段对气象条件的需求和敏感程度存在较大差异。全生育期或各发育阶段(播种后至某发育期,下同)的气候适宜程度通常用从播种至某一发育期逐旬气候适宜度加权累加得到的气候适宜指数表征,其权重系数根据该旬气象要素对产量的贡献大小确定。对产量的贡献通常以该旬气候适宜度与气象产量(本研究为丰歉指数)的相关系数占全生育期(或某发育阶段)所有各旬相关系数总和的比例表示。在以往的研究中,为了避免计算全生育期(或某发育阶段)各旬相关系数总和出现相关系数正负抵消的情况,通常通过对相关系数(r_i)取绝对值后再相加(简称为绝对值法),由于绝对值法人为的取消了负号,混淆了适宜程度的正负影响,使得计算结果存在较大误差,本研究对相关系数求和方法进行了改进,即将一季稻生育期内逐旬单要素气候适宜度和多要素气候适宜度与一季稻产量丰歉指数的相关系数进行归一化(公式(6.51)),消除正负号的影响,且数值的大小方向顺序不变。

$$R_{sd} = \frac{r_i - r_{min}}{r_{max} - r_{min}} \tag{6.51}$$

式中R_{sd}为相关系数的标准化数值,r_i为相关系数序列的当前值,r_{max}为相关系数序列的最大值,r_{min}为相关系数序列的最小值。

最终,用逐旬相关系数归一化数值与全生育期或某发育阶段各旬相关系数归一化数值之和的比值作为该旬单要素气候适宜度和多要素气候适宜度的权重系数(简称为归一化法),建立一季稻全生育期或各发育期的适宜指数模型,并与绝对值法进行了比较。

温度、降水、日照单要素适宜指数和气候适宜指数模型如下:

$$S_m(t) = \sum_{i=m_1}^{m_2} \left[\frac{r_{ti}}{\sum\limits_{i=m_1}^{m_2} r_{ti}} S_i(t) \right]$$

$$S_m(r) = \sum_{i=m_1}^{m_2} \left[\frac{r_{ri}}{\sum\limits_{i=m_1}^{m_2} r_{ri}} S_i(r) \right]$$

$$S_m(s) = \sum_{i=m_1}^{m_2} \left[\frac{r_{si}}{\sum\limits_{i=m_1}^{m_2} r_{si}} S_i(s) \right] \tag{6.52}$$

$$S_m = \sum_{i=m_1}^{m_2} \left[\frac{r_i}{\sum\limits_{i=m_1}^{m_2} r_i} S_i \right]$$

式中，r_{ti}、r_{ri}、r_{si}、r_i 分别为逐旬温度、降水、日照适宜度和气候适宜度与产量丰歉指数的相关系数归一化数值。

当 $m_1 = 1$、$m_2 = 16$（一季稻全生育期的旬数）时，$S_m(t)$、$S_m(r)$、$S_m(s)$、S_m 分别为全生育期的温度、降水、日照单要素适宜指数和多要素气候适宜指数；当 $m_1 = 1$、m_2 为第 m 个生育期的结束旬时，$S_m(t)$、$S_m(r)$、$S_m(s)$、S_m 分别为一季稻播种后至第 m 个发育期的温度、降水、日照单要素适宜指数和气候适宜指数。

6.2.7.2 气候适宜指数模型的检验

（1）单要素模型的检验

采用归一化法建立的模型得到的沿淮、江淮、沿江一季稻全生育期的单要素适宜指数与产量丰歉指数的相关性大多通过了 0.05 显著性水平的检验（表 6.19），而用绝对值法得到的单要素适宜指数与产量丰歉指数的相关系数均低于归一化法（仅绝对值法建立的江淮日照适宜指数稍高于归一化法），且通过显著性检验的较少，各发育阶段单要素适宜指数也存在类似特点（表略），说明归一化法建立的单要素适宜指数计算模型更为合理。

表 6.19 一季稻全生育期单要素适宜指数与产量丰歉指数的相关系数

区域	温度适宜指数		降水适宜指数		日照适宜指数	
	归一化法	绝对值法	归一化法	绝对值法	归一化法	绝对值法
沿淮	0.4138**	0.2287	0.5034**	0.3841*	0.3854*	0.3509*
江淮	0.3236*	0.0766	0.5820**	0.5119**	0.4904**	0.4930**
沿江	0.2871	0.1197	0.5638**	0.3071	0.4793**	0.3245

注：* 表示 $\alpha = 0.05$ 水平显著；** 表示 $\alpha = 0.01$ 水平显著

（2）多要素模型的检验

利用归一化法和绝对值法分别确定权重系数并建立模型，得出分区一季稻全生育期多要素气候适宜指数与产量丰歉指数的相关系数（见表 6.20），采用归一化法得到的气候适宜指数与产量丰歉指数的相关系数在三个区域均优于绝对值法，并均通过了 0.01 显著性水平的检验，证明用归一化法建立的气候适宜指数计算模型能动态客观反映一季稻生长期内的气象条件对一季稻生长发育和产量的影响。

表 6.20 不同方法得到的全生育期气候适宜指数与产量丰歉指数的相关系数

方法	沿淮	江淮	沿江
归一化法	0.6427**	0.6853**	0.6598**
绝对值法	0.6362**	0.6798**	0.5891**

注：* 表示 $\alpha = 0.05$ 水平显著；** 表示 $\alpha = 0.01$ 水平显著

对各发育阶段气候适宜指数与产量丰歉指数的相关系数，也分别进行了两种方法的比较，归一化法建立的气候适宜度与产量丰歉指数的相关系数各区域均明显高于绝对值法（表略）。

6.2.7.3 安徽省一季稻不同发育期气候适宜度年际变化

在一季稻生长发育的不同阶段，气温、降水和日照时数气候适宜度具有不同的特征，三要素中以气温适宜程度最高，波动性也最小，其中拔节孕穗期最为适宜和稳定，抽穗灌浆期，波动性增大，地区之间以沿江的波动性最大。降水的适宜程度最差，适宜程度低，波动性大，抽穗灌浆期波动程度更大，地区之间差别较小；日照时数的适宜程度和波动性介于气温和降水之间，不过 2000 年后拔节孕穗期的适宜程度趋于下降值得注意（图 6.31）。

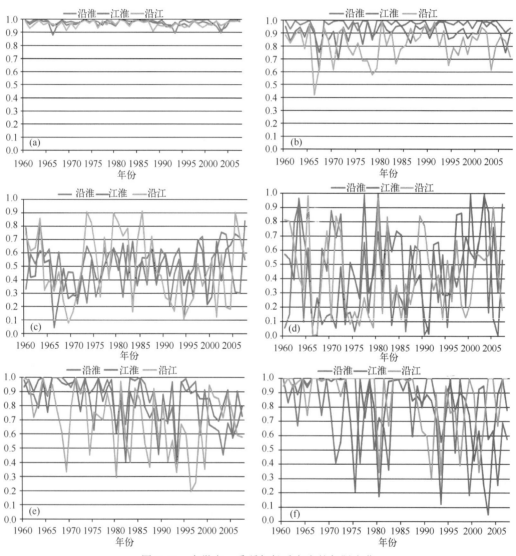

图 6.31　安徽省一季稻气候适宜度的年际变化

((a)拔节孕穗期气温；(b)抽穗灌浆期气温；(c)拔节孕穗期降水量；

(d)抽穗灌浆期降水量；(e)拔节孕穗期日照时数；(f)抽穗灌浆期日照时数)

6.2.7.4　适宜性评价指标的建立和检验

（1）评价指标的建立

利用 1971—2008 年安徽省各区域一季稻全生育期的气候适宜指数（S）和产量丰歉指数（W）构建的模型如下：

$$W_{yh} = 135.37S_{yh} - 66.39 \tag{6.53}$$

$$W_{jh} = 128.02S_{jh} - 68.20 \tag{6.54}$$

$$W_{yj} = 117.49S_{yj} - 66.63 \tag{6.55}$$

上式 F 值分别为 25.4、31.9、27.8，均通过了 0.001 显著性水平的检验。W_{yh}、W_{jh}、W_{yj} 分别为沿淮、江淮和沿江一季稻的产量丰歉指数，S_{yh}、S_{jh}、S_{yj} 分别为沿淮、江淮和沿江一季稻全生育期的气候适宜指数。

中国气象局《农业气象产量预报业务质量考核办法（试行）》规定，产量丰歉指数 $W \geqslant 5\%$ 的年份为丰年，$-5\% \leqslant W < 5\%$ 的年份为平年，$W < -5\%$ 的年份为歉年。将产量丰歉指数（W）丰、平、歉年所对应的气象条件分别定义为适宜、较适宜和不适宜。将产量丰歉（W）的临界值分别代入式（6.53）～（6.55），得到相应的各区域一季稻产量丰歉气候适宜指数的临界值，即为一季稻气象条件适宜性评价指标。从各发育期气候适宜度和产量丰歉指数的相关性来看，各发育期的气候适宜度与产量丰歉指数的相关性均通过了 0.05 显著性水平的检验（表 6.21）。各发育期的气候适宜性评价指标建立思路同上，结果见表 6.22。

表 6.21　一季稻各发期气候适宜度与产量丰歉指数的相关系数

区域	播种至苗期	播种至分蘖期	播种至拔节孕穗期	播种至抽穗开花期
沿淮	0.4002*	0.5479**	0.5568**	0.5627**
江淮	0.4303**	0.6470**	0.6772**	0.6484**
沿江	0.3481*	0.4682**	0.4980**	0.6339**

注：* 表示 $\alpha = 0.05$ 水平显著；** 表示 $\alpha = 0.01$ 水平显著

表 6.22　一季稻气象条件适宜性评价指标

区域	适宜等级	评价指标				
		播种至苗期	播种至分蘖期	播种至拔节孕穗期	播种至抽穗开花期	全生育期
沿淮	适宜	$S \geqslant 0.48$	$S \geqslant 0.53$	$S \geqslant 0.54$	$S \geqslant 0.55$	$S \geqslant 0.52$
	较适宜	$0.30 \leqslant S < 0.48$	$0.40 \leqslant S < 0.53$	$0.43 \leqslant S < 0.54$	$0.44 \leqslant S < 0.55$	$0.45 \leqslant S < 0.52$
	不适宜	$S < 0.30$	$S < 0.40$	$S < 0.43$	$S < 0.44$	$S < 0.45$
江淮	适宜	$S \geqslant 0.53$	$S \geqslant 0.55$	$S \geqslant 0.57$	$S \geqslant 0.58$	$S \geqslant 0.57$
	较适宜	$0.35 \leqslant S < 0.53$	$0.43 \leqslant S < 0.55$	$0.47 \leqslant S < 0.57$	$0.48 \leqslant S < 0.58$	$0.49 \leqslant S < 0.57$
	不适宜	$S < 0.35$	$S < 0.43$	$S < 0.47$	$S < 0.48$	$S < 0.49$
沿江	适宜	$S \geqslant 0.58$	$S \geqslant 0.57$	$S \geqslant 0.59$	$S \geqslant 0.61$	$S \geqslant 0.61$
	较适宜	$0.40 \leqslant S < 0.58$	$0.43 \leqslant S < 0.57$	$0.47 \leqslant S < 0.59$	$0.51 \leqslant S < 0.61$	$0.52 \leqslant S < 0.61$
	不适宜	$S < 0.40$	$S < 0.43$	$S < 0.47$	$S < 0.51$	$S < 0.52$

（2）评价指标的回代检验

利用 1961—2008 年一季稻产量资料计算当年产量的丰歉指数,利用气候适宜指数模型和相应年份不同阶段段的气象要素计算实际气候适宜指数,并确定气候适宜性等级,通过逐年产量丰歉指数所对应的气候适宜性等级与计算的实际气象条件适宜等级比较,检验评价指标的可靠性。检验结果表明,48 年中沿淮和江淮完全一致的准确率在 70% 以上,沿江接近 60%,各区域基本一致的正确率均在 90% 以上(表 6.23),评价指标对一季稻的长势(产量)有较好的区分度,基本能够区分不同年份一季稻生长期内的气象条件对其生长发育的适宜程度,且评价稳定性较好,可以用之作为气象条件对一季稻生长发育适宜程度定量评判的标准。

表 6.23　1961—2008 年安徽省一季稻气象条件适宜指标检验

区域	正确率（%）	播种至苗期	播种至分蘖期	播种至拔节孕穗期	播种至抽穗开花期	全生育期
沿淮	完全一致	70.8	70.8	77.1	79.2	72.9
	差一个级别	25.0	27.1	20.8	18.7	22.9
	基本一致	95.8	97.9	97.9	97.9	95.8
江淮	完全一致	64.6	70.8	72.9	72.9	70.8
	差一个级别	31.2	18.8	18.8	18.8	20.9
	基本一致	95.8	89.6	91.7	91.7	91.7
沿江	完全一致	52.1	60.4	62.5	52.1	58.3
	差一个级别	37.5	31.3	29.2	41.7	35.5
	基本一致	89.6	91.4	91.7	93.8	93.8

6.2.7.5　评价指标的试应用

利用 2009 年《安徽农村统计调查资料》中的一季稻分县产量信息,对一季稻气候适宜度模型进行分阶段和全生育期的试用检验(见表 6.24),检验结果表明,各发育期阶段和全生育期评价结果均基本正确,发育后期的评价结果完全一致的符合率高于前期,播种至抽穗开花期评价等级各区均完全正确,全生育期仅江淮地区高一个等级,总体看来,分区域气候适宜指数的动态评价结果能够较为真实地反映一季稻生长期间气象条件的适宜程度,证明建立的一季稻气象条件适宜性评价模型和指标可业务应用。

表 6.24　气象条件适宜性评价指标 2009 年试用结果

区域	产量丰歉指数	气象条件实况	气象条件评价				
			播种至苗期	播种至分蘖期	播种至拔节孕穗期	播种至抽穗开花期	全生育期
沿淮	5.7(丰)	适宜	适宜	较适宜	较适宜	适宜	适宜
江淮	0.9(平)	较适宜	适宜	适宜	较适宜	较适宜	适宜
沿江	6.1(丰)	适宜	适宜	较适宜	较适宜	适宜	适宜

6.2.7.6　基于气候适宜度指标和模型的农业气象业务服务流程

气候适宜度指标和模型作为一种定量评价农业气象条件的手段,可广泛应用于农业气

象情报、农业气象预报、重要天气影响过程分析和农业气象灾害评估等多方面,其业务流程如下(图 6.32):

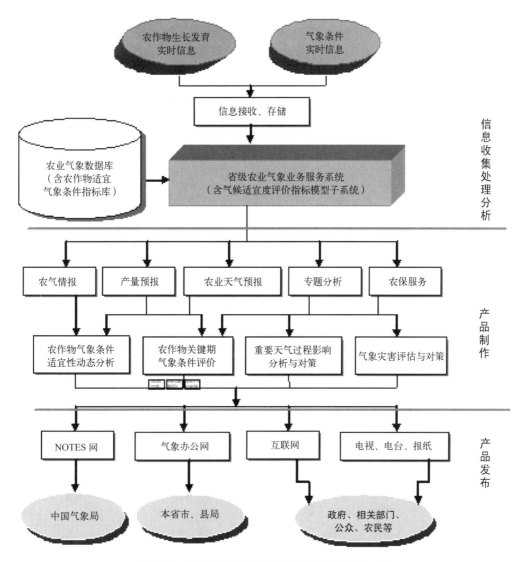

图 6.32　基于气候适宜度的农业气象业务服务流程

6.2.8　江苏省一季稻生长气候适宜度评价模型

分析江苏省单季稻生育期气候适宜度的动态变化,讨论影响单季稻生长发育的关键因子,有助于调整水稻种植结构,为提高江苏水稻产量提供理论依据。

6.2.8.1　气候适宜度模型

(1)模型及其参数的确定

为定量分析气候条件对江苏省单季稻生长的满足程度,引入气候适宜度模型,根据气象因素分为温度适宜度、降水适宜度和日照适宜度。结合江苏省的实际气候和单季稻生长状况,建

农作物生长动态监测与定量评价

立温度、降水和日照适宜度函数。其中,温度适宜度模型为:

$$S_i(t) = \left[(T - T_1)(T_2 - T)^B\right] / \left[(T_0 - T_1)(T_2 - T_0)^B\right] \tag{6.56}$$

式中,$S_i(t)$ 为逐旬温度适宜度;T 是某旬的平均气温;T_1、T_2、T_0 分别是该阶段一季稻生长发育的下限温度、上限温度和最适温度,某旬气温的三基点温度由该旬一季稻所处的发育期决定,其取值见表 6.25;B 为系数,$B = (T_2 - T_0)/(T_0 - T_1)$。

表 6.25 单季稻各生育期临界温度值

生育期	T_0(℃)	T_1(℃)	T_2(℃)
苗期(4月下旬至5月下旬)	21.0	10	40
分蘖期(6月上旬至7月下旬)	25.0	12	35
拔节孕穗期(7月上旬至8月上旬)	27.8	15	40
抽穗开花期(8月中旬至9月上旬)	26.3	18	35
灌浆成熟期(9月中旬至10月上旬)	23.0	13	35

降水量适宜度模型:

$$S_i(r) = \begin{cases} R/R_0 & R < R_0 \\ R_0/R & R \geqslant R_0 \end{cases} \tag{6.57}$$

式中,$S_i(r)$ 为逐旬降水适宜度,R 为某旬的降水量(mm),R_0 为作物生理需水量(mm)。

日照时数适宜度模型为:

$$S_i(s) = \begin{cases} e^{-\left[(s - s_0)/b\right]^2} & s < s_0 \\ 1 & s \geqslant s_0 \end{cases} \tag{6.58}$$

式中,$S_i(s)$ 为逐旬日照适宜度,s_0 为日照百分率为70%时的日照时数,b 为常数,水稻各生育期旬 S_0 和 b 的取值见表 6.26。

表 6.26 单季稻各生育期生理需水量(R_0)、适宜日照时数(S_0)及日照参数(b)

生育期	R_0(mm)	S_0(h)	b
苗期(4月下旬至5月下旬)	44.9	9.53	5.14
分蘖期(6月上旬至7月下旬)	63.6	9.05	5.04
拔节孕穗期(7月上旬至8月上旬)	59.3	8.95	4.83
抽穗开花期(8月中旬至9月上旬)	77.3	8.35	4.50
灌浆成熟期(9月中旬至10月上旬)	41.8	7.61	4.10

为了综合反映温度、降水和日照三个因素对水稻适宜度的影响,评估江苏省气候资源对单季稻生长发育的适宜动态,本文采用几何平均方法对各气象要素单因子适宜度求平均值构建江苏单季稻各生育期气候适宜度(S_i)的综合影响模型,即:

$$S_i = \sqrt[3]{S_i(t) \times S_i(r) \times S_i(s)} \tag{6.59}$$

其中,S_i 为逐旬气候适宜度,其他字母含义同上。

选用常州和南通两个市为代表进行检验,对两个市 1970—2011 年的水稻单产利用正交多项式的方法拟合出趋势产量,趋势产量与实际产量的差即为气象产量,趋势产量主要受社会经济因子的影响,而气象产量的变化主要取决于气候因子的变化。用 SPSS 软件对常州和南通两个市 1970—2011 年的气候适宜度与气象产量做相关分析,分析结果均通过了 $\alpha = 0.05$ 的显著性水平检验,而且两者的年际变化基本一致,由此说明所建立的气候适宜度模型能客观地反映江苏省单季稻的气候适宜性水平及其动态变化,可以较好地对江苏省单季稻的气候适宜度进行评估。

6.2.8.2　江苏单季稻气候适宜度生长发育期内变化和关键因子分析

根据江苏省 9 个站点 2009—2012 年的实际生长期旬降水量、旬平均气温和旬日照时数,利用建立的气候适宜度模型,计算 9 个站点单季稻生长发育期的降水、温度、日照和气候适宜度,分析江苏单季稻气候适宜度在生长发育期内的变化趋势及各气候因素的变异系数。

由图 6.33a 可知,江苏单季稻生育期内的气候适宜度波动不大,适宜度值在 0.60 上下波动,平均值为 0.67,气候适宜度随生育进程的推进,整体呈下降趋势,在 6 月中旬、7 月中旬、9 月上旬和 10 月上旬的气候适宜度偏低于江苏水稻全生育期气候适宜度的总趋势线,主要是因为 7 月的洪涝、阴雨害和在抽穗开花期发生了强降雨,这些水稻常见灾害的发生说明了降水是江苏单季稻生长发育的主要影响因子。而水稻生长发育期出现的阴雨害常常伴随着寡照的发生,光照不足造成光合作用受阻,碳水化合物积累与转移减少,颖花高度不孕,减产幅度大。

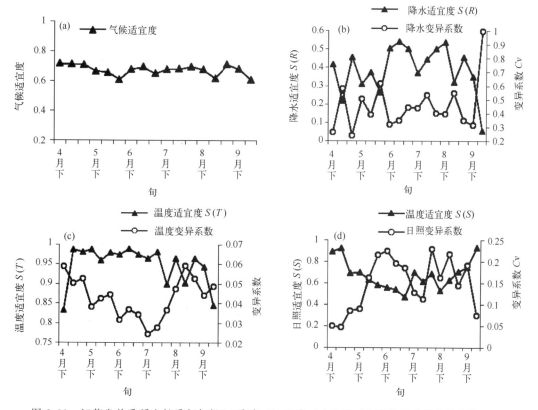

图 6.33　江苏省单季稻生长季旬气候(a)降水、(b)温度、(c)日照、(d)适宜度及其变异系数(Cv)

图 6.33b 表示江苏单季稻生育期的降水适宜度的变化趋势及其变异系数,江苏单季稻生育期内的降水适宜度为 0.05~0.55,其平均值为 0.39,总体的降水适宜度比较低,其变化幅度

为各气象要素适宜度中最大,且变异系数的变幅也比较大。除 6 月下旬至 7 月中旬,8 月中旬和 8 月下旬的适宜度值略大于 0.50 之外,其他时期的降水适宜度值均低于 0.50,在 10 月上旬的降水适宜度值甚至低于 0.10,由此说明降水严重限制了江苏单季稻的生长发育。雨涝是江苏省的主要天气气候,4 月下旬出现的连阴雨和在 7—8 月出现的洪涝灾害是江苏常见的农业气象灾害。在 10 月上旬,即水稻的灌浆成熟期,降水适宜度低至 0.05,变异系数逼近 1.0,主要是因为在该时期,江苏各地降水极少甚至多地出现为零降水,根据对所研究的 9 个气象站2009—2012 年的降水资料统计,9 个站中有 7 个站在 2009 年和 2012 年 10 月上旬的降水量为0.0 mm,无降水量的无锡站和苏州站这四年的降水适宜度均低于 0.20。10 月上旬正值江苏汛期的结束,水稻在灌浆成熟期,缺乏适宜的降水量会造成粒重下降而严重影响产量。

如图 6.33c 所示,江苏单季稻生育期内温度适宜度为 0.83～0.99,平均值为 0.95,整体的温度适宜度比较高且变化幅度较小,由此说明,在江苏,温度基本上能满足单季稻的生长发育。图中显示,在 4 月下旬,江苏单季稻的温度适宜度为 0.83,江苏单季稻出苗期的下限温度为10℃,最适温度为 21℃,根据所研究的资料统计,4 月下旬的平均温度为 17.3℃,偏低于最适温度,而 10 月上旬的平均温度略高于最适温度。所以苗期的低温和灌浆成熟期的高温是影响江苏单季稻生长发育的主要原因。尤其在水稻灌浆期的高温热害,会造成千粒重下降,稻米品质变劣,产量降低,这就是通常所说的高温逼熟。

江苏单季稻日照适宜度的变化趋势(图 6.33d)与温度适宜度的变化趋势正好相反,在苗期和成熟期光照条件较适宜水稻的生长,在水稻生长发育的中期,即拔节孕穗期和抽穗开花期,单季稻的日照适宜度较低。整个生育期的日照适宜度为 0.47～0.93,变化幅度较大,平均值为 0.68。分析江苏单季稻的日照适宜度在拔节孕穗期和抽穗开花期较低的原因,其主要是因为 7 月和 8 月是江苏的主要汛期,连续性的大雨和暴雨造成光照的不足,光照不足对水稻的生长极为不利。

6.2.8.3 单季稻全生育期气候适宜度年际变化

利用徐州、常州、赣榆、南通和苏州五个站为代表,计算其 1970—2012 年的水稻全生育的降水、温度、日照和气候适宜度,分析江苏单季稻全生育期内气候适宜度的年际变化。

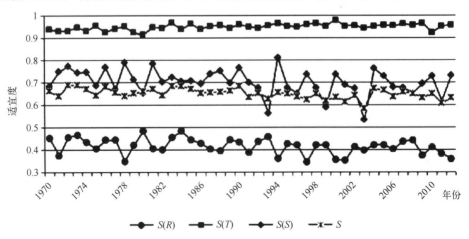

图 6.34 江苏省一季稻全生育期适宜度年际变化

从江苏单季稻全生育期气候适宜度的年际变化图(图 6.37)可以看出,温度适宜度较高,都在 0.90 以上,降水适宜度和气候适宜度除去个别年份的值低于 0.60 之外,其他年份的适宜度值都高于 0.60,而降水适宜度较低,基本低于 0.50。分析各适宜度的变化趋势,只有温度适宜度以 0.005/10a 的速度升高,日照适宜度、降水适宜度和气候适宜度都呈现下降的趋势,分别以 0.016/10a、0.009/10a 和 0.011/10a 的速度下降。由此看出,全球气候变暖对江苏单季稻的生长带来有利的影响,而江苏地区降水及日照变化对单季稻生长的负效应正在逐步增强。

6.2.8.4　江苏单季稻适宜度分区

(1)降水适宜度分区。

江苏省具有明显的季风气候特征,雨热同期。由图 6.35a 可见,降水适宜度的分布状态大致是由南向北递减,与江苏降水量的分布大致相符。最适宜区位于江苏南部,其降水适宜度值为 0.39~0.42。该区域年降水量为 1000~1200 mm。适宜区为江苏中部至苏北的淮安和宿迁一带,该地区年量降水量为 800~1000 mm,降水适宜度为 0.37~0.39,该区降水稳定,季节变化不明显,对水稻生长有利。次适宜区位于江苏盐城及连云港一带,该地区的年降水量与降水适宜区的年降水量相差不大,但是该地区降水量的季节差异较大,单季稻生长苗期降水少,而在水稻对水淹最敏感的孕穗期和抽穗期,东部沿海地区由于易受台风影响,降水量值比较高,降水过多造成雨涝,雨涝极易造成水稻的倒伏,对水稻产量形成严重的影响。

(2)温度适宜度分区

如图 6.35b 所示,江苏全省各地年平均气温在 13.0~16.5℃;其中苏南高于 15.0℃,江淮为 14.0~15.0℃,淮北为 13.0~14.0℃,年平均气温等值线呈纬向分布。温度适宜度的分布与降水适宜度的分布大致一样,也是从南向北依次降低,但江苏温度适宜度都较高且区域差别不明显。温度最适宜区位于苏南及苏中部分地区,温度适宜度为 0.95~0.96。温度适宜区分布在苏北地区,连云港一带除外,该地区的温度适宜度为 0.93~0.95。江苏水稻的温度次适宜区范围比较小,大致在连云港一带,其温度适宜度为 0.92~0.93,地处省境东北角的赣榆县年平均气温为全省最低,约为 13.8℃。

(3)日照适宜度分区。

日照是作物进行光合作用、提高产量和质量的必要条件。由江苏的日照适宜度分布图 6.35c 看出:江苏的日照适宜度分布没有呈明显的规律,但是日照适宜度的分布图与江苏年日照时数的分布图基本一致,可见日照适宜度与日照时数有显著的正相关关系。江苏日照分布不呈规律性是因为日照受多方面的影响,日照适宜度不仅与地理位置有关,还受地形和降水的影响,降水多的地方日照适宜度低。图中江苏的日照适宜度为 0.59~0.76,其中的日照最适宜区分布在盐城至连云港一带、徐州一带和苏州,最适宜区的日照适宜度为 0.69~0.76,该区全年日照 2000~2300 h,本区光照条件相对充足。日照适宜区分布在宿迁北部、淮安北部—扬州、泰州、镇江—南京、常州一带。日照适宜区在江苏分布比较广,日照适宜度为 0.65~0.69,全区各地的全年日照均在 1800~2100 h 内,该区的日照条件基本能满足水稻生长发育的要求。日照次适宜区位于宿迁南部至淮安南部和无锡至南通一带,日照适宜度为 0.59~0.65,该区全年日照时数仅 1700~1800 h,不足的光照易导致水稻植株高度增加、根系发育不良、抗性也会降低。所以,合适的光照对单季稻的生长发育有着重要的影响。

（4）气候适宜度分区

江苏的气候适宜度分区如图 6.35d 所示，由于气候适宜度是降水、温度和光照条件的综合，所以气候适宜度的分区没有呈现特别明显的区域性。气候最适宜区位于江苏南部的苏州和常州一带，其气候适宜度为 0.64～0.66。气候适宜区分布在南京延至盐城一带，以及泰州和镇江一带，该区的气候适宜度范围为 0.63～0.64。气候次适宜区为苏北的淮安、宿迁、连云港和徐州四个市及苏南的南通市，气候次适宜区的气候适宜度为 0.60～0.63。其中南通的温度和降水条件都较好，气候适宜度不高主要是因为日照条件影响单季稻的生长发育，而苏北的气候次适宜区主要是因为降水的影响。

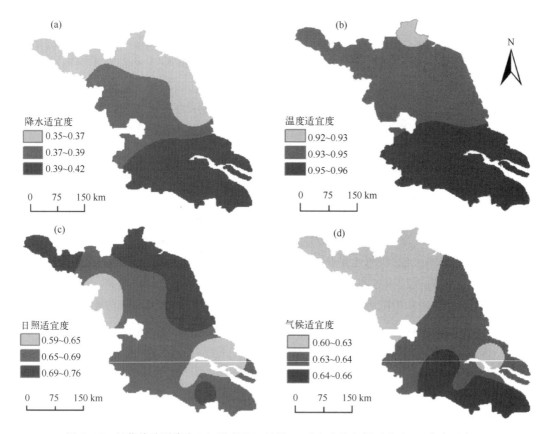

图 6.35　江苏单季稻降水（a）、温度（b）、日照（c）适宜度及气候适宜度（d）分布示意图

6.3　综合评价技术

6.3.1　基于数理统计的河南省冬小麦长势综合评价

6.3.1.1　数据来源

MODIS 数据在作物长势监测中有着 TM、NOAA/AVHRR 无法比拟的优势，其具有较高的时间分辨率、较广的遥感范围和适中的空间分辨率等特点（李卫国等，2007）。本研究

所使用的遥感数据为国家卫星气象中心提供的 MODIS 产品,其中 NPP 和 NDVI 数据为 8 d 合成的 MODIS 数据,空间分辨率为 1 km×1 km,时间为 2009 年 4 月中旬和 5 月上旬,LAI 为 10 d 合成的 MODIS 数据,空间分辨率为 1 km×1 km,时间为 2009 年 4 月中旬和 5 月上旬。

小麦种植面积来源于河南省统计年鉴,通过实地调查等结合监督分类获得每个像元是纯小麦像元的概率格点图,本研究选用概率大于 80% 的像元作为纯像元进行相关研究。2009 年河南省各分县冬小麦产量数据来源于河南省统计局,河南省基础地理信息系统来源于 1 : 25 万国家基础地理信息系统。

6.3.1.2　研究方法

利用 2009 年遥感数据 NDVI、NPP、LAI 及当年冬小麦分县产量数据,采用数学方法建立冬小麦产量和各遥感参数之间的定量关系。

基于遥感参数的遥感模型:

$$Y = L(NDVI, NPP, LAI) \tag{6.60}$$

式中,Y 为冬小麦分县产量;L 为函数的参数。

基于遥感参数和气象数据的遥感气象模型:

$$Y = L(NDVI, NPP, LAI, R, S, T) \tag{6.61}$$

其中,R 为降水量,S 为日照时数,T 为平均气温,选用逐旬和逐月数据参与建模。

6.3.1.3　数据分析与计算

利用 Arcgis 和 ENVI 提取纯小麦像元(图 6.36),并提取纯小麦像元对应的 NDVI、NPP 和 LAI(图 6.37),利用 Arcgis-Spatial Analyst-Zonal statistics 获取分县 NDVI、NPP 和 LAI 均值(图 6.38)。

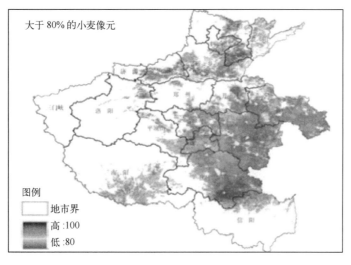

图 6.36　小麦纯像元分布图

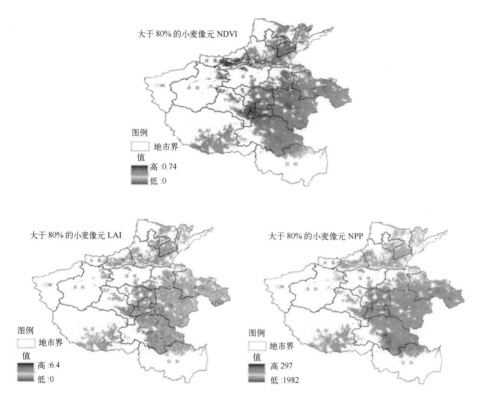

图 6.37　小麦纯像元 $NDVI$、LAI、NPP 分布图

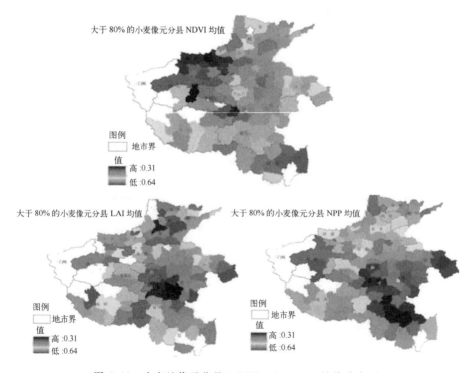

图 6.38　小麦纯像元分县 $NDVI$、LAI、NPP 均值分布图

利用 Excel 软件对产量数据和分县遥感参数均值进行数据整理和分析,利用统计软件 SPSS 对数据进行统计分析、回归分析和方差分析。通过回归分析建立冬小麦产量估测模型,利用 F 检验验证回归方程显著性,利用拟合优度(R^2)检验回归方程对样本观测值的拟合程度。

6.3.1.4　结果和分析

(1)冬小麦遥感参数与产量之间的关系

遥感估产必须选择遥感参数中作物长势信息最大,且对后期籽粒形成起决定性作用的时期,即最佳时相(冯美臣等,2010)。冬小麦产量估测的最佳时相是衡量冬小麦单产与遥感信息关系密切程度的标准。利用不同生育时期冬小麦遥感参数与产量进行相关性分析,相关性达到最大的日期即为冬小麦遥感估产的最佳时相,冯美臣等(2010)的研究表明 5 月 8 日为冬小麦遥感估产的最佳时相(见图 6.39)。

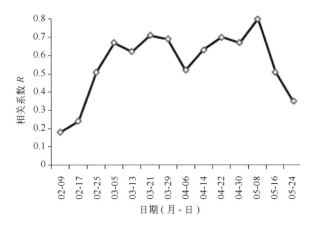

图 6.39　冬小麦产量与各生育期植被指数相关系数

从图 6.39 中可以看出,从 4 月以后,5 月 8 日和 4 月 20 日植被指数和产量相关性最大,4 月份之前冬小麦处于返青到拔节期,对产量来说还有很多不确定因素,因此本研究选用 5 月 8 日和 4 月 20 日进行冬小麦估产研究。

(2)遥感产量模型

对小麦纯像元的 NDVI、LAI、NPP 以县为单位求平均值,和各县小麦单产进行 SPSS 回归分析,得出 4 月 20 日估产模型为:

$$Y = 525NDVI + 0.665LAI + 0.17NPP - 38.29(R^2 = 0.316 \quad p < 0.005) \tag{6.62}$$

5 月 8 日估产模型为:

$$Y = 736.2NDVI + 9.674LAI - 0.024NPP - 122.968(R^2 = 0.461 \quad p < 0.001) \tag{6.63}$$

两个时期的模型均通过 0.001 水平的显著性检验,从模型决定系数 R^2 可以明显地看出,5 月 8 日的模型好于 4 月 20 日模型,和冯美臣等(2010)结论相同。

(3)遥感气象产量模型

在 SPSS 中利用冬小麦生育期相关气象数据及冬小麦最佳时相遥感参数和小麦单产数据

进行多元回归分析,建立遥感气象产量模型。

4月20日估产模型为:

$$Y = 1.63S_{Feb\ II} + 5.5S_{Feb\ III} + 0.2R_{Feb\ III} - 7.01R_{Apr\ I} + 0.349NPP +$$
$$217.1NDVI + 0.376LAI - 163.79$$
$$(n = 79, R^2 = 0.616, F = 9.140, p < 0.001) \tag{6.64}$$

式中$S_{Feb\ II}$、$S_{Feb\ III}$、$R_{Feb\ III}$、$R_{Apr\ I}$分别为2月中旬、下旬日照时数,以及2月下旬、4月上旬降水量。

5月8日估产模型为:

$$Y = 4.43S_{Feb\ II} - 6.43R_{Apr\ III} + 2.09R_{Feb\ III} - 1.03R_{Apr.\ T} +$$
$$0.079NPP + 329.2NDVI + 6.617LAI + 53.15$$
$$(n = 79, R^2 = 0.689, F = 14.336, p < 0.001) \tag{6.65}$$

式中,$R_{Apr\ III}$、$R_{Apr.\ T}$分别为4月下旬降水量和4月总降水量。

F检验结果表明,冬小麦遥感气象产量预测模型通过0.001水平的显著性检验。遥感气象预测模型R^2值比单纯的遥感模型有明显提高,4月20日和5月8日R^2值分别从0.316和0.461增加到0.616和0.689。因而遥感气象预测模型相对遥感预测模型有更好的预测效果,利用冬小麦生育期遥感气象参数进行产量预测会更准确更可靠。和遥感预测模型一样,5月8日的预测效果好于4月20日的预测效果。

(4)冬小麦遥感估产结果

利用所获得的5月8日遥感模型和遥感气象模型分别对2010年冬小麦各县单产进行预测,经过统计分析,结果显示遥感气象模型预测精度在70.2%到99.7%之间,平均精度为90.7%;遥感模型预测精度在68.1%到95.5%之间,平均精度为83.9%。表明遥感气象模型模拟精度更高,其精度可以满足大面积估产要求,对产量预报提供科学参考。

6.3.1.5　冬小麦长势监测综合指数

冬小麦长势监测综合指数:

$$I = (B - A)/A \tag{6.66}$$

其中,B为利用上述估产模型所预测的各县单产数据,A为近5年来各县冬小麦单产平均值。I大于0的时候,说明当年产量好于常年,值越大比常年产量高得越多,I小于0的时候,说明当年产量不如常年,绝对值越大比常年产量高得越多。

6.3.2　基于遥感、气候及作物模型的作物长势综合评价

2013年,在河南省冬小麦和夏玉米的关键生育期,分别利用基于遥感反演LAI的方法、基于气候适宜度的方法和基于作物模型的方法评价每旬作物长势。

6.3.2.1　基于遥感反演LAI的作物长势评价

LAI是最主要的作物长势因子,决定着作物的许多生物物理过程,对光能利用及产量形成具有重要作用。采用卫星遥感反演作物生育期旬LAI数据,在同一像元处(空间分辨率:0.01°)将待评价年份的LAI与历史平均LAI做比值运算,根据LAI比值划分待评价年份的长势,分为:好、较好、持平、较差、差5个等级。

(1)在历史LAI数据生成过程中,采用最低点匹配和最高点匹配两种方法匹配同一像元

处作物不同年份间的 LAI 曲线,以保证平均数据生成过程中各像元处均为作物生育期一致的数据参与运算。

使用 2008—2012 年遥感反演的冬小麦和夏玉米生育期 LAI 数据生成历史数据集,其中,冬小麦 LAI 数据集从 2 月中旬至 6 月中旬共 13 个时相,夏玉米 LAI 数据集从 5 月中旬至 10 月上旬共 15 个时相。

(2)对 2013 年冬小麦和夏玉米关键生育期每旬长势进行评价,冬小麦关键生育期取 3 月上旬至 5 月中旬共 8 个时相,夏玉米关键生育期取 6 月上旬至 8 月中旬共 8 个时相。将待评价年份的 LAI 曲线与历史平均 LAI 曲线进行匹配,可进行支持实时评价的最低点匹配和支持后期评价的最高点匹配。将对应时相待评价年份 LAI 值与历史 LAI 值做比值运算,针对 2013 年每旬 LAI 数据与历史平均数据的比值设置长势评价阈值如下(阈值可调整):差＜0.7≤较差＜0.9≤持平≤1.1＜较好≤1.3＜好。

在河南省行政区划范围内的冬小麦和夏玉米主要种植区,以像元为单位评价 2013 年作物关键生育期期间每旬长势,统计每旬作物长势情况(表 6.27~6.28)。

表 6.27　2013 年河南省冬小麦关键生育期每旬长势统计

	差	较差	持平	较好	好
3 月上旬	16.84%	20.74%	24.12%	16.99%	21.30%
3 月中旬	16.64%	20.60%	24.31%	17.25%	21.20%
3 月下旬	17.72%	21.62%	25.15%	16.48%	19.12%
4 月上旬	22.75%	24.20%	24.20%	13.35%	15.49%
4 月中旬	27.87%	26.58%	22.42%	11.02%	12.11%
4 月下旬	30.73%	28.70%	21.40%	9.48%	9.69%
5 月上旬	32.86%	31.35%	20.21%	8.38%	7.21%
5 月中旬	35.08%	32.78%	19.15%	7.82%	5.18%

分析表 6.27 中 2013 年河南省冬小麦长势统计数据得到以下结论:从 3 月上旬到 4 月中旬,2013 年整体长势略差于历史平均长势(偏差部分的比例略低于偏好部分的比例),4 月中旬至 5 月中旬,2013 年整体长势明显差于历史平均长势(偏差部分的比例明显低于偏好部分)。河南省 2013 年冬小麦关键生育期内遥感评价长势总体差于历史平均长势。

表 6.28　2013 年河南省夏玉米关键生育期每旬长势统计

	差	较差	持平	较好	好
6 月上旬	38.82%	26.90%	19.31%	8.92%	6.05%
6 月中旬	30.29%	26.95%	21.99%	11.74%	9.03%
6 月下旬	16.23%	23.64%	25.29%	16.64%	18.2%
7 月上旬	13.62%	20.82%	23.09%	18.39%	24.08%
7 月中旬	13.44%	20.27%	22.22%	17.44%	26.62%
7 月下旬	13.48%	19.94%	22.26%	17.61%	26.71%
8 月上旬	12.58%	19.08%	23.19%	19.00%	26.15%
8 月中旬	11.18%	18.06%	23.37%	19.58%	27.81%

分析表 6.28 中 2013 年河南省夏玉米长势统计数据得到以下结论:6 月上旬至 6 月下旬,2013 年整体长势差于历史平均长势(偏差部分的比例高于偏好部分的比例),7 月上旬至 8 月中旬,2013 年整体长势好于历史平均长势(偏好部分的比例显著高于偏差部分的比例)。河南省 2013 年夏玉米关键生育期内遥感评价长势呈好转的态势,且总体好于历史平均长势。

6.3.2.2 基于气候适宜度的作物长势评价

农作物的气候适宜度是把气候因子(温度、光照、降水等)的数量变化通过模糊数学中隶属函数的方法转化成对作物生长发育、产量形成、质量优劣的适宜程度。夏玉米生长发育和产量受气象条件影响很大,研究从夏玉米不同发育阶段上限温度、最适温度、下限温度、需水量、需光性等生物学特性出发,构建了河南省夏玉米气候适宜度评价模型。河南夏玉米全生育期共 12 旬,选取河南省境内共 116 个站点,计算各站点逐旬综合气候适宜度,并将各旬综合气候适宜度与相应年份气象产量做相关分析,用各旬相关系数除以 12 旬相关系数之和,计算每个站点各旬气候适宜度权重系数,然后累加计算全生育期气候适宜度。每旬气候适宜度代表了当前气象条件对农作物生长发育的适宜程度,本旬气候适宜度越大,表示气象条件对农作物生长越有利,反之,表示气象条件满足不了农作物生长发育的要求,会对农业物生长产生一定程度的限制。因此,气候适宜度可以用来评判作物长势,对作物长势进行动态监测。

根据河南省夏玉米气候适宜度评价模型计算出河南省 116 个站点夏玉米生长发育期内逐旬的气候适宜度,选取夏玉米关键生育期 3 月上旬至 5 月中旬共 8 旬,在 ARCGIS 中对气候适宜度进行克里金插值,插值范围选择为 110°~117°E,31°~37°N,插值后每一个像元的空间分辨率为 0.01°。将插值后得到的图像中每个像元值数据从小到大分为 5 类,分别赋值为 1、2、3、4、5,将全省范围内夏玉米作物生长情况分为差、较差、一般、较好、好 5 个等级。经过插值得到夏玉米关键生育期气候适宜度分布图。冬小麦用同样方法进行计算处理,得到冬小麦关键生育期气候适宜度分布图。并在河南省行政区划范围内,以像元为单位评价 2013 年作物关键生育期每旬长势,统计每旬作物长势情况(表 6.29~6.30)。

表 6.29 2013 年河南省冬小麦关键生育期气候适宜度统计

	差	较差	一般	较好	好
3 月上旬	15.70%	13.67%	48.83%	12.01%	9.80%
3 月中旬	15.64%	15.91%	9.94%	20.65%	37.85%
3 月下旬	12.03%	20.78%	11.60%	28.20%	27.39%
4 月上旬	8.53%	10.67%	30.95%	30.77%	19.07%
4 月中旬	9.48%	22.50%	22.37%	26.45%	19.20%
4 月下旬	11.84%	14.29%	23.67%	26.24%	23.97%
5 月上旬	9.51%	15.13%	16.83%	24.25%	34.27%
5 月中旬	12.46%	12.56%	11.93%	32.31%	30.74%

分析表 6.29 中 2013 年河南省冬小麦气候适宜度统计数据得到以下结论:从 3 月上旬到 5 月中旬,2013 年每旬气候适宜度差和较差的比例之和均小于 35%,说明河南省境内大部分地区气象条件能够满足冬小麦生长发育需求。

表 6.30　2013 年河南省夏玉米关键生育期气候适宜度统计

	差	较差	一般	较好	好
6 月上旬	10.14%	15.06%	15.19%	28.14%	31.47%
6 月中旬	28.37%	16.91%	19.95%	17.97%	16.81%
6 月下旬	32.86%	23.76%	14.88%	13.53%	14.96%
7 月上旬	5.46%	13.16%	18.08%	29.19%	34.11%
7 月中旬	12.80%	22.40%	15.68%	28.32%	20.80%
7 月下旬	29.66%	24.97%	22.39%	14.06%	8.91%
8 月上旬	11.84%	19.61%	25.46%	24.03%	19.05%
8 月中旬	19.40%	25.70%	18.03%	28.57%	8.30%

分析表 6.30 中 2013 年河南省夏玉米气候适宜度统计数据得到以下结论：6 月下旬和 7 月下旬气候适宜度差和较差的比例之和均大于 50%，说明这两旬气象条件较差，有可能对夏玉米生长发育造成限制；而 6 月上旬和 7 月上旬气候适宜度差和较差的比例之和均小于 30%，说明这两旬河南省境内大部分地区气象条件能够满足夏玉米生长发育需求。

6.3.2.3　基于作物模型的作物长势评价

作物模型方法综合了物理、生态、气象、土壤、水肥、农学等参数，采用系统分析和计算机模拟技术，对作物生长发育过程及其与环境和技术的动态关系进行定量描述和预测。本研究试图以冬小麦和夏玉米的穗重为主要参数，建立模型定量分析作物生长发育过程。收集河南省境内 113 个观测站点的冬小麦和夏玉米的穗重观测数据，以每月 11 日、21 日和下月 1 日的观测数据作为本旬的观测数据，在冬小麦的生长发育期内选择从 3 月上旬到 5 月中旬的 8 期数据作为研究资料，在夏玉米的生长发育期内选择从 6 月上旬到 8 月中旬的 8 期数据作为研究材料。通过对每旬各站点观测得到的点状数据进行克里金插值得到全省范围内的观测资料，用以模拟全省冬小麦和夏玉米的实际生长状况。

将 113 个站点观测得到的 8 期冬小麦穗重数据和 8 期夏玉米穗重数据在 EXCEL 中整理成表格。在 ARCGIS 中将冬小麦和夏玉米各自 8 个表格中各站点的经纬度数据打开，以每旬对应站点的穗重数据作为 Z 值进行克里金插值，插值范围选择为 110°～117°E，31°～37°N，插值后每一个像元的空间分辨率为 0.01°。将插值后得到的图像中每个像元值数据从小到大分为 6 类，分别赋值为 0、1、2、3、4、5，将全省范围内冬小麦和夏玉米作物生长情况分为无数据、差、较差、持平、较好、好 6 个等级。经过插值得到冬小麦和夏玉米关键生育期长势评价图。

6.3.2.4　作物长势综合评价模型

在 2013 年冬小麦和夏玉米的关键生育期分别利用基于遥感反演 LAI、基于气候适宜度和基于作物模型的方法评价每旬长势，采用专家知识法将 3 种方法的评价结果生成综合评价结果。专家知识支持下的作物长势综合评价模型如下：

$$Q = (w_1 \cdot q_1 + w_2 \cdot q_2 + w_3 \cdot q_3)/(w_1 + w_2 + w_3) \qquad (6.67)$$

式中，Q 为作物长势综合评价结果，q_1 为基于遥感反演 LAI 方法的长势评价结果，q_2 为基于气候适宜度方法的长势评价结果，q_3 为基于作物模型方法评价，w_1、w_2 和 w_3 分别是 3 种方法评价结果对应的权重系数。w_1、w_2 和 w_3 通过专家打分确定,将其暂定为 1∶1∶1。

（1）以河南省 2013 年 4 月中旬冬小麦为例进行长势综合评价示范。在河南省冬小麦主要种植区,分别生成该时相三种方法下的长势评价图,并生成专家知识支持下的综合长势评价图(图 6.40)。

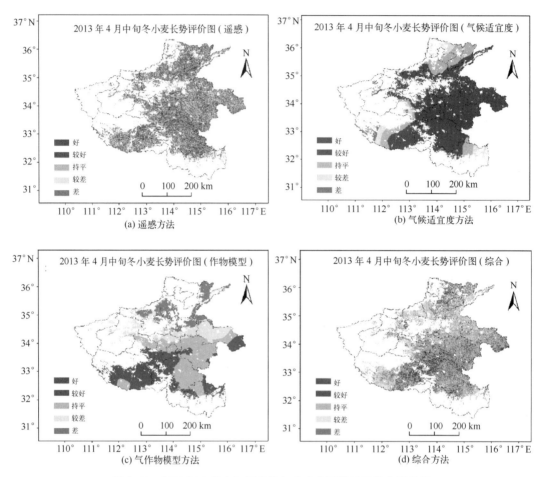

图 6.40　2013 年 4 月中旬河南省冬小麦主要种植区长势评价图

利用遥感指标评价,豫中和豫东地区长势较差,豫北和豫南地区长势较好;利用气候适宜度指标评价,豫中和豫东长势好,豫北大部分地区与往年长势持平,豫西南部分地区长势差,其余地区基本与往年持平;利用作物模型指标评价,豫北地区长势差,豫中北部长势较差,豫中南部和豫南长势与往年持平,豫西南长势好于往年;利用综合指标评价,豫北地区长势差,豫中地区与往年持平,豫西南部分地区长势较好,其余部分基本与往年持平。

表 6.31　2013 年 4 月中旬河南省冬小麦主要种植区长势评价统计信息

	差	较差	持平	较好	好
遥感	28.46%	23.44%	19.27%	10.80%	18.04%
气候适宜度	1.31%	5.34%	14.56%	28.99%	49.80%
作物模型	13.79%	16.45%	35.86%	30.89%	3.11%
综合	6.08%	25.74%	49.55%	18.51%	0.12%

分析表 6.31 可知:利用遥感指标评价,4 月中旬冬小麦长势差于历史平均长势;利用气候适宜度指标评价,4 月中旬冬小麦长势好于历史平均长势;利用作物模型指标评价,4 月中旬冬小麦长势与历史平均长势持平部分百分比最高,偏差和偏好部分百分比相当;利用综合指标评价,4 月中旬冬小麦长势与历史平均长势持平部分百分比最高,偏差部分百分比稍高于偏好部分百分比。

　　(2)以河南省 2013 年 8 月中旬夏玉米为例进行长势综合评价示范。在河南省夏玉米主要种植区,分别生成该时相 3 种方法下的长势评价图,并生成专家知识支持下的综合长势评价图(图 6.41)。

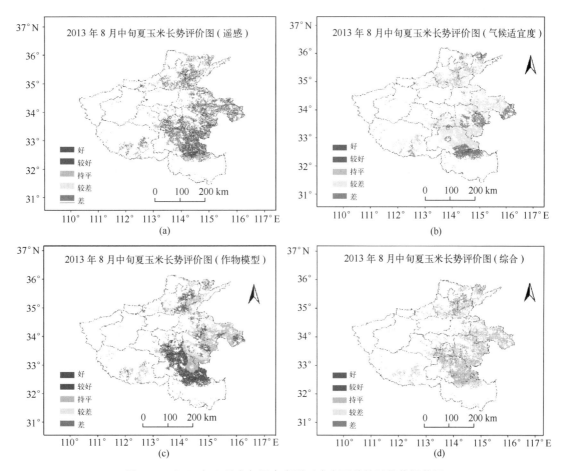

图 6.41　2013 年 8 月中旬河南省夏玉米主要种植区长势评价图

　　分析图 6.41 可知:利用遥感指标评价,2013 年 8 月中旬河南大部分地区夏玉米长势好于历史平均长势;利用气候适宜度指标评价,2013 年 8 月中旬豫北地区夏玉米长势与历史平均长势持平,豫中和豫南差于历史平均长势;利用作物模型指标评价,2013 年 8 月中旬河南大部分地区夏玉米长势好于历史平均长势;利用综合指标评价,2013 年 8 月中旬河南大部分地区夏玉米长势与历史平均长势持平。

　　分析表 6.32 可知:利用遥感指标评价,2013 年 8 月中旬夏玉米长势好于历史平均长势;利用气候适宜度指标评价,2013 年 8 月中旬夏玉米长势差于历史平均长势;利用作物模型指标评价,2013 年 8 月中旬夏玉米长势好于历史平均长势;利用综合指标评价,2013 年 8 月中旬夏玉米长势差于历史平均长势。

表 6.32 2013 年 8 月中旬河南省夏玉米主要种植区长势评价统计信息

	差	较差	持平	较好	好
遥感	13.28%	16.99%	20.43%	16.79%	32.52%
气候适宜度	25.10%	57.21%	15.16%	2.49%	0.05%
作物模型	3.73%	11.95%	36.41%	36.46%	11.66%
综合	3.63%	40.00%	51.62%	4.75%	0.00%

利用遥感、气候适宜度、作物模型 3 种方法得到的长势评价结果存在差异。其中,遥感方法的评价精度直接受 LAI 反演精度的影响,可靠的 LAI 反演数据可以支持高可信度的作物长势遥感评价结果;气候适宜度方法考虑了作物生长发育和产量受气象条件的约束,但未充分考虑施肥、灌溉及其他田间管理措施对作物长势的影响,因此也存在不全面的地方;作物模型方法的评价精度依赖于气象数据及其他初始参数的精细程度和准确度,且具体而精确的参数值往往取自少数站点,站点间的数据需要插值得到,因此也受到一定制约。综上分析,在遥感数据质量理想、数量可满足需求并且 LAI 反演算法可靠时,推荐优先使用遥感方法评价作物长势;当遥感反演作物参数存在困难或质量不稳定时,可根据 3 种方法加权或等权生成一个综合的评价结果,以避免单独使用某一种方法失效时引起与真实情况较大的误差。作物长势综合评价方法中权重的设置可根据对 3 种方法生成评价数据质量的动态评价结果进行调整,质量好的数据设置较高的权重,质量相对较差的数据设置较低的权重。在遥感、气候适宜度、作物模型等 3 种方法支持下,对作物长势的评价更趋近全面、可靠。

第7章 农作物长势综合监测业务服务流程

基于项目研究成果,制作了主要农作物长势遥感监测业务服务产品,并初步开展了应用。为了推进项目技术成果在业务服务中的应用,项目组根据业务资料支撑、业务技术成熟情况,制订了作物长势综合监测与评估业务服务流程。

作物长势综合监测与评估业务服务流程主要涉及基于遥感的作物长势监测与评估、基于气候适宜度的作物长势监测与评估、基于作物模型的作物长势监测与评估及综合监测评估等方面的内容,由于目前尚未形成集成的综合监测业务服务系统,此处仅给出初步的业务服务处理流程和方法,具体的操作需要结合相应的遥感处理软件、作物模型或业务服务应用系统来实现。

7.1 基于卫星遥感的作物长势监测与评价业务流程

主要利用 FY-3、MODIS 等卫星遥感资料,开展作物长势动态监测与评价,其流程如图7.1 所示。

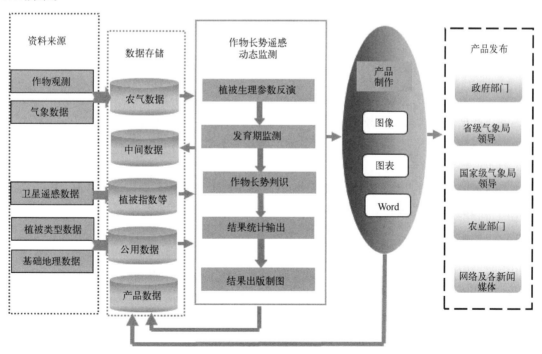

图 7.1 作物长势遥感动态监测业务流程图

7.1.1 资料来源

遥感作物长势监测需要的资料包括作物观测数据,气象数据、卫星遥感数据及植被类型数据、基础地理数据等。

(1)作物观测数据:在作物主产区的农业气象观测站,按照业务观测规范,开展作物观测,获取作物主要发育状况、作物长势如旺长苗、一类苗、二类苗、三类苗、叶面积指数、植株高度、单株干物质重量等作物生长要素的观测资料。地面农业气象观测资料由各观测站通过信息网络进行上报,由后台资料采集程序自动进行收集并入库,如图7.2所示。

图 7.2　农业气象观测资料处理系统界面

(2)气象数据:气象数据来自于全国基本地面气象观测站,一般由各省大气探测中心进行收集,并以数据库形式提供业务使用。

(3)卫星遥感数据:一般来自于国家卫星气象中心数据分发或直接来自于卫星遥感接收系统。

(4)植被类型数据:一般来自于遥感监测分析结果或国土资源等部门。

(5)基础地理信息数据:来自于国家测绘部门。

7.1.2 遥感数据处理

作物长势监测所需的遥感数据(FY-3A、MODIS等极轨卫星250 m分辨率)从国家卫星气象中心实时获取。对获取的多轨遥感数据进行预处理,生产投影后的区域或全国拼图数据,进行云检测,提取晴空数据,由反射率数据计算多种植被指数。遥感数据的预处理和投影操作由卫星资料接收处理系统自动完成,软件界面如图7.3所示。

图 7.3　遥感数据处理系统界面

7.1.3　数据存储

　　输入的农气观测数据和卫星遥感数据以数据库或文件方式进行存储，生成的反演、监测等中间过程及结果数据都根据需要自动保存。生成的长势遥感监测产品（包括统计报表、图、综合 Word 文档），都按日期保存在相应目录中。用户反馈信息、新闻媒体报道、产品使用等信息也进行归档存储。数据和产品储存的具体方式可根据服务需要而定，以河南省农业气象服务中心业务服务系统为例，图 7.4 显示了遥感产品目录结构。

图 7.4　遥感产品目录结构界面

7.1.4 遥感参数反演

遥感参数反演包括 LAI、NDVI、LST、NPP 等参数反演。作物长势监测利用 LAI 或 NDVI 反演产品(刘继承等,2007;武晋雯等,2009;李郁竹,1993;吴素霞等,2005;唐延林等,2004)。其中 LAI 反演采用 GLOBCARBON 叶面积指数 LAI 算法,由 FY-3A、MODIS 晴空数据反演作物叶面积指数,利用农业气象观测站点观测的 LAI 进行精度评价和验证;NDVI 为标准的归一化植被指数。

7.1.5 发育期监测

采用遥感发育期反演模型提取作物主要发育期,并利用农业气象观测站点观测的发育期进行精度评价和验证。在业务中,也可用观测数据直接标定遥感发育期。图 7.5 为冬小麦发育期监测主要处理流程。

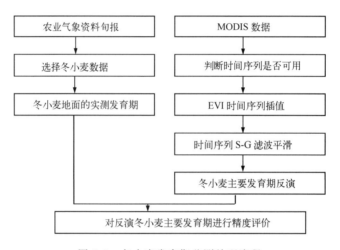

图 7.5　冬小麦发育期监测处理流程

7.1.6 长势监测模块

该模块为作物长势遥感动态监测业务的核心。根据业务需求,在明确作物发育期的基础上,可应用以下方法进行作物长势监测,一是根据建立的各发育期的遥感 LAI 长势指标或植被指数长势指标直接监测作物苗情长势,得到苗情分布图;二是将遥感植被指数与相同发育期的历史遥感植被指数进行比较,得到植被指数距平图,辅助判断作物的长势优劣状况。表 7.1—表 7.3 分别显示了冬小麦、夏玉米和双季早稻的苗情分类指标。

表 7.1　冬小麦叶面积指数农学指标统计表

发育期	苗情	叶面积指数			
		平均值	变化范围	±20%范围	指标
出苗	一类苗	0.2	0.1~0.3	0.16~0.24	>0.17
	二类苗	0.15	0.1~0.2	0.12~0.18	0.15~0.17
	三类苗	0.15	0.1~0.2	0.12~0.18	<0.15

发育期	苗情	叶面积指数			
		平均值	变化范围	±20％范围	指标
分蘖	一类苗	0.6	0.4～0.9	0.48～0.72	＞0.58
	二类苗	0.55	0.5～0.6	0.44～0.66	0.53～0.58
	三类苗	0.5	0.3～0.7	0.4～0.6	＜0.53
越冬	一类苗	1.92	0.7～3.9	1.53～2.3	＞1.73
	二类苗	1.53	0.8～2.7	1.22～1.84	1.46～1.73
	三类苗	1.38	0.7～2.6	1.1～1.66	＜1.46
返青	一类苗	2.07	0.4～7.4	1.66～2.48	＞1.85
	二类苗	1.62	0.7～3.9	1.3～1.94	1.54～1.85
	三类苗	1.46	0.3～2.38	1.17～1.75	＜1.54
拔节	一类苗	4.62	2.5～5.8	3.7～5.54	＞4.46
	二类苗	4.3	2.0～6.9	3.44～5.16	4.17～4.46
	三类苗	4.04	1.6～6.6	3.23～4.85	＜4.17
抽穗	一类苗	5.11	2.73～9.7	4.09～6.13	＞4.95
	二类苗	4.78	1.7～9.4	3.82～5.74	4.51～4.95
	三类苗	4.23	2.0～9.2	3.38～5.08	＜4.51

表 7.2　夏玉米苗情监测农学指标

发育期	苗情	平均株高(cm)	干物重(g)	叶面积指数
七叶期	一类苗	＞82.5	＞19.8	＞0.77
	二类苗	67.5～82.5	13.2～19.8	0.51～0.77
	三类苗	＜67.5	＜13.2	＜0.51
拔节期	一类苗	＞126.5	＞153.6	＞1.6
	二类苗	103.5～126.5	102.4～153.6	1.1～1.6
	三类苗	＜103.5	＜102.4	＜1.1
吐丝期	一类苗	＞240.9	＞586.8	＞3.1
	二类苗	197～240.9	391.2～586.8	2.1～3.1
	三类苗	＜197	＜391.2	＜2.1
灌浆期	一类苗	＞250.8	＞937.2	＞4.4
	二类苗	206～250.8	624.8～937.2	2.96～4.4
	三类苗	＜206	＜624.8	＜2.96
乳熟期	一类苗	＞250.8	＞1177.2	＞3.96
	二类苗	206～250.8	784.8～1177.2	2.64～3.96
	三类苗	＜206	＜784.8	＜2.64

表 7.3　双季早稻长势观测定量指标

生育期	长势	指标	
		叶面积指数	单株干物质重(g)
分蘖期	一类苗	>0.7	>0.3
	二类苗	0.3~0.7	0.1~0.3
	三类苗	<0.3	<0.1
拔节期	一类苗	>5.0	>1.0
	二类苗	3.5~5.0	0.6~1.0
	三类苗	<3.5	<0.6
抽穗期	一类苗	>4.5	>3.0
	二类苗	3.5~4.5	2.0~3.0
	三类苗	<3.5	<2.0
乳熟期	一类苗	>4.0	>3.5
	二类苗	3.0~4.0	2.5~3.5
	三类苗	<3.0	<2.5

7.1.7　产品制作分发

作物长势遥感动态监测产品以定期为主,在作物的主要发育期单独或结合其他农气业务服务产品进行制作,满足各级政府和农业、统计、粮食、气象等部门对作物长势监测的需求。

作物长势遥感动态监测产品主要呈送政府部门、涉农部门,通过网络、电视、广播或报纸等新闻媒体向社会公众发布。

7.2　基于气候适宜度的作物长势评价业务流程

基于地面气象观测资料,开展作物生长期间气象条件及年景评价是农业气象业务服务主要内容之一。国内不少学者曾对不同尺度、不同作物生育期气候资源、生态气候适应性进行了评价或就某一气象要素对农作物生长的适宜性进行了研究,这些研究成果促使农业气候资源评价逐步客观化和定量化。图 7.6 为基于气候适宜度的作物长势评价业务流程。

7.2.1　气象资料与统计资料的收集整理

气象资料包括历史气象资料与实时气象资料。气候适宜度模型事主要利用的气象要素包括:实时和历史旬平均气温、日照、降水、风速、最高和最低气温等。统计资料包括各县作物产量资料等。气象统计资料以数据库方式进行存储管理。

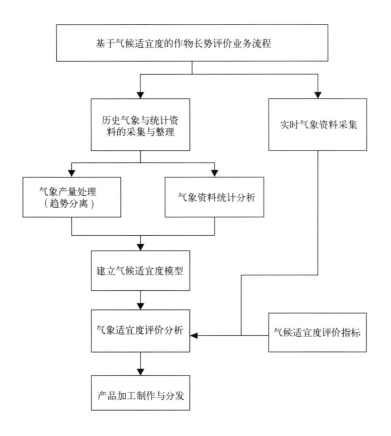

图 7.6　气候适宜度的作物长势评价业务流程

7.2.2　气象产量分析处理

主要利用直线滑动平均模拟法提取趋势产量。它是一种线性回归模型与滑动平均相结合的模拟方法,它将作物产量的时间序列在某个阶段内的变化看成线性函数。随着阶段的连续滑动,直线不断变换位置,后延滑动,从而反映产量历史演变趋势变化。这种产量趋势模拟方法的优点在于不必主观假定产量历史演变的曲线类型,也可不损失样本序列的年数,是一种较好的趋势模拟方法。

7.2.3　气候适宜度模型

不同作物可以建立不同的适宜度模型。以冬小麦为例,为了综合反映温度、降水、日照 3个因素对冬小麦适宜度的影响,合理评价某个或整个生育期冬小麦的气候适程度,定义综合气候适宜度模型为:

$$S_m = \sqrt[3]{T_m(t) \times R_m(r) \times S_m(s)} \tag{7.1}$$

其中，生育期内温度、降水、日照的隶属度模型分别为：

$$T(t) = \frac{(t - t_l) \times (t_h - t)^B}{(t_0 - t_l) \times (t_h - t_0)^B}, \text{其中 } B = \frac{t_h - t_0}{t_0 - t_l}$$

$$R(r) = \begin{cases} r/r_l & r < r_l \\ 1 & r_l \leqslant r \leqslant r_h \\ r_h/r & r > r_h \end{cases} \tag{7.2}$$

$$S(s) = \begin{cases} 1 & s \geqslant s_0 \\ s/s_0 & s < s_0 \end{cases}$$

式中，$T(t)$ 是旬平均气温适宜度，t 是旬平均气温，t_l、t_h 和 t_0 分别是该旬所需的旬平均最低气温、旬平均最高气温和旬平均适宜气温。$R(r)$ 为旬降水量适宜度，r 为旬降水量，r_0 为冬小麦生育期内逐旬最适宜降水量，r_l 和 r_h 分别代表适宜降水量的上限和下限，其中 $r_l = 0.8r_0$，$r_h = 1.2r_0$。s 为旬日照时数，s_0 为可照时数 70% 的临界值。

7.2.4 气候适宜度评价分析

根据不同作物气候适宜度评价指标，对气象适宜度模型计算结果进行适宜性评价。评价时可结合作物类型进行分类评估，并根据服务需要分类进行面积统计。以此为基础，可输出作物气候适宜度评价业务产品。

7.2.5 产品制作分发

气候适宜度监测评价产品主要以旬为周期进行，在作物的主要发育期单独或结合其他农气业务服务产品进行制作，满足农业、气象和社会上对作物长势监测评价的需求。

气候适宜度监测评价产品主要呈送政府部门、涉农部门，通过网络、电视、广播或报纸等新闻媒体向社会公众发布。

7.3 基于遥感—作物模型的作物长势监测与评价业务流程

在前期研究基础及参考国内外先进作物模型如 CERES、APSIM、ORYZA2000 及 GECROS 等的基础上，构建适合我国主要农作物特点的作物模型模块，包括发育动态子模型、生物量积累子模型（包括作物光合作用、生物量积累、生物量在不同器官间的分配等关键过程）、产量形成过程子模型，以及水、N 影响子模型算法。开展基于遥感—作物生长模拟模型的作物长势监测与评价业务。

基于遥感—作物生长模拟模型的作物长势监测与评价业务流程如图 7.7 所示，基于数据模型同化的华北夏玉米长势评价系统界面见图 7.8。

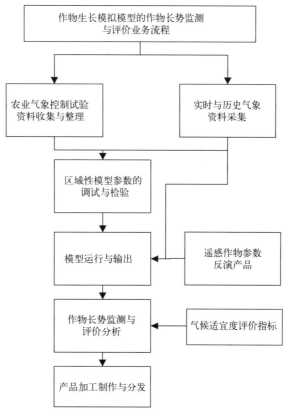

图 7.7　遥感—作物生长模拟模型的作物长势监测与评价业务流程

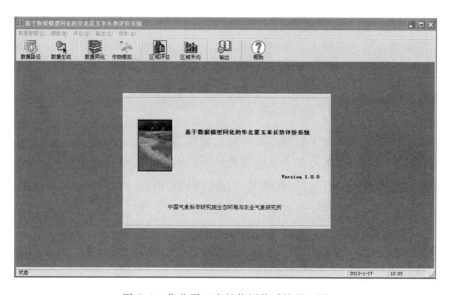

图 7.8　华北夏玉米长势评价系统界面图

7.3.1 农业气象控制试验资料收集与整理

开展田间试验与数据收集工作,获取作物生长发育与产量形成模型建立与验证所需的作物生长基础数据、土壤性状数据、土壤水分资料及逐日天气资料;同时,收集区域范围内相关数据,主要包括主产地的气象、土壤和农作数据,用于进行大范围验证的数据支持。

7.3.2 实时与历史气象资料采集

运行遥感-作物生长模拟模型需要部分实时与历史气象资料,需要利用数据采集模块将存储在数据库中的气象资料导入到模型中。遥感-作物生长模拟模型需要的气象资料要素包括:实时和历史旬平均气温、日照、降水、风速、最高和最低气温等,统计资料包括各站作物产量资料等。

7.3.3 区域性模型参数的调试与检验

参考国内外先进作物模型如 CERES、APSIM、ORYZA2000 及 GECROS 等的基础上,构建适合我国小麦生产特点的作物模型,包括发育动态子模型、生物量积累子模型(包括作物光合作用、生物量积累、生物量在不同器官间的分配等关键过程)、产量形成过程子模型,以及水、N 影响子模型算法,确定适宜我国的区域性作物生长模型参数。

7.3.4 作物模型运行与输出

基于区域格点气象数据和遥感作物参数反演数据,对区域农作物生长进行模拟,并输出作物发育期及各生育量信息。

7.3.5 作物长势监测与评价分析

根据模型输出的发育期及各生育量信息,结合区域农作物生长评价指标,对作物长势进行评价,并进行产品的加工制作。

7.3.6 产品制作分发

作物模型监测评价产品主要以农作物重要生育期为重要节点进行服务,在作物的主要发育期单独或结合其他农气业务服务产品进行制作,满足农业、气象和社会上对作物长势监测的需求。评价产品主要呈送政府部门、涉农部门,通过网络、电视、广播或报纸等新闻媒体向社会公众发布。主要产品形式如图7.9所示。

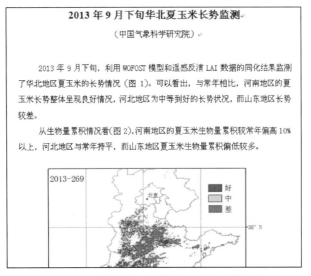

图 7.9　区域遥感－作物模型监测评价产品

7.4　农作物长势综合监测与评估业务服务流程

基于卫星遥感监测、气候适宜度分析和区域遥感—作物生长模型等方法的作物长势监测和评价,是从三个不同角度对农作物长势进行评价。相应地,通过采用不同的集成方案,可以对三种监测评价结果进行综合集成,制作出作物长势综合监测评价产品,从而可以更全面、客观地评价作物长势,为农业管理及决策部门提供更科学的依据。图 7.10 为农作物长势综合监测与评价业务服务流程示意图。

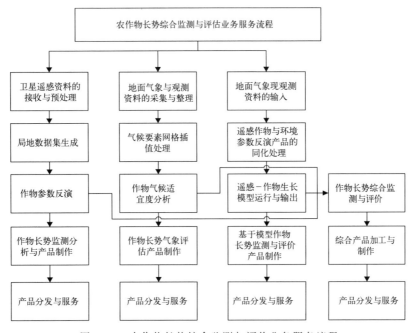

图 7.10　农作物长势综合监测与评价业务服务流程

其中作物长势综合集成的方法主要有等权平均法和加权法，其中加权法中权重的设置可根据 3 种方法生成评价数据质量的动态评价结果进行调整，质量好的数据设置较高的权重，反之设置较低的权重(详见 6.6.2.4 节)。权重确定的具体方法有相关系数法、回归法、专家知识法等等。此外，本流程包含了 7.1～7.3 等章节所述的单一监测评价产品制作业务流程，此处不再赘述。

参考文献

安顺清,刘庚山,吕厚荃,等.2000.冬小麦底墒供水特征研究[J].应用气象学报,**11**(增刊):119-117.

边金虎,李爱农,宋孟强,等.2010. MODIS 植被指数时间序列 Savitzky-Golay 滤波算法重构[J].遥感学报,**4**(14):733-740.

陈怀亮,杜明哲.1994.河南省小麦遥感分析服务系统[J].河南气象,(1):23-25.

陈怀亮,王建国.2014.现代农业气象业务服务实践[M].北京:气象出版社.

陈怀亮,张雪芬.1999.玉米生产农业气象服务指南[M].北京:气象出版社.

陈建军,黄淑娥,景元书.2012.基于 EOS/MODIS 资料的江西省水稻长势遥感监测[J].江苏农业科学,**40**(6):302-305.

陈劲松,黄健熙,林珲,等.2010.基于遥感信息和作物生长模型同化的水稻估产方法研究[J].中国科学:信息科学,**40**(增刊):173-183.

邓书斌.2010.ENVI 遥感图像处理方法[M].北京:科学出版社.

丁美花,钟仕全,谭宗琨,等.2007. MODIS 与 ETM 数据在甘蔗长势遥感监测中的应用[J].中国农业气象,**28**(2):195-197.

董丽淑.2011.小麦返青期的管理[J].河南农业,**3**(5):38-42.

范磊,程永政,刘婷,等.2008.基于 MODIS 数据的河南省冬小麦长势监测研究[J].河南农业科学,(8):142-145.

方文松,刘荣花,朱自玺,等.2009.黄淮平原冬小麦灌溉需水量的影响因素与不同年型特征[J].生态学杂志,**28**(11):2177-2182.

冯海宽.2010.基于环境卫星数据的冬小麦长势监测研究[D].大连:辽宁工程技术大学.

冯利平,高亮之,金之庆,等.1997.小麦发育期动态模拟模型的研究[J].作物学报,**23**(4):418-422.

冯利平.1995.小麦生长发育模拟模型(WHEATSM)的研究[D].南京:南京农业大学.

冯美臣,肖璐洁,杨武德,等.2010.基于遥感数据和气象数据的水旱地冬小麦产量估测[J].农业工程学报,**26**(11):183-188.

冯美臣,杨武德.2011.不同株型品种冬小麦 NDVI 变化特征及产量分析[J].中国生态农业学报,**19**(1):87-92.

冯美臣,杨武德,张东彦,等.2009.基于 TM 和 MODIS 数据的水旱地冬小麦面积提取和长势监测[J].农业工程学报,**25**(3):103-109.

付元元.2015.基于遥感数据的作物长势参数反演及作物管理分区研究[D].杭州:浙江大学.

高金成,张发寿,卢小扣,等.1993.小麦生殖生长阶段综合温度指标研究[J].中国农业气象,(5):1-12.

戈建军,王超.2002.冬小麦微波散射特性研究[J].遥感信息,(3):7-11.

耿利宁.2013.基于时序 MODIS 的水稻种植制度提取[D].南京:南京信息工程大学.

顾晓鹤,韩立建,王纪华,等.2012.中低分辨率小波融合的玉米种植面积遥感估算[J].农业工程学报,**28**(3):203-209.

顾晓鹤,韩立建,张锦水,等.2008.基于相似性分析的中低分辨率复合水稻种植面积测量法[J].中国农业科学,**41**(4):978-985.

顾晓鹤,何馨,郭伟,等.2010.基于 MODIS 与 TM 时序插补的省域尺度玉米遥感估产[J].农业工程学报,**26**(增刊 2):53-58.

顾晓鹤,宋国宝,韩立建,等.2008.基于变化向量分析的冬小麦长势变化监测研究[J].农业工程学报,**24**(4):159-165.

郭广锰.2002.关于 MODIS 卫星数据的几何校正方法[J].遥感信息,(3):26-28.

郭其乐,陈怀亮,邹春辉,等.2010.基于 MODIS 的河南省冬小麦种植面积遥感估算最佳时相选择研究[J].科技信息,(26):405-406.

郭伟,赵春江,顾晓鹤,等.2011.乡镇尺度的玉米种植面积遥感监测[J].农业工程学报,**27**(9):69-74.

韩玲.1997.关于遥感影像几何校正中纠正变换方法的探讨[J].西安地质学院学报,**19**(4):86-90.

郝虑远,孙睿,谢东辉,等.2013.基于改进 N-FINDR 算法的华北平原冬小麦面积提取[J].农业工程学报,**29**(15):153-161.

何立,孙涵,黄永磷,等.2007. MODIS 1B 数据的重采样方法研究[J].遥感信息,(3):39-43.

侯英雨,王建林,毛留喜,等.2009.美国玉米和小麦产量动态预测遥感模型[J].生态学杂志,**28**(10):2142-2146.

胡楠,矫亮,李黎.2011.遥感技术在玉米估产中的应用与研究[J].农业网络信息,(1):35-37.

化国强.2011.基于全极化 SAR 数据玉米长势监测及制图研究[D].南京:南京信息工程大学.

黄敬峰,王福民,王秀珍.2010.水稻高光谱遥感实验研究[M].杭州:浙江大学出版社.

黄青,李丹丹,陈仲新,等.2012.基于 MODIS 数据的冬小麦种植面积快速提取和长势监测[J].农业机械学报,**43**(7):163-167.

黄青,唐华俊,周清波,等.2010.东北地区主要作物种植结构遥感提取及长势监测[J].农业工程学报,**26**(9):218-223.

黄青,吴文斌,邓辉,等.2010. 2009 年江苏省冬小麦和水稻种植面积信息遥感提取及长势监测[J].江苏农业科学,(6):508-511.

黄耀欢,王建华,江东,等.2009.利用 Savitzky-Golay 滤波进行 MODIS-EVI 时间序列数据重构[J].信息科学报,**34**(12):1440-1443.

吉书琴,陈鹏狮,张玉书.1997.水稻遥感估产的一种方法[J].应用气象学报,**8**(4):509-512.

贾明权.2013.水稻微波散射特性研究及参数反演[D].成都:电子科技大学.

江东,王乃斌,杨小唤,等.2002.NDVI 曲线与农作物长势的时序互动规律[J].生态学报,**22**(2):247-252.

蒋耿明.2003. MODIS 数据基础处理方法研究和软件实现[D].北京:中国科学院研究生院遥感应用研究所.

蒋耿明,刘荣高,牛铮,等. 2004. MODIS 1B 影像几何纠正方法研究及软件实现[J].遥感学报,**8**(2):158-164.

金善宝.1992.小麦生态理论与应用[M].杭州:浙江科学技术出版社

金善宝.1991.中国小麦生态[M].北京:科学出版社,404-406.

金秀良,李少昆,王克如,等.2011.基于高光谱特征参数的棉花长势参数监测[J].西北农业学报,**20**(9):73-77.

景元书,李根,黄文江.2013.基于相似性分析及线性光谱混合模型的双季稻面积估算[J].农业工程学报,**29**(2):177-183.

康桂红.1997.利用动态模式对农作物进行气候评价[J].气象,**23**(4):28-31.

孔令寅,延昊,鲍艳松,等.2012.基于关键发育期的冬小麦长势遥感监测方法[J].中国农业气象,**33**(3):424-430.

李富强,郑宝周,贾树恒.2011.基于负熵最大化 FastICA 的心电信号提取研究[J].河南科学,**29**(12):1509-1512.

李根,景元书,王琳,等.2014.基于 MODIS 时序植被指数和线性光谱混合模型的水稻面积提取[J].大气科学学报,**37**(1):119-126.

李红梅,张树誉,王钊.2011.MODIS卫星NDVI时间序列变化在冬小麦面积估算中的应用分析[J].气象与环境科学,**34**(3):46-49.

李花,李卫国,黄义德.2010.利用HJ星遥感进行水稻抽穗期长势分级监测研究[J].遥感信息,**6**(1):55-58.

李剑萍.2002.气象卫星作物长势监测及产量预报系统[J].气象科技,**30**(2):108-111.

李军玲,刘伟昌,赵学斌.2013.河南省夏玉米区域化苗情长势遥感指标研究[J].河南农业大学学报,**47**(1):16-20.

李军玲,张弘,曹淑超.2013.夏玉米长势卫星遥感动态监测指标研究[J].玉米科学,**21**(3):149-153.

李卫国,李花,王纪华,等.2010.基于Landsat/TM遥感的冬小麦长势分级监测研究[J].麦类作物学报,**30**(1):92-95.

李卫国,王纪华,赵春江,等.2007.基于遥感信息和产量形成过程的小麦估产模型[J].麦类作物学报,**27**(5):904-907.

李新磊,陈桂芬,焦鸿斌.2010.基于时序遥感资料的玉米种植面积提取方法研究[J].农业网络信息,(11):25-27.

李郁竹.1993.冬小麦气象卫星遥感动态监测与估产[M].北京:气象出版社.

刘闯,葛成辉.2000.美国对地观测系统(EOS)中分辨率成像光谱仪(MODIS)遥感数据的特点与应用[J].遥感信息,(3):45-48.

刘峰,李存军,董莹莹,等.2011.基于遥感数据与作物生长模型同化的作物长势监测[J].农业工程学报,**27**(10):101-106.

刘可群,张晓阳,黄进良.1997.江汉平原水稻长势遥感监测及估产模型[J].华中师范大学学报:自然科学版,**31**(4):482-487.

刘新圣,孙睿,武芳,等.2010.利用MODIS-EVI时序数据对河南省土地覆盖进行分类[J].农业工程学报,**26**(增刊):213-219.

刘玉洁,杨忠东.2001.MODIS遥感信息处理原理与算法[M].北京:科学出版社,1-66.

刘正军,王长耀.2002.成像光谱仪图像条带噪声去除的改进矩匹配方法[J].遥感学报,**6**(4):279-284.

娄秀荣,侯英雨.2003.全国晚稻气候年景评价方法研究[J].气象,**29**(2):21-25.

罗蒋梅,王建林,申双和,等.2009.影响冬小麦产量的气象要素定量评价模型[J].南京气象学院学报,**32**(1):94-99.

马丽,顾晓鹤,徐新刚,等.2009.地块数据支持下的玉米种植面积遥感测量方法[J].农业工程学报,**25**(8):147-151.

马丽,徐新刚,刘良云,等.2008.基于多时相NDVI及特征波段的作物分类研究[J].遥感技术与应用,**23**(5):520-524.

马玉平,王石立,王馥棠.2005.作物模拟模型在农业气象业务应用中的研究初探[J].应用气象学报,**16**(3):293-303.

马玉平,王石立,张黎,等.2005.基于遥感信息的华北冬小麦区域生长模型及模拟研究[J].气象学报,**63**(2):204-215.

毛飞,霍治国,李世奎,等.2003.中国北方冬小麦播种期底墒干旱模型[J].自然灾害学报,**12**(2):85-91.

梅安新,彭望琭,秦其明,等.2001.遥感导论[M].北京:高等教育出版社.

蒙继华,吴炳方,杜鑫,等.2011.基于HJ-1A/1B资料的冬小麦成熟期遥感预测[J].农业工程学报,**27**(3):225-231.

裴志远,郭琳,汪庆发.2009.国家级作物长势遥感监测业务系统设计与实现[J].农业工程学报,**25**(8):

152-156.

彭代亮,黄敬峰,王秀珍.2007.基于MODIS-EVI区域植被季节变化与气象因子的关系[J].应用生态学报,**18**
(5):983-989.

齐述华,王长耀,牛铮,等.2004.利用NDVI时间序列数据分析植被长势对气候因子的响应[J].地理科学进
展,**23**(3):91-99.

钱拴,毛留喜,张艳红.2007.中国天然草地植被生长气象条件评价模型[J].生态学杂志,**26**(9):1499-1504.

钱拴,王建林.2001.棉花产量丰歉气象指标和评价模型[J].气象科技,(3):30-35.

钱永兰,侯英雨,延昊,等.2012.基于遥感的国外作物长势监测与产量趋势估计[J].农业工程学报,**28**(13):
166-171.

任玉玉,千怀遂.2006.河南省棉花气候适宜度变化趋势分析[J].应用气象学报,**17**(1):87-93.

山东省农业厅.1990.山东小麦[M].北京:农业出版社.

申广荣,王人潮.2001.植被高光谱遥感的应用研究综述[J].上海交通大学学报:农业科学版,**19**(4):315-321.

沈掌泉,王珂,王人潮.1997.基于水稻生长模拟模型的光谱估产研究[J].遥感技术与应用,**12**(2):17-20.

史定珊,毛留喜.1992. NOAA/AVHRR冬小麦苗情长势遥感动态监测方法研究[J].气象学报,**50**(4):
520-523.

帅细强,王石立,马玉平,等.2008.基于水稻生长模型的气象影响评价和产量动态预测[J].应用气象学报,**19**
(1):71-81.

宋小宁,赵英时.2004.应用MODIS卫星数据提取植被-温度-水分综合指数的研究[J].地理学与国土研究,
20(2):13-17.

宋晓宇,王纪华,黄文江,等.2009.变量施肥条件下冬小麦长势及品质变异遥感监测[J].农业工程学报,**25**
(9):155-162.

宋晓宇,王纪华,薛绪掌,等.2004.利用航空成像光谱数据研究土壤供氮量及变量施肥对冬小麦长势影响[J].
农业工程学报,**20**(4):45-49.

孙家抦.2003.遥感原理与应用[M].武汉:武汉大学出版社.

孙九林.1996.中国农作物遥感动态监测与估产总论[M].北京:中国科学技术出版社.

孙宁,冯利平.2005.利用冬小麦作物生长模型对产量气候风险的评估[J].农业工程学报,**21**(2):106-110.

孙宁,冯利平.2006.小麦生长发育模拟模型在华北冬麦区适用性验证[J].中国生态农业学报,**14**(1):71-72.

孙宁.2002.华北平原冬小麦生产气候风险评估研究[D].北京:中国农业大学.

谭昌伟,王纪华,赵春江,等.2011.利用Landsat TM遥感数据监测冬小麦开花期主要长势参数[J].农业工程
学报,**27**(5):224-230.

谭正,刘湘南,张晓倩,等.2011.作物生长模型同化SAR数据模拟作物生物量时域变化特征[J].中国农学通
报,**27**(27):161-167.

唐守顺.1988.冬小麦生产的气象条件及年景的评价方法[J].气象,**14**(2):50-52.

唐延林,黄敬峰,王人潮.2004.水稻不同发育时期高光谱与叶绿素和类胡萝卜素的变化规律[J].中国水稻科
学,**18**(1):59-66.

童庆禧,张兵,郑兰芬.2006.高光谱遥感的多学科应用[M].北京:电子工业出版社,55-61.

王冰.2010.冬小麦中期管理技术要点[J].新疆农业科技,(3):12.

王东伟,王锦地,梁顺林.2010.作物生长模型同化MODIS反射率方法提取作物叶面积指数[J].中国科学:地
球科学,**40**(1):73-83.

王堃,顾晓鹤,程耀东.2011.基于变化向量分析的玉米收获期遥感监测[J].农业工程学报,**27**(2):180-186.

王秀珍,黄敬峰,李云梅,等.2003.水稻地上鲜生物量的高光谱遥感估算模型研究[J].作物学报,**29**(6):

815-821.

王秀珍,黄敬峰,李云梅,等.2004.水稻叶面积指数的高光谱遥感估算模型[J].遥感学报,**8**(1):81-88.

王延颐,高庆芳.1996.稻田光谱与水稻长势及产量结构要素关系的研究[J].国土资源遥感,**27**(1):51-55.

王延颐,Malingreau J P.1990.应用 NOAA/AVHRR 对江苏省作物进行监测的可行性研究[J].环境遥感,**5**(3):221-227.

韦玉春,汤国安,杨昕,等.2007.遥感数字图像处理教程[M].北京:科学出版社.

魏瑞江,宋迎波,王鑫.2009.基于气候适宜度的玉米产量动态预报方法[J].应用气象学报,**5**(10):622-627.

魏瑞江,张文宗,康西言,等.2007.河北省冬小麦气候适宜度动态模型的建立及应用[J].干旱地区农业研究,**25**(6):5-10.

魏淑秋.1985.农业气象统计[M].福州:福建科学技术出版社.

魏文寿.2013.卫星遥感应用[M].北京:气象出版社.

吴炳方,蒙继华,李强子.2010.国外农情遥感监测系统现状与启示[J].地球科学进展,**25**(10):1003-1012.

吴炳方,张峰,刘成林,等.2004.农作物长势综合遥感监测方法[J].遥感学报,**8**(6):498-514.

吴琼.2012.基于高光谱成像技术的小麦苗期监测研究[D].长春:吉林大学.

吴文斌,杨桂霞.2001.用 NOAA 图像监测冬小麦长势的方法研究[J].中国农业资源与区划,(2):58-61.

武建军,杨勤业.2002.干旱区农作物长势综合监测[J].地理研究,(5):593-598.

武永利,王云峰,张建新,等.2009.应用线性混合模型遥感监测冬小麦种植面积[J].农业工程学报,**25**(2):136-140.

相云.2005.MODIS 1B 资料处理方法研究与软件实现[D].中国农业大学.

许文波,张国平,范锦龙,等.2007.利用 MODIS 遥感数据监测冬小麦种植面积[J].农业工程学报,**23**(12):144-149.

闫峰,王艳姣,武建军,等.2009.基于 Ts-EVI 时间序列谱的冬小麦面积提取[J].农业工程学报,**25**(4):135-140.

闫岩,柳钦火,刘强,等.2006.基于遥感数据与作物生长模型同化的冬小麦长势监测与估产方法研究[J].遥感学报,**10**(5):804-811.

杨邦杰,裴志远,焦险峰,等.2005.农情遥感监测[M].北京:中国农业出版社.

杨沈斌,景元书,王琳,等.2012.基于 MODIS 时序数据提取河南省水稻种植分布[J].大气科学学报,**35**(1):113-120.

粘永健,张志,王力宝,等.2010.基于 FastICA 的高光谱图像目标分割[J].光子学报,**39**(6):1003-1008.

张宏名.1994.农田作物光谱特征及其应用[J].光谱学与光谱分析,**14**(5):25-30.

张京红,景毅刚.2004.遥感图像处理系统 ENVI 及其在 MODIS 数据处理中的应用[J].陕西气象,(1):27-29.

张明伟,周清波,陈仲新,等.2007.基于 MODIS EVI 时间序列的冬小麦长势监测[J].中国农业资源与区划,**28**(2):29-33.

张雪芬,关文雅.1995.间作套种和丘陵岗区的小麦苗情 NOAA/AVHRR 遥感监测指标[J].河南气象,(4):36-37.

赵艳霞.2005.遥感信息与作物生长模型结合方法研究及初步应用[D].北京:北京大学.

郑长春,王秀珍,黄敬峰.2009.多时相 MODIS 影像的浙江省水稻种植面积信息提取方法研究[J].浙江大学学报:农业与生命科学版,**35**(1):98-104.

郑有飞,Guo X,Olfert O,等.2007.高光谱遥感在农作物长势监测中的应用[J].气象与环境科学,**30**(1):10-16.

周清波.2004.国内外农情遥感现状与发展趋势[J].中国农业资源与区划,**25**(5):9-14.

朱洪芬,田永超,姚霞,等. 2008. 基于遥感的作物生长监测与调控系统研究[J]. 麦类作物学报,**28**(4): 674-679.

邹金秋,陈佑启,Satoshi Uchida,等. 2007. 利用 Terra/MODIS 数据提取冬小麦面积及精度分析[J]. 农业工程学报,**23**(11):195-200.

Becker F, Li Z L. 1990. Towards a local split window method over land surfaces[J]. *International Journal of Remote Sensing*, **11**(3):369-393.

Bonan G B. 1995. Land-atmosphere interactions for climate system models: coupling biophysical, biogeochemical, and ecosystem dynamical processes [J]. *Remote Sensing of Environment*, **51**(1):57-73.

Brown L, Chen J M, Leblanc S G, *et al*. 2000. A shortwave infrared modification to the simple ratio for LAI retrieval in boreal forests: An image and model analysis [J]. *Remote Sensing of Environment*, **71**(1): 16-25.

Caselles V, Coll C, Valor E. 1997. Land surface temperature determination in the whole Hapex Sahel area from AVHRR DATA [J]. *Int. J. Remote Sensing*, **18**(5):1009-1027.

Chen C, Mcnairn H. 2006. A neural network integrated approach for rice crop monitoring[J]. *International Journal of Remote Sensing*, **27**(7):1367-1393.

Chen J M, Black T A. 1992. Defining leaf area index for non-flat leaves. *Plant, Cell & Environment*, **15**(4): 421-429.

Chen J M, Cihlar J. 1997. A hotspot function in a simple bidirectional reflectance model for satellite applications [J]. *Journal of Geophysical Research*, **102**(D22):25907-25913.

Chen J M, Deng F, Chen M. 2006. Automated erratic cubic-spline capping method for reconstructing seasonal trajectories of a surface parameter derived from remote sensing [J]. *IEEE Transactions on Geoscience and Remote Sensing*, **44**(8):2230-2238.

Chen J, Jonsson P, Tamura M, *et al*. 2004. A simple method for reconstructing a high-quality NDVI time-series dataset based on the Savitzky-Golay filter [J]. *Remote Sensing of Environment*, **91**(3): 332-344.

Chen J M, Leblanc S G. 2001. Multiple-scattering scheme useful for hyperspectral geometrical optical modelling [J]. *IEEE Trans. Geosci. Remote Sens.*, **39**(5):1061-1071.

Chen J M, Pavlic G, Brown L, *et al*. 2002. Derivation and validation of Canada-wide coarse-resolution leaf area index maps using high-resolution satellite imagery and ground measurements [J]. *Remote Sensing of Environment*, **80**(1):165-184.

Clevers J G P W, van Leeuwen H J C. 1996. Combined use of optical and microwave remote sensing data for crop growth monitoring [J]. *Remote Sensing of Environment*, **56**:42-51.

Coops N C, Waring R H, Brown S R, *et al*. 2001. Comparisons of predictions of net primary production and seasonal patterns in water use derived with two forest growth models in Southwestern Oregon [J]. *Ecological Modelling*, **142**(1):61-81.

Coops N C, Waring R H, Landsberg J J. 2001. Estimation of potential forest productivity across the Oregon transect using satellite data and monthly weather records[J]. *International Journal of Remote Sensing*, **22**(18):3797-3812.

Eklundh L, Jonson P. 2009. *TIMESAT 3.0 Software Mannual*[M]. Sweden: Lund University.

Feng Deng, Chen J M, Plummer S, *et al*. 2006. Global LAI algorithm integrating the bidirectional information [J]. *IEEE Transactions on Geoscience and Remote Sensing*, **44**(8):2219-2229.

Guerif M, Duke C L. 1998. Calibration of the SUCROS emergence and early growth model for sugar beet using optical remote sensing data assimilation [J]. *Eur. J. Agron.* ,9:127-136.

Huete A, Didan K, Miura T, *et al*. 2002. Overview of the radiometric and biophysical performance of the MODIS vegetation indices [J]. *Remote Sensing of Environment*, **83**(1-2):195-213.

Huete A R, Liu H Q, Batchily K, *et al*. 1997. A comparison of vegetation indices global set of TM images for EOSMODIS [J]. *Remote Sensing of Environment*, **59**(3):440-451.

Jonsson P, Eklundh L. 2002. Seasonality extraction and noise removal by function fittion to time-series of satellite sensor data [J]. *IEEE Trans Geosci Remote Sens*, **40**(8):1824-1832.

Laura Dente, Michele Rinaldi, Francesco Mattia, *et al*. 2004. On the Assimilation of C-band Radar Data into CERES-Wheat model [A]. Proc. IGARSS. 04 [C].

Lin Zhu, Jing M Chen, Shihao Tang, *et al*. 2014. Inter-Comparison and Validation of the FY-3 A/MERSI LAI Product over Mainland China [J]. *IEEE Journal of Selected Topics in Applied Earth Observations and Remote Sensing*, 2014, **7**(2):458-468.

Los S O, Justice C O, Tucker C J. 1994. A global 1 by 1 NDVI data set for climate studies derived from the GIMMS continental NDVI data [J]. *International Journal of Remote Sensing*, **15**(17):3493-3518.

Maas S J. 1991. Use of remotely sensed information in plant growth simulation models [J]. *Advances in Agronomy*,**1**:17-26.

Maas S J. 1988. Use of remote_sensed information in agriculture crop growth models [J]. *Ecological Modeling*,**41**:247-268.

Monteith J L. 1972. Solar radiation and productivity in tropical ecosystems [J]. *Journal of Applied Ecology*, **9**:747-766.

Mountrakis G, Im J, Ogole C. 2011. Support vector machines in remote sensing: A review [J]. *ISPRS Journal of Photogrammetry and Remote Sensing*, **66**(3): 247-259.

Myneni R B, Ramakrishna R, Nemani R, *et al*. 1997. Estimation of global leaf area index and absorbed PAR using radiative transfer models [J]. *IEEE Transactions on Geoscience and Remote Sensing*, **35**(6):1380-1393.

Ozdogan M. 2010. The spatial distribution of crop types from MODIS data: Temporal unmixing using Independent Component Analysis [J]. *Remote Sensing of Environment*, **114**(6):1190-1204.

Peng D L, Huete A R, Huang J F, *et al*. 2011. Detection and estimation of mixed paddy rice cropping patterns with MODIS data [J]. *International Journal of Applied Earth Observation and Geoinformation*, **13**(1):13-23.

Price J C. 1984. Land surface temperature measurements from the split window channels of the NOAA 7 Advanced Very High Resolution Radiometer [J]. *Journal of Geophysical Research: Atmospheres* (1984—2012), **89**(D5): 7231-7237.

Price W L. 1979. A controlled random search procedure for global optimization [J]. *The Computer Journal*, **20**:367-370.

Raymond E E. 2007. Jongschaap. Sensitivity of a crop growth simulation model to variationin LAI and canopy nitrogen used for run-time calibration [J]. *Ecological Modelling*, **200**(1): 89-98.

Roujean J L, Leroy M, Deschamps P Y. 1992. A bidirectional reflectance model of the Earth's surface for the correction of remote sensing data [J]. *J. Geophys. Res.*, **97**(8):20455-20468.

Rubio E, Caselles V, Badenas C. 1997. Emissivity measurements of several soils and vegetation types in the 8-14 μm wave band: Analysis of two field methods [J]. *Remote Sensing of Environment*,**59**(3):490-521.

Sakamoto T, Yokozawa M, Toritani H, *et al*. 2005. A crop phenology detection method using time-series MODIS data [J]. *Remote Sensing of Environment*, **96**(3-4): 366-374.

Savitzky A, Golay M J E. 1964. Smoothing and differentiation of data by simplified least squares procedures [J]. *Analytical Chemistry*, **36**(8):1627-1639.

Supit I, Hooijper A A, Van Diepen C A, *et al*. 1994. System description of the WOFOST6. 0 crop simulation model implemented in CGMS: theory and algrorithms. The win and starting centre for integrated land, soil and water research (SC-DLO), Wagenningen, the Netherlands.

Van Diepen C A, Wolf J, Van Keulen H, *et al*. 1989. WOFOST: a simulation model of crop production [J]. *Soil Use Manage*, **5**:16-24.

Vermote E F, El Saleous N, Justice C O, *et al*. 1997. Atmospheric correction of visible to middle-infrared EOS-MODIS data over land surfaces: Background, operational algorithm and validation [J]. *Journal of Geophysical Research*, **102**(D14):17131-17141.

Viovy N, Arino O, Belward A S. 1992. The Best Index Slope Extraction (BISE): A method for reducing noise in NDVI time-series [J]. *International Journal of Remote Sensing*, **13**(8):1585-1590.

Wang J, Chang C I. 2006. Applications of Independent Component Analysis (ICA) in Endmember Extraction and Abundance Quantification for Hyperspectral Imagery [J]. *Geoscience and Remote Sensing*, **44**(9): 2601-2616.

Weiss M, Troufleau D, Baret F, *et al*. 2001. Coupling canopy functioning and radiative transfer models for remote sensing data assimilation [J]. *Agricultural and Forest Meteorology*,**108**:113-128.

Xiao X M, Boles S, Liu J Y, *et al*. 2005. Mapping paddy rice agriculture in southern China using multi-temporal MODIS images [J]. *Remote Sensing of Environment*, **95**(4):480-492.

Zeng X, Dickinson R E, Walker A, *et al*. 2000. Derivation and evaluation of global 1-km fractional vegetation cover data for land modeling [J]. *Journal of Applied Meteorology*, **39**(6):826-839.

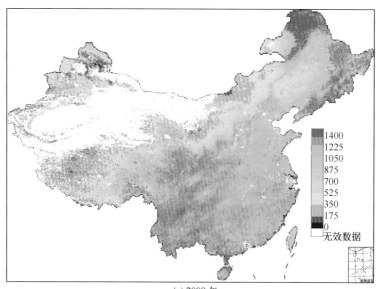

(a) 2009 年

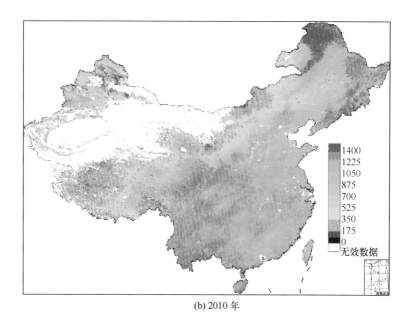

(b) 2010 年

图 2.5　利用 MODIS 月合成数据计算的 NPP

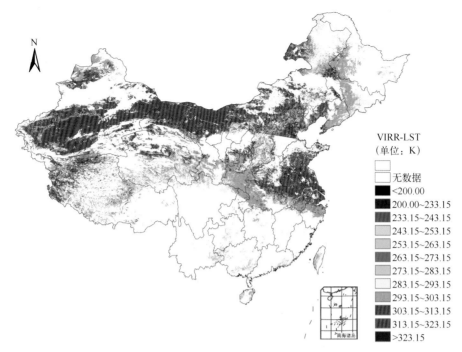

图 2.6 基于 FY-3A/VIRR 反演的 LST 产品

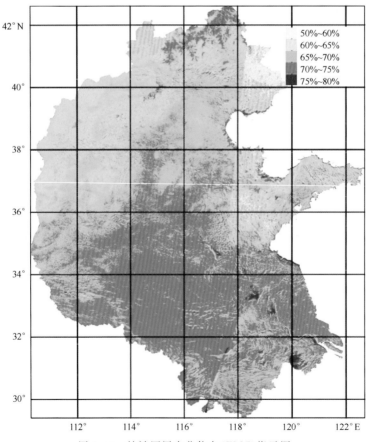

图 2.10 植被冠层水分信息(FMC)指示图

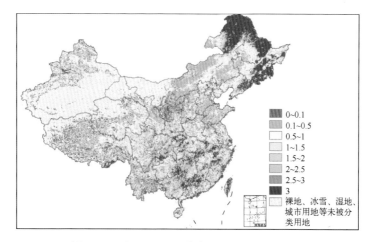

图 2.12　基于 MODIS 资料的全国 LAI 遥感图

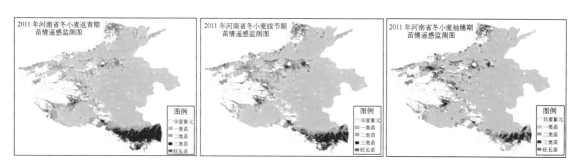

图 3.10　2011 年河南省冬小麦不同发育期苗情遥感监测图

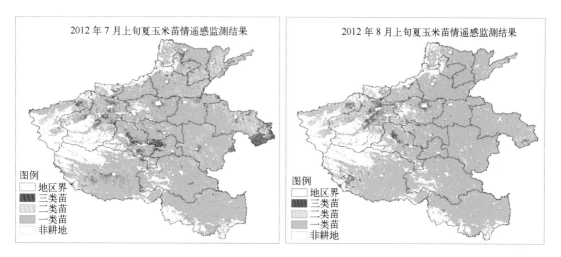

图 3.11　2012 年 7 月上旬和 8 月上旬河南省夏玉米苗情遥感监测图

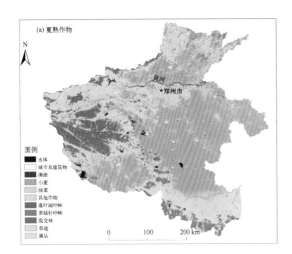

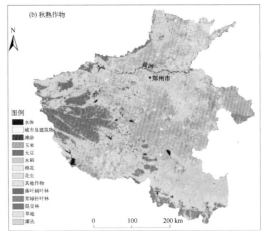

图 4.14 SVM 不同成熟期农作物分类图

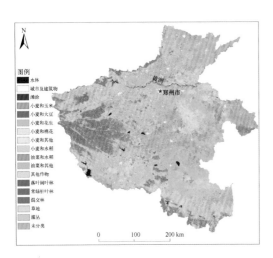

图 4.15 SVM 农作物综合分类结果

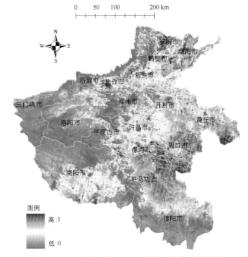

图 4.21 河南省 2008 年冬小麦丰度图

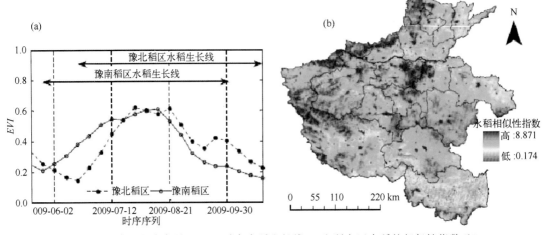

图 4.30 豫北和豫南稻区 EVI 时序水稻生长线(a)和研究区水稻的相似性指数(b)

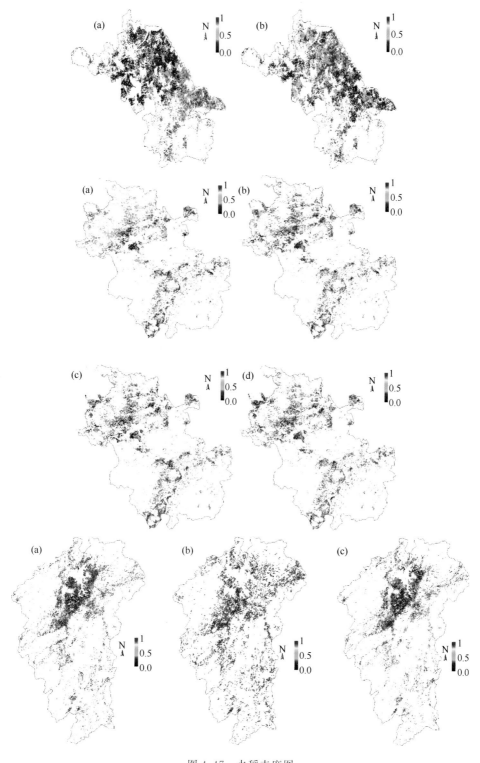

图 4.47 水稻丰度图

(上部 a、b 为江苏省，中部 a、b、c、d 为安徽省，下部 a、b、c 为江西省；

各省 a、b、c、d 分别按序对应图 4.45 中各省不同曲线)

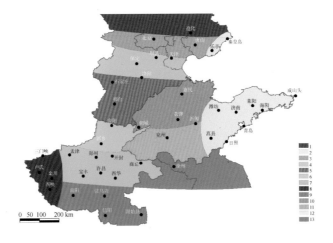

图 5.2 华北夏玉米发育参数分区图

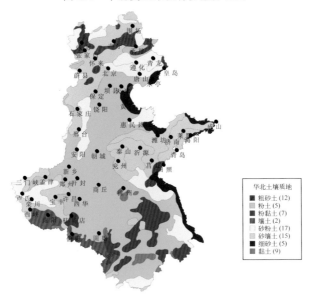

华北土壤质地
- 粗砂土 (12)
- 粉土 (5)
- 粉黏土 (7)
- 壤土 (2)
- 砂粉土 (17)
- 砂壤土 (15)
- 细砂土 (5)
- 黏土 (9)

图 5.3 华北土壤参数分区

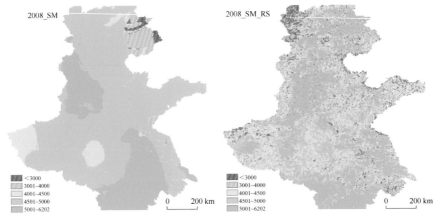

图 5.22 作物生长模型同化遥感数据前(左)后(右)模拟 2003 年华北地区夏玉米贮存器官干重

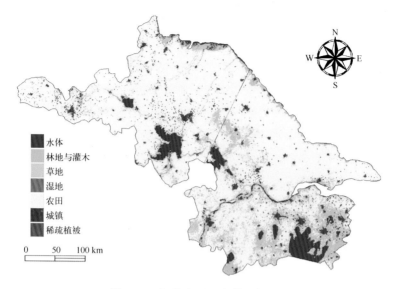

图 5.31 江苏地区土地利用类型图

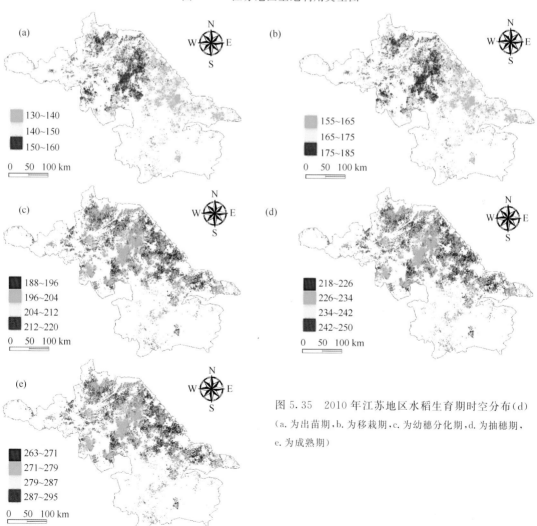

图 5.35 2010 年江苏地区水稻生育期时空分布(d)
(a. 为出苗期, b. 为移栽期, c. 为幼穗分化期, d. 为抽穗期,
e. 为成熟期)

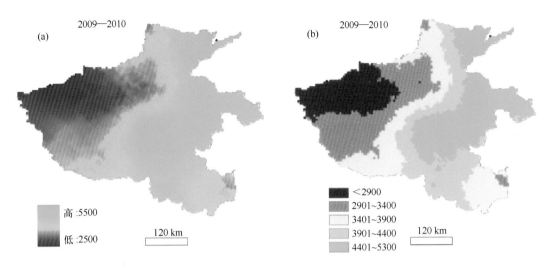

图 5.42 河南冬小麦产量分布图(分级)

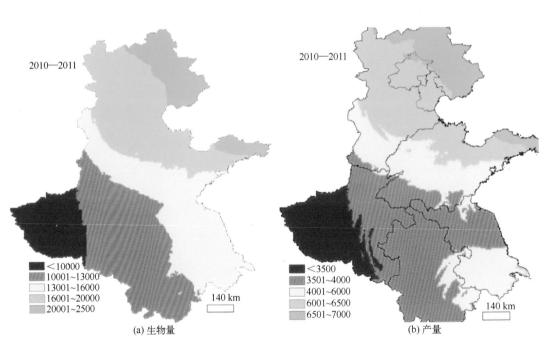

(a) 生物量

(b) 产量

图 5.43 华北冬小麦抽穗期生物量和产量(kg/hm²)分布图

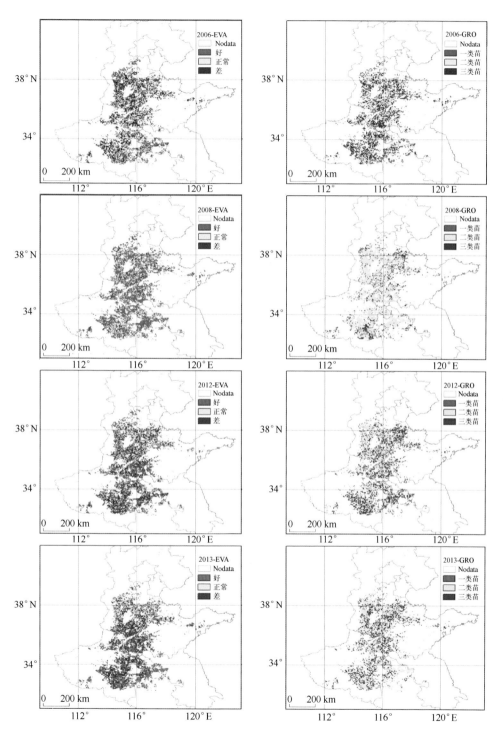

图 6.3 基于遥感数据和作物生长模型同化的华北夏玉米长势(EVA)和苗情(GRO)年度评价

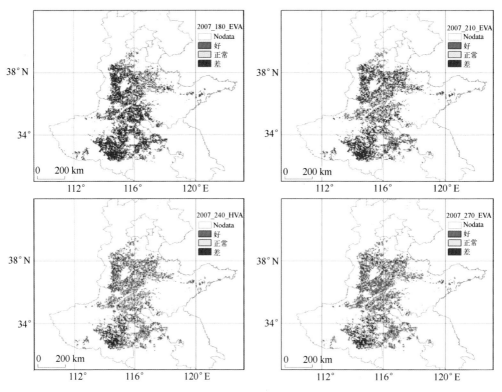

图 6.4 基于遥感数据作物生长模型同化的华北夏玉米长势动态评价

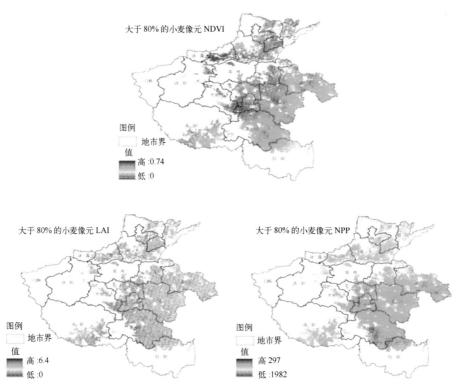

图 6.37 小麦纯像元 *NDVI*、*LAI*、*NPP* 分布图

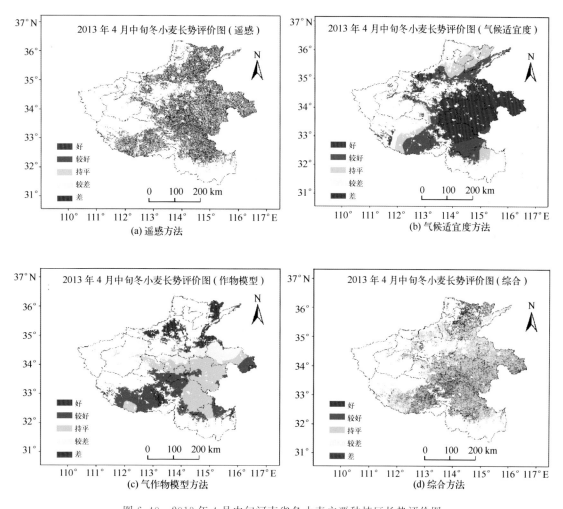

图 6.40　2013 年 4 月中旬河南省冬小麦主要种植区长势评价图

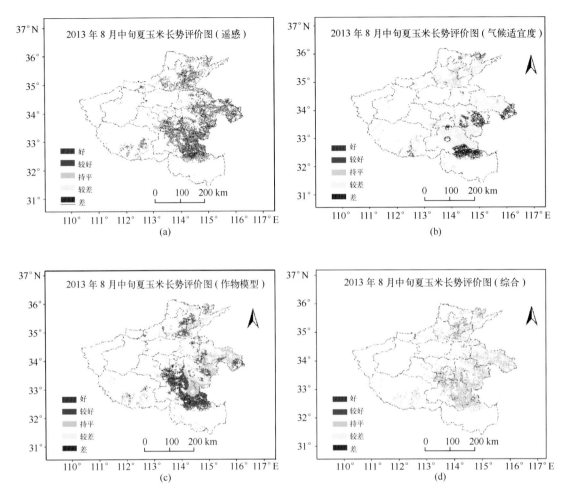

图 6.41   2013 年 8 月中旬河南省夏玉米主要种植区长势评价图